Simon Märkl
Big Science Fiction – Kernfusion und Popkultur in den USA

Am erika ··· Kultur - Geschichte - Politik | Band 12

Die Reihe wird herausgegeben von Michael Hochgeschwender, Christof Mauch, Anke Ortlepp, Ursula Prutsch und Britta Waldschmidt-Nelson.

Simon Märkl (Dr. phil.), geb. 1987, ist Kulturhistoriker mit einem Fokus auf die gesellschaftliche Auseinandersetzung mit Zukunftstechnologien. Er promovierte mit einem Stipendium der Friedrich-Ebert-Stiftung am Rachel Carson Center der Ludwig-Maximilians-Universität und dem Deutschen Museum in München.

Simon Märkl

Big Science Fiction – Kernfusion und Popkultur in den USA

[transcript]

Die vorliegende Studie wurde im Jahr 2019 an der Ludwig-Maximilians-Universität München als Dissertation angenommen.

Bibliografische Information der Deutschen Nationalbibliothek
Die Deutsche Nationalbibliothek verzeichnet diese Publikation in der Deutschen Nationalbibliografie; detaillierte bibliografische Daten sind im Internet über http://dnb.d-nb.de abrufbar.

Umschlaggestaltung: Maria Arndt, Bielefeld
Umschlagabbildung: Replica DeLorean DMC-12 Time Machine's Mr. Fusion Home Energy Reactor, Ed g2s, (CC BY-SA 3.0)
Druck: Majuskel Medienproduktion GmbH, Wetzlar
Print-ISBN 978-3-8376-4948-2
PDF-ISBN 978-3-8394-4948-6
https://doi.org/10.14361/9783839449486

Gedruckt auf alterungsbeständigem Papier mit chlorfrei gebleichtem Zellstoff.
Besuchen Sie uns im Internet: *https://www.transcript-verlag.de*
Unsere aktuelle Vorschau finden Sie unter
www.transcript-verlag.de/vorschau-download

Inhalt

„The intent here is to gain a clearer perception of humanity, where we've been, where we're going, the pitfalls and the possibilities, the perils and the promises, perhaps even an answer to that universal question: why?"

Dr. Emmet Brown in Back to the Future Part II (1989).

1 Ein besseres Atomzeitalter?

Am 6. August 1945 verkündete der amerikanische Präsident Harry S. Truman von Bord des Kriegsschiffes USS Augusta auf dem Rückweg von der Potsdamer Konferenz den Abwurf einer Atombombe auf die japanische Stadt Hiroshima. Als Produkt des „greatest scientific gamble in history" in der „battle of the laboratories"[1] läutete dieses Ereignis mit Trumans Worten nicht nur das Ende des Zweiten Weltkriegs im Pazifik, sondern auch den Beginn eines neuen Zeitalters ein.

> „Sixteen hours ago an American airplane dropped one bomb on ___________[2] and destroyed its usefulness to the enemy. [...] It is an atomic bomb. It is a harnessing of the basic power of the universe. The force from which the sun draws its power has been loosed against those who brought war to the Far East. [...] The fact that we can release atomic energy ushers in a new era of man's understanding of nature's forces. Atomic energy may in the future supplement the power that now comes from coal, oil, and falling water, but at present it cannot be produced on a basis to compete with them commercially. [...] I shall give further consideration and make further recommendations to the Congress as to how atomic power can become a powerful and forceful influence towards the maintenance of world peace."[3]

---

1 Harry S. Truman, „Statement by the President Announcing the Atomic Bombing of Hiroshima" (06.08.1945).

2 An dieser Stelle steht eine Lücke im originalen Manuskript zu Trumans Rede. Die Leerstelle ist der Ungewissheit geschuldet, dass die Bombe wie später im Falle von „Fat Man" nicht auf ihr Primärziel abgeworfen werden könnte.

3 Ebd.

Obwohl fast alle großen Kriegsparteien mehr oder weniger intensiv an Atombomben gearbeitet hatten, wurde der Weltöffentlichkeit das ungeheure Potential der Kernkraft durch Trumans Erklärung zum ersten Mal bewusst. Ein Feature-Artikel in der *New York Times* titelte nur sechs, respektive drei Tage nach den verheerenden und glücklicherweise bis heute einzigen beiden kriegerischen Atombombenabwürfen auf die japanischen Städte Hiroshima und Nagasaki „We Enter a New Era – the Atomic Age" und verkündete voller Pathos: „For better or worse we have entered upon a new era in the history of mankind."[4]

Der hier anklingende „dualism about nuclear energy is part of its core"[5] und ein zentrales Motiv für den gesamten Atom-Diskurs[6] im Kalten Krieg. Der amerikanische Schriftsteller und Intellektuelle Dwight Macdonald erkannte diese bis heute oft geäußerte Ansicht schon im September 1945 als Plattitüde. „The official platitude about Atomic Fission is that it can be a Force for Good (production) or a Force for Evil (war), and that the problem is simply how to use its Good rather than its Bad potentialities."[7]

Liegen auch die Ursprünge des Atomzeitalters[8] im Krieg, so weckte die enorme Kraftentfaltung, welche die U.S.-Regierung nach dessen Ende

---

4 Harry M. Davis, „We Enter a New Era – the Atomic Age", in: *The New York Times,* 12. August 1945.

5 William A. Gamson und Andre Modigliani, „Media Discourse and Public Opinion on Nuclear Power: A Constructionist Approach", in: *American Journal of Sociology* 95, Nr. 1 (1989), 12.

6 Der Begriff Diskurs sei im Folgenden nicht linguistisch, sondern mehr in seiner philosophischen Bedeutung in der Tradition etwa von Jürgen Habermas verstanden. Für eine linguistisch interessierte Diskursgeschichte über die Atomenergie in Deutschland, vgl. Matthias Jung, *Öffentlichkeit und Sprachwandel: Zur Geschichte des Diskurses über die Atomenergie* (Wiesbaden: Springer, 1994).

7 Dwight Macdonald, „The Bomb", in: *Politics* 2 (1945), 258.

8 Der deutsche Historiker Michael Salewski, bemerkt als revolutionäre Qualität dieser Epoche ihre Erklärungbedürftigkeit. „Bis 1945 konnten die Menschen gleichsam nichts dafür, in der ‚Antike' oder im ‚Mittelalter' zu leben [...]; daß wir in der Atomzeit leben geht einzig und allein auf uns selbst zurück, das ist eine neue Stufe im historischen Bewußtsein. Schienen Raum und Zeit vor allem dem Menschen bislang gegeben, so steht die Zeit nun in der Hand des Menschen: Er könnte die Zeit beenden. Da er es kann, muß er erklären, warum er sie weiterlaufen läßt."

erstmals 1946 in medial inszenierten Atombombentests vor der paradiesischen Kulisse des pazifischen Bikini-Atolls öffentlichkeitswirksam demonstrierte, von Beginn an große Hoffnungen bezüglich ihrer friedlichen Nutzung. „Nuclear power was born in a sea of euphoria out of a collective American guilt over dropping the atomic bomb“[9], formulierte es der ehemalige Vositzende der Tennessee Valley Autority unter Präsident Jimmy Carter, S. David Freeman. Die schier unerschöpfliche Energie des Atoms sollte Wohlstand für alle schaffen, Ressourcenkonflikte als Ursachen für Gewalt und Kriege entschärfen, Wüsten fruchtbar machen und im wörtlichen Sinne Berge versetzen.[10] Die Erde als atombetriebener Garten Eden war vielen nur mehr eine Frage der Zeit. Und obwohl das atomare Wettrüsten des Kalten Kriegs schon abzusehen war, blickten die amerikanische Öffentlichkeit, Wirtschaft und Politik noch bis zum Ende der 1950er Jahre, als ab 1957[11] auch in den USA die ersten kommerziellen Kernreaktoren[12] begannen, Strom in die Leitungsnetze einzuspeisen, voller Optimismus in die Zukunft dieses neuen Zeitalters mit all seinen Versprechungen. So schrieb der Wissenschaftsjournalist William Laurence, der in der Spätphase des Kriegs als offizieller Berichterstatter des Manhattan-Projekts schon exklusiv sowohl die streng geheimen Forschungsanlagen als auch die Trinity-Probezündung in Alamogordo besichtigen durfte, 1957 über die zivilen Anwendungen der Kerntechnik: „The peacetime atom can make the wartime

---

Michael Salewski, „Einleitung: Zur Dialektik der Bombe“, in: Michael Salewski, Hg., *Das Zeitalter der Bombe: Die Geschichte der atomaren Bedrohung von Hiroshima bis heute* (München: Beck, 1995), 9.

9 David S. Freeman, „Foreword“, in, *The World Nuclear Industry Status Report 2017,* 10.

10 Vgl. Del Sesto, Steven L., „Wasn't the Future of Nuclear Engineering Wonderful?“, in: Joseph J. Corn, Hg., *Imagining tomorrow: History, Technology, and the American Future* (Cambridge, MA: MIT Press, 1986).

11 Im selben Jahr wurde mit amerikischer Hilfe aus dem „Atoms for Peace“-Programm in Garching bei München der erste deutsche Forschungsreaktor in Betrieb genommen.

12 Den Propagandaerfolg des ersten zivilen Atomkraftwerks konnte schon 1954 die Sowjetunion verbuchen.

atom obsolete, and if it does it offers all mankind the hope of harmony, plenty and a longer life to enjoy them.“[13]

Heute wird über das Atomzeitalter als Ära nuklearen Technologie- und Fortschrittsoptimismus nach dem Ende des Zweiten Weltkriegs einerseits und der Angst vor einem Atomkrieg andererseits primär in der Vergangenheitsform gesprochen. Ein viertel Jahrhundert nach Tschernobyl und dem Ende des Kalten Kriegs war die Nuklearkatastrophe im Kernkraftwerk Fukushima Daiichi im März 2011 nicht nur in Deutschland, wo der gesellschaftliche und politische Rückhalt für die Kerntechnik schon seit Jahrzehnten erodierte, für viele der „letze Nagel im Sarg“[14] der Atomwirtschaft. Auch international ist von der Euphorie, die der Begriff des „Atomic Age“ ursprünglich evoziierte, nicht viel geblieben. Die Hoffnung auf Kernenergie als Panazee für unsere Energieprobleme hat sich im Laufe der vergangenen Jahrzehnte verbraucht.[15] Indem perspektivisch weltweit in Summe mehr alte Reaktoren das Ende ihrer Laufzeit erreichen, als neue Reaktoren entstehen, geht die Bedeutung der Kernspaltung als Energiequelle auch ohne politische Ausstiegsbeschlüsse kontinuierlich zurück. Eine angebliche „Nuclear Renaissance“ als mögliche Antwort auf die globale Erwärmung und vor dem Hintergrund neuer Kernenergieprogrammme speziell in Asien beschreibt der deutsche Historiker Frank Uekoetter mit Verweis auf Karl Marx’ Diktum über den Wiederholungscharakter der Geschichte als „farce on the heels of a tragedy“[16]. Eine „neue Kerntechnik“, deren Anlagen einer sogenannten „Generation IV“ mit „katastrophenfreier“ Reaktor- und Entsorgungstechnik oder einem „geschlossenen Kernbrennstoffkreislauf“ die

13 William L. Laurence, „The Great Promise of the Atomic Age“, in: *New York Times*, 27. Oktober 1957.

14 Vgl. Samuel Temple, „Introduction“, in: *Rachel Carson Center Perspectives* 3, Nr. 1 (2012), 5.

15 Vgl. Joachim Radkau, *Die Ära der Ökologie: Eine Weltgeschichte* (München: Beck, 2011), 48.

16 Frank Uekoetter, „Fukushima and the Lessons of History: Remarks on the Past and Future of Nuclear Power“, in: *Rachel Carson Center Perspectives* 3, Nr. 1 (2012), 12.

Probleme der Kernspaltung in älteren Reaktortypen zu lösen verspricht, hat Per Högselius in vielerlei Hinsicht als Etikettenschwindel entlarvt.[17]

Während also die Kernspaltung als Energietechnik den hohen Erwartungen an sie nie gerecht werden konnte und nun ihre beste Zeit hinter sich hat, werden dagegen – oft „with little public awareness or disussion“[18] – in eine andere Nukleartechnologie, die Kernfusion, weltweit noch immer große Hoffnungen gesetzt.

> „The pursuit of fusion energy embraces the challenge of bringing the energy-producing power of a star to earth for the benefit of humankind. The promise is enormous – an energy system whose fuel is obtained from seawater and from plentiful supplies of lithium in the earth, whose resulting radioactivity is modest, and which yields zero carbon emissions to the atmosphere. The pursuit is one of the most challenging programs of scientific research and development that has ever been undertaken.“[19]

Es ist bemerkenswert, wie fast 70 Jahre nach Trumans Erklärung zum Beginn des Atomzeitalters, Elemente seiner Rede in diesem zeitgenössichen Text auf der Website des U.S. Energieministeriums über die Kernfusionsforschung überdauert haben. Wie damals die Entwicklung der Kernspaltung, wird die Kernfusionsforschung als historisch einzigartiges Großtechnologieprojekt präsentiert, um die Energiequelle der Sterne zum Wohle der Menschheit auf die Erde zu holen. Auch der pathetische Stil des obigen Zitats steht in einer langen Tradition. So erinnert der Schlusssatz zur Einordnung in die große Menschheitsgeschichte von Forschung und Entwicklung beinahe wortgleich an die erste offizielle Geschichtserzälung des zivilen amerikanischen Kernfusionsengagements von 1958. Schon damals gals sie

17 Vgl. Per Högselius, „Das Neue aufrechterhalten: Die „neue Kerntechnik“ in historischer Perspektive“, in: Christian Kehrt, Peter Schüßler und Marc-Denis Weitze, Hgg., *Neue Technologien in der Gesellschaft: Akteure, Erwartungen, Kontroversen und Konjunkturen* (Bielefeld: Transcript, 2011).

18 Joan Lisa Bromberg, *Fusion: Science, Politics, and the Invention of a New Energy Source* (Cambridge, MA: MIT Press, 1982), 1.

19 U.S. Department of Energy | Office of Science, „Fusion Energy Sciences (FES) Homepage“. http://science.energy.gov/fes/ (letzter Zugriff: 3. Oktober 2018).

als „one of the most important and challenging programs of scientific research and development that has ever been undertaken."[20]

Doch die Kernfusion, die in Wasserstoffbomben bereits seit den 1950er Jahren auf zerstörerische Weise gelingt, in einem Reaktor zur Stromerzeugung zu zähmen, hat sich als „Moving Target" erwiesen, das immer wieder in die Zukunft verschoben werden musste und dessen Erreichbarkeit bis heute ungewiss ist.[21] Ein Kritiker-Witz über die sogenannte „Kernfusionskonstante", derzufolge ein kommerzielles Kernfusionskraftwerk schon seit Beginn der Forschung immer nur wenige Jahrzehnte entfernt zu sein scheint, lautet daher: „Fusion is the power of the future – and always will be"[22].

GEGENSTAND UND FRAGESTELLUNG – WARUM KERNFUSIONSFORSCHUNG?

Im Erfolgsfall werden, von der Entdeckung ihrer physikalischen Funktionsmechanismen in der ersten Hälfte des 20. Jahrhunderts bis zur möglichen Verfügbarkeit wirtschaftlich Strom produzierender Kraftwerke, Generationen von Wissenschaftlern weltweit voraussichtlich über 100 Jahre daran gearbeitet haben, die exotherme Verschmelzung zweier leichter Atomkerne zu einem neuen Kern als Energiequelle nutzbar zu machen.

Dabei haben sich die Vorstellungen über die Zukunft, für die diese Technologie heute seit bald 70 Jahren erforscht wird, ebenso wie die entsprechenden Anforderungen von Politik und Gesellschaft im Lauf der Jahrzehnte kontinuierlich gewandelt. „It is a salient feature of fusion history that the political and social demands put to the program by both scientists and government leaders have continually changed."[23] Argumente für die weitere Entwicklung müssen deshalb mit Blick auf sich verändernde Umstände ständig neu evaluiert werden. Die Abwägung der einerseits enormen

20 Amasa S. Bishop, *Project Sherwood: The U. S. Program in Controlled Fusion* (Reading, MA: Addison-Wesley, 1958), VII.

21 Vgl. Armin Grunwald et al., „Kernfusion: Sachstandsbericht". Arbeitsbericht 75 (TAB - Büro für Technikfolgen-Abschätzung beim Deutschen Bundestag, 2002), 5.

22 *The Economist,* „Fusion Power: Next ITERation", 3. September 2011.

23 Bromberg, *Fusion,* 5.

Chancen und andererseits erheblichen finanziellen Risiken wird einer 2002 veröffentlichten Studie im Auftrag des Deutschen Bundestages nach jedoch von zwei Faktoren wesentlich erschwert:

> „Zum einen sind auf Grund des sehr langen Zeithorizontes von 50 Jahren Extrapolationen, die erheblich über den gesicherten Stand der Erkenntnis hinausgehen, erforderlich. [...] Zum anderen stammt der überwiegende Teil der Veröffentlichungen zum Thema von Experten aus der Community der Fusionsforschenden, die eine Förderung der Kernfusion befürworten. ‚Unabhängige' Experten mit dem Know-how, differenziert und kritisch die jeweils verwendeten Daten und Methoden zu hinterfragen, sind auf dem Gebiet der Kernfusionsforschung sehr schwer zu finden."[24]

Da die Kernfusionsforschung zudem im Wesentlichen nicht von kommerziellen Energie- oder Technologieunternehmen, sondern im Rahmen von „Big Science", also von großen steuerfinanzierten Forschungseinrichtungen mit politischem Auftrag betrieben wird, muss sie sich nicht nur wissenschaftlich, sondern auch politisch rechtfertigen und für ihre langfristige Akzeptabilität auch einer öffentlichen Diskussion über die Erwünschtheit und Realisierbarkeit ihrer Ziele standhalten. Gerade am Beispiel eines so komplexen und hochspezialisierten Forschungsfeldes wie der Kernfusion, dessen Ziele, Probleme und Fortschritte selbst für Experten kaum mehr nachvollziehbar sind, wird die zentrale Bedeutung kultureller Darstellungen und Deutungen für die gesellschaftliche Vermittlung von und Auseinandersetzung mit Wissenschaft virulent.

In diesem Zusammenhang fragt meine Arbeit ausgehend von einer historischen Kontextualisierung und Analyse der Kommunikation über die Nutzbarmachung der Kernfusion in der amerikanischen Öffentlichkeit sowie ihrer populärkulturellen Repräsentation nach den unterschiedlichen sozialen Bedingungen und Zukunftsentwürfen hinter diesem einzigartigen Jahrhundertprojekt und seiner Erscheinung. Welche Rolle spielten utopische Zukunftsvisionen und Versprechen aus und in Science-Fiction und Populärkultur für die Förderung der Kernfusionsforschung? Wie und warum bedienten sich Wissenschaftler, Regierungsvertreter, Journalisten und Kulturschaffende dieser Visionen im Zusammenhang mit den unterschied-

24 Grunwald et al., „Kernfusion", 14–15.

lichen Aspekten der Kernfusion während des Kalten Kriegs? In der anhaltenden notwendigen Debatte über Sinn und Unsinn der Kernfusionsforschung sowie ihren weiteren Kurs soll die Rekonstruktion der grundlegenden Motive hinter diesem einzigartigen, internationalen und generationenübergreifenden Großforschungsprojekt im Wandel der Zeiten so einen Beitrag leisten, etwaige Partikularinteressen, Pfadabhängigkeiten oder Irrwege besser erkennen zu können.

Am Beispiel der USA, die bezüglich der militärischen und zivilen Kernfusionsforschung als Big Science Vorhaben in Tradition des Manhattan-Projekts auf ein einmalig langes und vielfältiges Engagement zurückblicken können, zeige ich chronologisch entlang distinkter Phasen, wie die Begründung der Kernfusionsforschung kontinuierlich wechselnden Umständen angepasst und diese kulturell wie medial popularisiert wurde.

> „Americans have seen nuclear energy as both the greatest hope for humankind and our gravest threat. Few scientific and technological achievements [...] have raised so many profound questions about Americans' relations with the natural world, the shape of civil society, and the very meaning of progress. [...] Where some see a nuclear-powered future as essential for democratic affluence and the continued flourishing of our consumer economy, others fear that the nature of nuclear power generation, which requires centralized control and tight security, will embolden technocratic elites to remove energy decissions from democratic control. [...] Where some have celebrated nuclear energy as a culminating scientific and engineering triumph, others have used the myriad threats posed by it to fundamentally question whether continuing advances in science and technology constitute progress at all."[25]

25 Paul S. Sutter, „Foreword: Postwar America's Nuclear Paradox", in: James W. Feldman, Hg., *Nuclear Reactions: Documenting American Encounters with Nuclear Energy* (Seattle: University of Washington Press, 2017), XV.

FORSCHUNGSSTAND, ABGRENZUNG UND QUELLENKRITIK

Eine wachsende Anzahl von Studien aus dem Bereich der Science and Technology Studies (STS) hat in den letzten Jahren und Jahrzehnten ein Bewusstsein dafür etabliert, dass sich Wissenschaft, Forschung und technologische Entwicklung nicht einfach aus der Isoliertheit des sprichwörtlichen akademischen Elfenbeinturms heraus ereignen, sondern die Praxis der Wissensproduktion von sozial geformten Paradigmen[26] abhängt und in gesellschaftliche Kontexte eingebettet ist[27], die „ihre Struktur und ihre Erkenntnisproduktion (mit)prägen"[28]. Gemäß der in den STS dominant gewordenen Akteur-Netzwerk-Theorie sind Wissenschaft und Technologie demnach weniger kausal abhängige Ergebnisse souveräner und intentional handelnder Wissenschaftler als vielmehr Produkte wechselseitiger Beziehungen in einem komplexen Geflecht menschlicher und nicht-menschlicher, materieller und nicht-materieller Entitäten. Ihr Kurs wird wesentlich mitbestimmt durch außerwissenschaftliche Zwänge und politische Entscheidungen.

> „The public relations literature of fusion portrays each successive step in the program as a consequence of the technical developments that have preceded it. Yet it is a commonplace that the directions taken by the large scientific and technological research projects of the last few decades are heavily influenced by extrascientific pressures."[29]

So können Wissenschaft und Technologie nur im Verhältnis zur umgebenden Gesellschaft verstanden werden. Gleichzeitig sind „Großtechnik und

---

26 Vgl. Thomas S. Kuhn, *The Structure of Scientific Revolutions* (Chicago, IL: University of Chicago Press, 1962).

27 Vgl. Bruno Latour, „Aramis – oder die Liebe zur Technik", in: Werner Fricke, Hg., *Innovationen in Technik, Wissenschaft und Gesellschaft: Beiträge zum Fünften Internationalen Ingenieurkongress der Friedrich-Ebert-Stiftung am 26. und 27. Mai 1998 in Köln* (Bonn: Friedrich-Ebert-Stiftung, 1998).

28 Vgl. Mike Steffen Schäfer, *Wissenschaft in den Medien: Die Medialisierung naturwissenschaftlicher Themen* (Wiesbaden: VS Verlag für Sozialwissenschaften, 2007), 18.

29 Bromberg, *Fusion,* 1.

ihre Veränderungsdynamik [...] zu Referenzsektoren für das Verständnis und das Selbstverständnis von Gesellschaften geworden, ihrer inneren Verhältnisse, Außenbeziehungen, Selbstdeutungen, Wunschträume und Ängste."[30] Technik und Gesellschaft lassen sich dabei nicht einfach gegenüberstellen; beide sind wechselseitig integraler Bestandteil des anderen.[31] Wie Sybilla Nikolow und Arne Schirrmacher feststellen[32], erlaubt die historische Betrachtung der Beziehung von Wissenschaft, Technologie und Öffentlichkeit daher auch Einblicke in die Gesellschaft der jeweiligen Epoche. Als analytischer Zugang dienen ihre „öffentlichen Kommunikationsstrukturen" in Gestalt aufeinander bezogener Zeugnisse in Massenmedien und Populärkultur.[33] Deren umfassende Betrachtung und Integration in einen diskursgeschichtlichen Rahmen vor dem Hintergrund des Atomic Age stehen im Mittelpunkt meiner Studie.

Welche Herausforderungen wir suchen und welche Lösungen wir für Sie entwerfen ist weniger bestimmend für unsere Zukunft, als bestimmt durch unsere Vergangenheit. Technologische Entwicklung ist auch nicht das Ergebnis eines oft als unaufhaltsam gedachten evolutorischen Fortschritts der Wissenschaft, der sich einer Naturgewalt gleich seine Bahn bricht. Vielmehr entspringen beide, technologische Entwicklung und wissenschaftliche Erkenntnis, eingedenk ihrer oft unintendierten Nebenfolgen, ebenso bewussten wie kontingenten Entscheidungen und Priorisierungen. Im Hinblick auf die Frage, „In was für einer Zukunft wollen wir leben?", sind sie gleichermaßen Ziel und Mittel dieses Ziel zu erreichen. Energie- und Technologiepolitik im weiteren Sinne rühren daher, auch wenn sie die

30 Bernd-A. Rusinek, „Technikgeschichte im Atomzeitalter", in: Christoph Cornelißen, Hg., *Geschichtswissenschaften: Eine Einführung* (Frankfurt am Main: Fischer Taschenbuch Verlag, 2000), 247.

31 Vgl. ebd., 255.

32 Vgl. Sybilla Nikolow und Arne Schirrmacher, „Das Verhältnis von Wissenschaft und Öffentlichkeit als Beziehungsgeschichte: Historiographische und systematische Perspektiven", in: Sybilla Nikolow und Arne Schirrmacher, Hgg., *Wissenschaft und Öffentlichkeit als Ressourcen füreinander: Studien zur Wissenschaftsgeschichte im 20. Jahrhundert* (Frankfurt am Main: Campus, 2007), 11.

33 Vgl. Jörg Requate, „Öffentlichkeit und Medien als Gegenstände historischer Analyse", in: *Geschichte und Gesellschaft : Zeitschrift für historische Sozialwissenschaft* 25, Nr. 1 (1999).

Mehrzahl der Bürger und Konsumenten im Gegensatz etwa zur Sozialpolitik scheinbar nur mittelbar betreffen, an den Kern unseres Zusammenlebens. Die Entwicklung und Bewertung von Zukunftstechnologien darf deshalb nicht allein den Experten aus Wissenschaft und Wirtschaft überlassen bleiben, sondern muss als öffentliche Aufgabe begriffen werden.

> „Technologies are the tools for building future worlds, and we cannot imagine those worlds – whether utopian or dystopian – without imagining the tools that will fashion them. Energy technologies are so central to any society that arguments over their future form cannot help but engage political and social issues. Like the disagreements that surface in any tension filled relationship, debates about future technologies often camouflage deeper tensions – tensions over norms and goals. Their technological visions are just as much tools by which advocates seek their desired future as are the technologies themselves.“[34]

Die Risiken, die bei aller Notwendigkeit ehrgeiziger Zukunftsplanung bestehen, wenn einzelne Wissenschaftler und Ingenieure als Lobbyisten ihrer technologischen Visionen in manipulativer Absicht Probleme und ihre Lösungen verkürzen, verzerren oder zum eigenen Vorteil missbrauchen, hat der amerikanische Wissenschaftshistoriker Patrick McCray am Beispiel kontroverser Forscherpersönlichkeiten der 1970er Jahre und ihrem Verhältnis zur damaligen „Limits to Growth“[35]-Debatte beschrieben.[36]

Gerade bei vermeintlichen Zukunftstechnologien oder wissenschaftlichen Großprojekten, die wie die Kernfusionsforschung heute ebenso weit in die Vergangenheit wie in die Zukunft reichen, ist ein Verständnis ihrer sozialen Kontingenz und Zeitgebundenheit dabei auch für die Gegenwart relevant. „Historisch aufschlußreich“, mahnt der Schweizer Technikhistoriker David Gugerli, „ist diese Analyse jedoch nicht als Grundlage eines morali-

34 Frank N. Laird, „Constructing the Future: Advocating Energy Technologies in the Cold War“, in: *Technology and Culture* 44, Nr. 1 (2003), 49.

35 Donella H. Meadows, Dennis Meadows und Jørgen Randers, *The Limits to Growth: A Report for the Club of Rome's Project on the Predicament of Mankind* (New York: Universe Books, 1972).

36 Vgl. W. Patrick McCray, *The Visioneers: How a Group of Elite Scientists Pursued Space Colonies, Nanotechnologies, and a Limitless Future* (Princeton, NJ: Princeton University Press, 2013).

schen Urteils der durch Schaden klug gewordenen, sondern vielmehr als Reflexionsraum, in welchem sich das Verhältnis von Erfahrung, Erwartung und Entscheidung im soziotechnischen Wandel bestimmen läßt."[37] Die Rekonstruktion historischer Zukunftserwartungen sowie ihr Abgleich mit dem tatsächlichen Lauf der Geschichte, sei demnach keine „retrospektive Besserwisserei"[38], sondern diene dem Verständnis vergangener Handlungen und ihrer Motive. „[M]an sollte meinen, die Historiker hätten voller Neugier der Geschichte der Zukunftserwartungen nachgespürt – aber eben dies ist verblüffend selten geschehen"[39], beklagt der deutsche Historiker Joachim Radkau noch 2017 in seinem jüngsten Buch. Ein Werk[40] des britischen Anglisten Ignatius F. Clarke und mehr noch eine Wanderausstellung der Smithsonian Institution mit dem Titel „Yesterday's Tomorrows" über die „Past Visions of the American Future" sind seltene und gelungene Gegenbeispiele. Schon 1984 verstand letztere Schau populäre Zukunftsvisionen als kulturelle Artefakte und präsentierte sie im Sinne einer Ideengeschichte als Spiegel der verbreiteten Werte und Einstellungen ihrer Zeit.[41] Denn genau wie alte Historiengemälde sagen Zukunftsvisionen mehr über das jeweils gegenwärtige Selbstverständnis ihrer Auftraggeber und Autoren aus, als über die Zeit, die sie eigentlich darstellen sollen. So schreiben die Kuratoren der Ausstellung im begleitenden Katalog über die Urheber der dargebotenen Texte und Artefakte sowie deren ideengeschichtliche Hintergründe:

---

37 David Gugerli, „Kernenergienutzung - ein nachhaltiger Irrtum der Geschichte?", in: Harald Zur Hausen, Hg., *Energie: Vorträge anläßlich der Jahresversammlung vom 17. bis 20. Oktober 2003 zu Halle (Saale)*, Nova Acta Leopoldina 91:339 (Stuttgart: Wissenschaftliche Verlagsgesellschaft, 2004), 341.

38 Joachim Radkau, *Geschichte der Zukunft: Prognosen, Visionen, Irrungen in Deutschland von 1945 bis heute* (München: Hanser, 2017), 11.

39 Ebd., 13.

40 Igantius F. Clarke, *The pattern of expectation: 1644-2001* (London: Cape, 1979).

41 Vgl. Joseph J. Corn, Brian Horrigan und Katherine Chambers, *Yesterday's Tomorrows: Past Visions of the American Future* (New York, Washington: Summit Books; Smithsonian Institution Traveling Exhibition Service, 1984), XII.

„A belief in the inevitability of a technological utopia possesed them – together with an apparently vast segment of society – as surely as a belief in a spiritual millenium had informed the character of an earlier American public. Such technological utopianism presumes that material means can ameliorate social problems and even perfect society. Originating in earlier ideologies of progress, in the last hundred years this belief became a permanent fixture of popular culture."[42]

Dabei ist klar, dass es angesichts der wundervollen Offenheit der Zukunft in einer zunehmend komplexen und interdependenten Welt nie gelingen wird, projektierte Ziele und künftige Gegenwarten zur Deckung zu bringen. Statt jedoch über den Mangel an Prognostizierbarkeit zu resignieren, gilt es die Ungewissheit als Freiraum für Entscheidungen und Chance auf Gestaltbarkeit positiv anzunehmen. Obwohl und gleichzeitig weil niemand die Zukunft vorhersagen kann, ist Vorausschau unabdingbar. Denn eine planvolle und gerichtete Entwicklung, sei sie technologisch, wissenschaftlich, gesellschaftlich oder privat, kann es ohne die Abwägung verschiedener Zukunftsentwürfe und Desiderate nicht geben.

Zur Konzeptualisierung der konkurrierenden Vorstellungen über Richtung und Ziele der technologischen Entwicklung hat sich in den vergangenen Jahren in Deutschland der Begriff „Technikzukünfte" etabliert.[43]

„Technikzukünfte – der Plural ist Programm! – sind ein zentrales Medium des Fortschritts, aber auch seiner Wahrnehmung und Verarbeitung. Sie sind präsent in Forschung und Entwicklung, sind Teil unserer Vorstellungen einer nachhaltigeren Gesellschaft, prägen aktuelle Debatten um Wissenschaft und Technik und werfen Fragen nach der Zukunft von Mensch und Gesellschaft auf. Technikzukünfte und die Kommunikation darüber können über Erfolg oder Misserfolg ganzer Entwicklungen entscheiden."[44]

42 Ebd.

43 Vgl. acatech – Deutsche Akademie der Technikwissenschaften, Hg., *Technikzukünfte: Vorausdenken – Erstellen – Bewerten* (Berlin: Springer, 2012).

44 Armin Grunwald, *Technikzukünfte als Medium von Zukunftsdebatten und Technikgestaltung* (Karlsruhe: KIT Scientific Publishing, 2012), 11.

Insbesondere bringen Technikzukünfte als Vorstellungen über die Entwicklung von Technik und Gesellschaft Ansichten darüber zum Ausdruck, welche zukünftige gesellschaftliche und technologische Realität für möglich, nötig, mehr oder weniger wahrscheinlich, gewünscht oder unerwünscht gehalten wird. Sie erscheinen in unterschiedlichen Formen, etwa als Vorhersagen, Szenarien, Warnungen oder Versprechen. Teils werden sie von Wissenschaftlern auf der Basis elaborierter Modelle entwickelt, teils handelt es sich um künstlerische Entwürfe, wie literarische oder filmische Produkte der Science-Fiction, teils sind es Erwartungen oder Befürchtungen, die über Massenmedien Gegenstand der öffentlichen Kommunikation werden. Die Kernfusion war im Laufe ihrer Geschichte als Technikzukunft in seltener Kontinuität in all diesen Medien vertreten.

Dass die Kernfusion dabei allerdings nicht nur eine Option oder das Objekt gesellschaftlicher Vorstellungen für die Zukunft, sondern dass sie als Zukunftstechnologie selbst aktiv an der „co-produktion“[45] ebenjener Vorstellungen und „collective visions of good and attainable futures“[46] beteiligt ist, vermittelt das seit 2007 primär von Sheila Jasanoff in Harvard mit großer Wirkung entwickelte Konzept der „sociotechnical imaginaries“[47]. Diese beschreiben einerseits, was sein könnte, und schreiben andererseits vor, was sein soll.[48] Das Schüren und Erfüllen von Erwartungen verbindet dabei Wissenschaft und Politik und hilft beiden ihre gesellschaftliche Legitimation zu erhalten.

---

45 Vgl. Sheila Jasanoff, Hg., *States of Knowledge: The Co-Production of Science and Social Orde* (London: Routledge, 2004).

46 Program on Science and Technology Studies (STS) at the Harvard Kennedy School, „The Sociotechnical Imaginaries Project“. http://sts.hks.harvard.edu/research/platforms/imaginaries/ (letzter Zugriff: 26. Juli 2019).

47 Vgl. Sheila Jasanoff und Sang-Hyun Kim, „Sociotechnical Imaginaries and National Energy Policies“, in: *Science as Culture* 22, Nr. 2 (2013).
Vgl. Sheila Jasanoff und Sang-Hyun Kim, Hgg., *Dreamscapes of Modernity: Sociotechnical Imaginaries and the Fabrication of Power* (Chicago, IL: University of Chicago Press, 2015).

48 Vgl. Sheila Jasanoff und Sang-Hyun Kim, „Containing the Atom: Sociotechnical Imaginaries and Nuclear Power in the United States and South Korea“, in: *Minerva* 47, Nr. 2 (2009), 120.

Mein Interesse gilt folglich weniger einer klassischen Wissenschafts- oder Technologiegeschichte der Kernfusion, als vielmehr der öffentlichen Kommunikation über diese, ihrer Vermittlung sowie ihrer populärkulturellen und medialen Repräsentation. Nicht zuletzt sei Technikgeschichte im 20. Jahrhundert „auch die Geschichte eines unausgesetzten Redens über Technik", schreibt der Historiker Bernd Rusinek und fordert, „Technikgeschichtsschreibung müsste auch zu einer Kommunikationsgeschichte über Technik tendieren."[49] Der deutsche Soziologe Niklas Luhmann prägte für diese Analyseperspektive den Terminus „Beobachtung zweiter Ordnung"[50]. Hier wird die Beobachtung erster Ordnung in Gestalt medialer und kultureller Zeugnisse, welche die Kernfusion zum Gegenstand haben, mit einem sozial- und kulturwissenschaftlichen Instrumentarium nochmals – eben zweiter Ordnung – beobachtet und beschrieben. Der Fokus liegt dabei also nicht auf der Kernfusion selbst, sondern auf dem Bild, welches sich eine Gesellschaft von ihr macht.

Während zur Kernspaltung eine Fülle von Arbeiten über die gesellschaftlichen Auseinandersetzungen mit den zivilen und militärischen Facetten der Technologie sowie ihre kulturellen Ausprägungen und Hintergründe existiert[51], haben bestehende Arbeiten über die Geschichte der Kernfusion[52], sich vor allem mit ihrer technologischen und institutionellen Entwicklung oder den beteiligten Akteuren im Wissenschaftsbetrieb beschäftigt und ihre sozial- und kulturgeschichtlichen Hintergründe bisher vernachlässigt. Zumal deren Autoren zuletzt öfter selbst ehemalige Fusionsforscher[53] oder

49 Bernd-A. Rusinek, „Technikgeschichte im Atomzeitalter", 258.

50 Niklas Luhmann, *Die Realität der Massenmedien* (Opladen: Westdeutscher Verlag, 1996), 151.

51 Vgl. Paul Boyer, *By the Bomb's Early Light: American Thought and Culture at the Dawn of the Atomic Age* (New York: Pantheon Books, 1985).
Vgl. Joachim Radkau, „Die Kernkraft-Kontroverse im Spiegel der Literatur: Phasen und Dimensionen einer neuen Aufklärung", in: Armin Hermann und Rolf Schumacher, Hgg., *Das Ende des Atomzeitalters? Eine sachlich-kritische Dokumentation* (München: Moos & Partner, 1987).

52 Vgl. Bromberg, *Fusion*.

53 Vgl. Stephen O. Dean, *Search for the Ultimate Energy Source: A History of the U.S. Fusion Program* (New York: Springer, 2013).

Wissenschaftsjournalisten[54] mit naturwissenschaftlichem Hintergrund als Historiker waren.

Zwar hat die Europäische Atomgemeinschaft EURATOM zur Förderung der gesellschaftlichen Akzeptanz ihres aktuellen Fusions-Engagements seit 1997 eine Reihe von Studien zu den sozioökonomischen Aspekten der Kernfusion beauftragt[55], die sich vor allem am Beispiel Deutschlands und Spaniens auch mit der öffentlichen Meinung über die Kernfusion befassten. Dafür wurden etwa Gruppendiskussionen geführt[56] oder Texte in Massenmedien und dem Internet ausgewertet[57]. Im Ergebnis sind diese Studien jedoch zuvorderst quantitativer Natur und werden als schiere Momentaufnahmen der Dynamik ihres Gegenstands nicht gerecht. Eine kulturgeschichtliche Analyse und Einordnung der begleitenden Diskurse in ihre jeweiligen sozialen Kontexte blieben darin bisher ebenso unberücksichtigt wie der Einfluss offizieller Entwicklungsszenarien und fiktionaler Zukunftsvisionen aus dem Bereich der Popular Culture.

Dabei ist Energietechnik – und besonders nukleare Energietechnik – mehr als nur ein technologisches Problem. Unter dem Schlagwort „Energy Humanities" beschäftigen sich seit wenigen Jahren auch immer mehr Geis-

---

54 Vgl. Daniel Clery, *A Piece of the Sun: The Quest for Fusion Energy* (New York: Overlook Press, 2013).

55 Betrieben bis 2013 im Programm SERF (Socio Economic Research on Fusion) des European Fusion Development Agreement und seither von dessen Nachfolger-Konsortium EUROfusion.

56 Vgl. Georg Hörning, Gerhard Keck und Florian Lattewitz, „Fusionsenergie - eine akzeptable Energiequelle der Zukunft? Eine sozialwissenschaftliche Untersuchung anhand von Fokusgruppen". Arbeitsbericht / Akademie für Technikfolgenabschätzung in Baden-Württemberg 145 (1999).
Vgl. Ana Prades et al., „Lay Understanding and Reasoning About Fusion Energy: Results of an Empirical Study". Colección Documentos CIEMAT (CIEMAT, 2009).

57 Vgl. Luísa Schmidt et al., „Confrontation of Fusion and Other Future Energy Technologies' Representations in the Public Discourse – Media Analysis (Portugal and Spain)" (ICS Instituto de Ciências Sociais da Universidade de Lisboa, 2013).
Vgl. Tanja Perko et al., „Media Framing of Fusion: Scoping Study for the Sociological Research Programme for EUROfusion" (Belgian Nuclear Research Centre, 2014).

teswissenschaftler damit, denn wie Menschen mit Energie umgehen, prägt ihre „social structures, lived and material infrastructures, and even cultural practices“[58]. Abgesehen von wissenschaftlichen, ökonomischen und natürlich auch ökologischen Faktoren gilt zudem: „Energy is power – both technical and social. The way we manage our energy resources determines the development of both our economy and our society.“[59] Fragen der Energieversorgung sind daher immer auch von ethischen Überlegungen – verstanden als Reflexionen über unser Handeln, seine Motive und Folgen – sowie den dahinterliegenden Normen und Werten abhängig. Selbstverständlich gibt es auf diese Fragen in einer freiheitlichen und pluralistischen Gesellschaft wie den USA zu jeder Zeit eine Vielzahl verschiedener Antworten. Verschiedene Akteure vertreten in der öffentlichen Diskussion teils widerstreitende Interessen, die sie mit Verweis auf ihrer Meinung nach positive oder negative Zukunftsszenarien begründen. „Understanding groups that advocate future technological systems requires understanding the type of world they seek to create.“[60]

Im Prozess der politischen Willensbildung erlauben und erfordern es demokratische Gesellschaften diesbezüglich regelmäßig auf neue Erkenntnisse und veränderte Präferenzen zu reagieren. Trotz der heute weitgehenden Internationalisierung der Kernfusionsforschung sind und waren nationale Diskurse hierbei von grundlegender Bedeutung. Ihre Untersuchung erlaubt es erst technologische Entwicklungen abseits deterministischer Fortschrittsideologien zu begreifen und die Spezifika internationaler Konkurrenz oder Kooperation der teilhabenden Kulturen und ihrer nationalen Interessen besser zu verstehen.

Eine Beschränkung auf den U.S.-amerikanischen Diskurs im Zeitraum von ca. 1945 bis zum Ende des Atomic Age erscheint mir vor diesem Hintergrund aus folgenden inhaltlichen wie methodischen Gründen als besonders sinnvoll: Da ist zum einen der selbsterklärte Anspruch der USA auf die technologische und kulturelle Vorreiterrolle für diese Epoche im Kontext des Kalten Kriegs. So kann kein anderes Land in Bezug auf die militärische

58 Imre Szeman und Dominic Boyer, Hgg., *Energy Humanities: An Anthology* (Baltimore, MD: Johns Hopkins University Press, 2017), 3.

59 Markus Vogt, „The Lessons of Chernobyl and Fukushima: An Ethical Evaluation“, in: *Rachel Carson Center Perspectives* 3, Nr. 1 (2012), 33.

60 Laird, „Constructing the Future“, 49.

und zivile Kernfusionsforschung als Big Science Vorhaben in Tradition des Manhattan-Projekts auf eine längere Geschichte oder ein ähnlich vielfältiges Engagement zurückblicken. Zum anderen setzt eine klare Wahrnehmung und Analyse der interessanten Entwicklungenen eine weitgehende Kontinuität der Rahmenbedingungen hinsichtlich des politischen Systems und der Abgeschlossenheit des Kultur- und Diskursraums als Untersuchungseinheit voraus. Auch können etwaige Brüche und Widersprüche erst vor der Schablone definierter Umstände im Verhältnis zu ihrem Kontext als solche erkannt werden. Vor allem aber bedarf es einer radikal marktgetriebenen und demokratischen Medienlandschaft und Kulturindustrie wie der amerikanischen um von ihren Produkten und öffentlichen Äußerungen repräsentativ auf die tatsächlichen Befindlichkeiten innerhalb der Gesellschaft schließen zu können.

Als Quellen ziehe ich dazu neben politischen Äußerungen, Nachrichtenmeldungen, Reportagen und populären Sachbüchern auch Unterhaltungs- und Lehrfilme sowie von Vertretern der Kernfusionsforschung veröffentlichte Berichte, Werbemittel und Debattenbeiträge heran. Die meisten dieser Quellen waren selbst Repräsentationen der Kernfusion in der amerikanischen Öffentlichkeit und Popular Culture, manche andere referenzierten diese öffentlichen Repräsentationen wiederum lediglich in zu ihrer Zeit nicht-öffentlichen Äusserungen. Seitens der eher allgemein interessierten, regelmäßig erscheinenden, klassischen Massenmedien aus dem Print-Bereich, Zeitungen und Magazinen, betrachte ich neben den überregionalen Tageszeitungen vor allem auch die damals überaus populären Wochenmagazine *Time* und *Life*. Beide[61] genossen als Leitmedien der gebildeten amerikanischen Mittelschicht im Untersuchungszeitraum quasi kanonischen Rang.[62]

---

61 Es ist hierzu bemerkenswert, dass sowohl *Time* als auch *Life* von der selben Person gegründet wurden, die auch die populäre Reihe „*The March of Time*“ für Radio und Kino produzierte: dem einflussreichen amerikanischen Verleger Henry Luce.

62 Vgl. Scott C. Zeman, „‚To See ... Things Dangerous to Come to‘: Life Magazine and the Atomic Age in the United States, 1945-1965“, in: Dick van Lente, Hg., *The Nuclear Age in Popular Media: A Transnational History, 1945-1965* (Basingstoke: Palgrave Macmillan, 2016).

Wie die amerikanische Wissenschaftssoziologin Dorothy Nelkin im Zusammenhang mit Massenmedien feststellt, sind Geschichten für das öffentliche Verständnis wissenschaftlicher Fragen einflussreicher als direkte Erfahrung und Bilder wichtiger als Bildung.[63] Es ist daher das Ziel dieser Arbeit darzulegen, wie Kernfusion und die damit verbundenen Hoffnungen und Ängste, Chancen und Risiken in Massenmedien und der amerikanischen Populärkultur dargestellt wurden und welche Geschichten in ihr als Einfluss auf und Spiegel von gesellschaftlichen Einstellungen behandelt wurden. Die Art und Weise der Auseinandersetzung in Texten und Bildern spiegelt dabei das wechselhafte Verhältnis der amerikanischen Gesellschaft zur Atomenergie wider. Zusätzlich zu diesen reflektierenden Eigenschaften kommt Popular Culture-Produkten gerade bei einem so komplexen und ohne Spezialwissen schwer begreifbaren Thema wie der Kernfusion aber auch eine Einstellungen produzierende Funktion zu. Mehr als wissenschaftliche Fachliteratur, oder die Aussagen von Experten und Regierungen bestimmen sie durch ihre Erzählungen und Darstellungen die Reputation und das Image dieser Technologie und ihrer Anwendungen.

Dass populärkulturelle Repräsentationen in den USA also mitunter einen größeren Einfluss auf die gesamtgesellschaftliche Reputation einer Technologie haben als Wissenschaftler und politische Eliten, kann eine Studie zur Risikowahrnehmung am Beispiel konventioneller Kernkraftwerke aus den 1980er Jahren verdeutlichen.[64] In einer Zeit als eine große Mehrheit der amerikanischen Bevölkerung den Neubau von Kernkraftwerken aus Sicherheitsgründen ablehnte, ist das Vertrauen in deren Sicherheit bei den Eliten aus Politik, Militär, Wissenschaft, Medien und der Kulturindustrie äußerst ungleich verteilt.

63 Vgl. Dorothy Nelkin, *Selling Science: How the Press Covers Science and Technology* (New York: Freeman, 1995), 2–3.

64 Vgl. Stanley Rothman und S. Robert Lichter, „Elite Ideology and Risk Perception in Nuclear Energy Policy“, in: *The American Political Science Review* 81, Nr. 2 (1987), 385.

Table 1. Are Nuclear Plants Safe?

Sample Groups	Percentage Rating Nuclear Plant Safety 5 or Higher	Sample Size
Total leadership sample	36.8	1,203
Bureaucrats	52.0	199
Congressional aides	39.1	132
Lawyers	48.6	149
Media	36.5	156
Journalists at *NY Times* and *Washington Post*	29.4	51
Journalists at TV networks	30.6	49
Military	86.0	152
Movies	14.3	90
Public interest	6.4	154
TV, Hollywood	12.5	103
Total scientists sample	60.2	925
Energy experts	75.8	279
Nuclear-energy experts	98.7	72

Abb. 1: Die Befragten bewerteten die Sicherheit von Kernkraftwerken auf einer Skala von 1 (sehr unsicher) bis 7 (sehr sicher). Wertungen größer 5 wurden von den Autoren der Studie als Anzeichen relativen Vertrauens gelesen.[65]

Die Tabelle zeigt, dass die positive Einschätzung einer Mehrzahl der ausgewählten Wissenschaftler der von den Autoren Stanley Lichter und Robert S. Rothman zitierten skeptische Haltung der amerikanischen Bevölkerung zur Reaktorsicherheit gegenübersteht. Wissenschaftliche Expertise und technische Argumente können also für die öffentliche Wahrnehmung technologischer Chancen und Risiken nicht ausschlaggebend sein. Stattdessen korrespondiert die verbreitete Skepsis eher mit den auffällig starken Sicherheitsbedenken bei Medienvertretern und Kulturschaffenden in Journalismus, Film und Fernsehen.

SCHLÜSSELKONZEPTE, THEORIE UND METHODE

Massenmedien und Popular Culture

Die Quellen, die im Zentrum meiner Untersuchungen stehen, sind Teil jener amerikanischen Popular Culture, die mit Populärkultur nur unzureichend übersetzt werden kann. Im Gegensatz zum deutschen Sprachgebrauch macht Popular Culture keine Aussage über die vermeintliche Quali-

65 Ebd., 386.

tät ihrer Produkte, die als Gegenstück zur Hochkultur gesehen würden. Die europäische Unterscheidung zwischen Hochkultur und einer Massen-, bzw. Populärkultur ist in Amerika weit weniger ausgeprägt. Sie widerspräche der egalitären Tradition der USA und ihrer weitverbreiteten Skepsis gegenüber Eliten jedweder Art. So hat denn „popular" in Amerika einen anderen Klang als in Europa. Meint es, im historischen Vergleich spitz formuliert, dort den Pöbel, so feiert der Begriff in den Vereinigten Staaten „the achievements of popular souvereignity and hence refers to the will and wisdom of the common man".[66]

Dabei steht die Vorstellung, dass Popular Culture demnach einen Konsens über die gemeinsamen Werte einer demokratischen Gesellschaft ausdrücken könne, im Gegensatz zu einer Kulturkritik, wie sie Anhänger der Frankfurter Schule vertraten, dass Populär- und Massenkultur ihr Publikum im Dienste der herrschenden Ordnung mit bestimmten Vorstellungen indoktrinieren würden.[67] Diese marxistische Kulturkritik, wie sie zum Beispiel Max Horkheimer und Thedor W. Adorno in ihrer *Dialektik der Aufklärung*[68] vertraten, war für das gleichgeschaltete und vermasste Nazi-Deutschland mit seiner propagandistischen Kulturindustrie sicherlich in hohem Maße gerechtfertigt.[69] Angewandt auf die Verhältnisse in den Vereinigten Staaten, steht ihr jedoch entgegen, dass die angeblich Manipulierten dort Medieninhalte keineswegs nur passiv konsumieren, sondern auf einem freien und hoch kompetitiven Markt aktiv aus zahlreichen Angeboten bewusst jene Kulturprodukte auswählen können, die ihr jeweiliges Verlangen am besten befriedigen.[70]

Auf der einen Seite sind die Produkte der Popular Culture so omnipräsent, dass die Werte und Einstellungen, die in ihnen offen oder unterschwellig vermittelt werden, unausweichlich einen enormen Einfluss auf

---

66 Vgl. Bernd Ostendorf, „Why Is American Popular Culture so Popular?", in: *Amerikastudien* 46, Nr. 3 (2001), 341.

67 Vgl. Elisabeth Traube, „‚The Popular' in American Culture", in: *Annual Review of Anthropology* 25 (1996), 131.

68 Max Horkheimer, Theodor W. Adorno und Friedrich Pollock, *Dialektik der Aufklärung: Philosophische Frangmente* (Amsterdam: Querido, 1947).

69 Vgl. Chandra Mukerji und Michael Schudson, „Popular Culture", in: *Annual Review of Sociology* 12 (1986), 56.

70 Vgl. Traube, „‚The Popular' in American Culture", 132.

ihre Betrachter ausüben. Sie legen ein bestimmtes Konsumverhalten nahe, schaffen immer neue Begehrlichkeiten und bestimmen mit, was für erstrebenswert oder verabscheuungswürdig gehalten werden soll. Auf der anderen Seite tragen aber auch die Konsumenten in ihrer Funktion als Publikum dazu bei, ihre Popular Culture mit zu gestalten. Ein Produkt, das die erwartete Resonanz nicht hervorruft, wird vom Markt verschwinden oder so angepasst werden, dass es den Massengeschmack besser trifft. Die Bedeutung dieses Massengeschmacks und die wirtschaftliche Macht der Konsumenten führen schließlich dazu, dass Kulturprodukte, je teurer sie in ihrer Herstellung sind, immer mehr geneigt sind, ihrerseits die Wünsche und Erwartungen ihres Publikums aufzunehmen und zu reflektieren.[71]

> „We should recognize therefore that in some cases popular art is shaping our sensibilities, but we also should remember that in other cases popular arts are reflective. In both instances, however, the important thing is that the popular arts provide a gauge by which we can learn what Americans are thinking, their fears, fantasies, dreams and dominant mythologies. The popular arts reflect the values of the multitude."[72]

In diesem Sinne wird die amerikanische Popular Culture als Produkt einer auf Reichweite und bestmögliche kommerzielle Verwertbarkeit ausgelegten Unterhaltungsindustrie in der Tat zu einer Art Spiegel für die in der amerikanischen Gesellschaft wichtigen Wertvorstellungen. Erfolgreiche Hollywoodfilme, Fernsehserien und sogar manche subkulturell oder subversiv anmutenden Produkte einer im Kern kommerzialisierten und hedonistischen Jugendkultur wie Rock- und Popmusik können deshalb im Gegensatz zu Autorenfilmen oder anderen Werken der sogenannten Hochkultur über die Einstellungen ihrer Produzenten hinaus auch für die Einstellungen ihres Publikums repräsentativ sein. Sie eignen sich daher nicht nur für ästhetische, sondern anhand ihrer Gestaltung, ihrer Erzählweisen und der in ihnen behandelten Themen ebenso für die sozialwissenschaftlich und historisch interessierten Betrachtungen gesellschaftlicher Werte und Einstellungen.

---

71 Vgl. Christopher D. Geist und John G. Nachbar, Hgg., *The Popular Culture Reader* (Bowling Green, OH: Bowling Green University Popular Press, 1983), 3.

72 Ebd.

„Films are mirrors of our lives and times. During the course of this century, our changing society, our evolving attitudes and concerns – our history in fact – have been reflected in our films. [...] Even the distortions and lies we often find in that celluloid mirror reveal some inescapable truths not only about those who created the falsity, but about those who demanded it and avidly paid for it at the box office. As such, the motion picture is fit study for the historian and the sociologist as much as it is for the film student.“[73]

Ein weiterer wesentlicher Bestandteil des umfänglichen Geflechts aus Eindrücken und Äußerungen, das der Begriff Popular Culture zu fassen hilft, sind neben den eher fiktionalen Produkten der amerikanischen Kulturindustrie auch die Inhalte alltäglicher Massenmedien, wie Fernsehen, Zeitungen und Magazine. Sie alle vermitteln, wie wissenschaftliche Forschungs- und Anwendungsfelder von Journalisten, Politikern, Wirtschaftsfunktionären, Künstlern, Glaubensvertretern und anderen Eliten beurteilt werden und ihnen Legitimation zugewiesen wird. Diese gesellschaftliche Legitimation unterscheidet Mike Schäfer von der innerwissenschaftlichen Legitimation, die Wissenschaftler etwa im Rahmen von Peer-Review-Verfahren von Kollegen aus ihrem eigenen Bereich erhalten.[74] Ihr ist die außerwissenschaftliche Legitimation insofern übergeordnet, als dass innerhalb eines Wissenschaftsbereichs nur so viel Legitmation (Ressourcen, Geld, Aufmerksamkeit) verteilt werden kann, wie ihm außerwissenschaftlich beigemessen wird. Die resultierenden Ressourcenzuweisungen und Regulierungen fußen selten allein auf wissenschaftlichen Normen und Rationalitätsansprüchen. „Bei ihrer Aushandlung sind wissenschaftliche Akteure nur ‚normale‘, nicht-privilegierte Sprecher unter anderen [...].“[75] Bezüglich des Verhältnisses von Wissenschaft und Forschung zu anderen gesellschaftlichen Teilsystemen – Politik, Militär, Wirtschaft, Kultur, Religion, etc. – spielen Massenmedien als Nahtstelle und „ideal stage for intersection, bridging and negotiation“[76] eine zunehmend wichtige Rolle. In ihnen wird Wissenschaft

73 Marshall Flaum, „Foreword“, in: Jack G. Shaheen, Hg., *Nuclear War Films* (Carbondale: Southern Illinois University Press, 1978), 4.

74 Vgl. Schäfer, *Wissenschaft in den Medien,* 19.

75 Ebd.

76 Massimiano Bucchi, *Science and the Media: Alternative Routes in Scientific Communication* (London: Routledge, 1998), 132.

aus der Perspektive anderer gesellschaftlicher Teilsysteme betrachtet, in Kontext gestellt und ihre Legitimation ausgehandelt. Die Konflikte, die sich aus der Kopplung dieser Teilsysteme mit ihren jeweiligen Logiken ergeben, wenn Wissenschaft und Medien über die Versuchungen von Aufmerksamkeit, Auflage und Profit die nötige Sorgfalt vernachlässigen und die regulären Peer-Review-Prozesse umgehen, hat Peter Weingart unter anderen am Beispiel der Kalten Fusion problematisiert.[77]

> „Today, news about science and technology is featured in front page articles – in stories about discoveries, news about health, and reviews of economic trends and business affairs. Media attention focuses on technology-related policy issues such as environmental quality and public health. Controversies – over biotechnology, AIDS therapies, the patenting of new life forms, and incidents of fraud – have become newsworthy events."[78]

Die Wirkung der Massenmedien bei der Herstellung dieser gesellschaftlichen Legitimation für die Wissenschaft beschreibt Mike Schäfer mit Verweis auf die Schriften von Dorothy Nelkin und Frank Brettschneider[79] als Prozess auf zweierlei Wegen: Zum einen wirken die Massenmedien auf die breite Öffentlichkeit, die außer der massenmedialen Information kaum einen persönlichen Einblick in das gesellschaftliche Teilsystem Wissenschaft hat. Zum anderen wirken sie auf die politischen Eliten ebenjener Öffentlichkeit, denen die Massenmedien mittelbar wiederum als Indikatoren der

---

77 Vgl. Peter Weingart, *Die Stunde der Wahrheit? Zum Verhältnis der Wissenschaft zu Politik, Wirtschaft und Medien in der Wissensgesellschaft* (Weilerswist: Velbrück Wissenschaft, 2001), 254–261.
Vgl. Helmuth Trischler und Marc-Denis Weitze, „Kontroversen zwischen Wissenschaft und Öffentlichkeit: Zum Stand der Diskussion", in: Wolf-Andreas Liebert und Marc-Denis Weitze, Hgg., *Kontroversen als Schlüssel zur Wissenschaft? Wissenskulturen in sprahlicher Interaktion* (Bielefeld: Transcript, 2006), 67–69.

78 Nelkin, *Selling Science,* 1.

79 Frank Brettschneider, *Öffentliche Meinung und Politik: Eine empirische Studie zur Responsivität des deutschen Bundestages zwischen 1949 und 1990* (Wiesbaden: VS Verlag für Sozialwissenschaften, 1995).

öffentlichen Meinung gelten.[80] Denn wo demokratische Staaten die Beteiligung der Bürger an staatlicher Herrschaft verlangen, sind deren gewählte Vertreter den Bürgern gegenüber immer wieder Rechenschaft schuldig. Sie müssen ihr politisches Handeln öffentlich kommunizieren, begründen und mit der Mehrheitsmeinung in Einklang bringen – entweder durch Anpassen des einen oder durch Manipulation des anderen. Auch die damit verbundene Kommunikation wird in modernen Gesellschaften zunehmend über Massenmedien geführt. Diese sind gleichzeitig eine Arena, auf der unterschiedliche Akteure kommunizieren können, und selbst „Akteure im Öffentlichkeitssystem"[81]. Sie sind nach Niklas Luhmann nicht nur Hersteller, sondern Repräsentanten von Öffentlichkeit.[82]

Es ist daher plausibel anzunehmen, dass die Art und Weise, wie Wissenschaft in den Massenmedien thematisiert wird, großen Einfluss darauf hat, wie politische Akteure ihre Möglichkeiten und Grenzen konfigurieren und wie sie über die Förderung oder Regulierung spezifischer Forschungs- und Anwendungsfelder entscheiden. Für die Wissenschaft ist entsprechend bedeutsam, wie sie massenmedial in der Öffentlichkeit dargestellt wird. Mit zunehmender Bedeutung der Wissenschaft in modernen Gesellschaften hat dies einen professionalisierten Kommunikations- und PR-Apparat hervorgebracht, der im Unterschied zur obig beschriebenen Kommunikation über Wissenschaft und unabhängigem Wissenschaftsjournalismus, von Seiten wissenschaftlicher Disziplinen, Institutionen und Akteure selbst versucht, an den „massenmedialen Platzierungs- und Deutungskonkurrenzen" teilzunehmen und die öffentliche Meinung in ihrem Sinne zu beeinflussen. Je besser es ihnen somit gelingt, vertrauensvolles Wohlwollen oder ein günstiges gesellschaftliches Klima für sich und ihre Forschung zu erzeugen, desto eher ist ihre Förderung – über rein wissenschaftliche Argumente hinaus – auch politisch begründbar.[83]

80 Vgl. Schäfer, *Wissenschaft in den Medien,* 18.

81 Vgl. Jürgen Gerhards und Friedhelm Neidhardt, „Strukturen und Funktionen moderner Öffentlichkeit: Fragestellungen und Ansätze", in: Stefan Müller-Doohm und Klaus Neumann-Braun, Hgg., *Öffentlichkeit, Kultur, Massenkommunikation: Beiträge zur Medien- und Kommunikationssoziologie,* Studien zur Soziologie und Politikwissenschaft (Oldenburg: BIS, 1991).

82 Vgl. Luhmann, *Die Realität der Massenmedien,* 188.

83 Vgl. Schäfer, *Wissenschaft in den Medien,* 20.

Big Science, Wissenschaft und Öffentlicheit

Die Abhängigkeit von Öffentlichkeit und Politik gilt in besonderem Maße für Forschung, die mit politischem Auftrag und öffentlichen Mitteln im großen Stil konkrete Ziele verfolgen soll. Für diese Art der staatlich beauftragten Großforschung, die sich während des zweiten Weltkriegs in den USA entwickelt hatte, prägte der Atomphysiker und Regierungsberater unter den Administrationen von Dwight D. Eisenhower und John F. Kennedy, Alvin Weinberg, 1961 den Begriff „Big Science“[84]. Die Ursprünge des Phänomens, das der Wissenschaftshistoriker Derek de Solla Price damals im Unterschied zur „Little Science“[85] definierte, reichen derweil bis ins 19. Jahrhundert zurück, als mit dem Aufkommen universitärer Forschungslabors, Industrieforschung und außerunversitären Forschungseinrichtungen eine „tendenzielle ‚Vergesellschaftung‘ der Forschung“ begann.[86] Die vielzitierte populäre Heroisierung einzelner Wissenschaftler als metaphorische Väter neuer Entwicklungen darf hier nicht darüber hinwegtäuschen, dass Innovationen vor allem in den Naturwissenschaften fortan statt auf einzelne Wissenschaftler oder kleine Gruppen immer häufiger auf zentral organisierte Kooperationsnetzwerke mit hunderten von Akteuren zurückgingen.[87] Entsprechend betont Catherine Westfall in ihrem kritischen Abriss der geschichtswissenschaftlichen Beschäftigung mit Big Science seit Weinberg und Price[88] den Netzwerkcharakter des Phänomens gegenüber deren bestimmender Fokussierung auf „Bigness“. Hinsichtlich der Bedeutung über-

---

84 Vgl. Alvin M. Weinberg, „Impact of Large-Scale Science on the United States“, in: *Science* 134, Nr. 3473 (1961).

85 Vgl. Derek J. de Solla Price, *Little Science, Big science* (New York, NY: Columbia University Press, 1963).

86 Vgl. Helmuth Trischler, „Wachstum – Systemnähe – Ausdifferenzierung: Großforschung im Nationalsozialismus“, in: Rüdiger Vom Bruch und Brigitte Kaderas, Hgg., *Wissenschaften und Wissenschaftspolitik: Bestandsaufnahmen zu Formationen, Brüchen und Kontinuitäten im Deutschland des 20. Jahrhunderts* (Stuttgart: Franz Steiner Verlag, 2002), 242.

87 Vgl. Peter Galison und Bruce Hevly, Hgg., *Big Science: The Growth of Large-Scale Research* (Stanford, CA: Stanford University Press, 1992).

88 Vgl. Catherine Westfall, „Rethinking Big Science“, in: *Isis* 94, Nr. 1 (2003), 32–36.

greifender Verbindungen beruft Sie sich dabei auf folgende idealtypische Charakteristika von Big Science nach den deutschen Wissenschafts- und Technikhistorikern Burghard Ciesla und Helmuth Trischler:

> „(1) Binding together of different scientific-technical disciplines (multidisciplinarity) in one project, with a large apparatus often standing at the center.
> (2) Binding together extensive resources in manpower and finances.
> (3) Predominant financing by the State (involvement oft he state).
> (4) Orientation towards concrete, middle- to long-term projects (project orientation).
> (5) Connecting basic and applied research in an industrial context.
> (6) Orientation towards goals which are considered politically and socially especially relevant (goal orientation).
> (7) Dualism of a clear political goal and far-reaching autonomy of scientists in the setting of concrete work goals."[89]

In den USA trug der Erfolg der frühen militärischen Big Science Projekte wesentlich zur technologischen Machbarkeits-Euphorie der Nachkriegszeit bei, in der nach ihrem Vorbild wissenschaftlicher Fortschritt und gesellschaftliche Entwicklung von einem starken Staat weiter forciert und gelenkt werden sollten. Als Insider – er war in der Frühzeit des von ihm beschriebenen Phänomens im Manhattan-Projekt an dessem bekanntestem Beispiel selbst beteiligt gewesen und leitete später als Direktor des Oak Ridge National Laboratory eine seiner wichtigsten Institutionen – hat schon Weinberg die Problematik in der Big Science eigenen engen Beziehung von Wissenschaft und ihren staatlichen Sponsoren, Politik und Gesellschaft früh erkannt:

> „[S]ince Big Science needs great public support it thrives on publicity. The inevitable result is the injection of a journalistic flavor into Big Science which is fundamentally in conflict with the scientific method. If the serious writings about Big Science were carefully separated from the journalistic writings, little harm would be done. But they are not so separated. Issues of scientific or technical merit tend to get argued in the popular, not the scientific, press, or in the

89 Burghard Ciesla und Helmuth Trischler, „Legitimation through Use: Rocket and Aeronautic Research in the Third Reich and the USA", in: Mark Walker, Hg., *Science and Ideology: A Comparative History* (London: Routledge, 2003), 160.

congressional committee room rather than in the technical-society lecture hall; the spectacular rather than the perceptive becomes the scientific standard.“[90]

Peter Weingart hat diese Entwicklung, dass durch die wachsende Bedeutung der Medien bei der Prägung des öffentlichen Bewusstseins und der politischen Meinung die Orientierung der Wissenschaft an den Medien zunimmt, als „Medialisierung der Wissenschaft“ umschrieben. Sie ist das Mittel, angesichts der wachsenden Konkurrenz innerhalb der Wissenschaft sowie zwischen ihr und anderen gesellschaftlichen Teilbereichen, weiterhin ausreichend öffentliche Aufmerksamkeit und Zuwendung zu generieren. Gleichzeitig droht der Wissenschaft durch die zunehmende Anpassung an die Erfordernisse der Medien- und Aufmerksamkeitsökonomie ein Verlust an Identität und folglich auch Legitimation, je mehr „die Spezifität der Wissenschaft durch die Nichtunterscheidbarkeit von den gängigen Medienformaten verschwindet“.[91]

Letztinstanzlicher Träger aller öffentlich (steuer-)finanzierten Big Science Projekte in demokratischen Gesellschaften ist die Öffentlichkeit. Sie stellt das Geld zur Verfügung, das dem Staat in seinem Namen für Forschungszwecke zur Verfügung steht und bestimmt über die öffentliche Meinung – beziehungsweise das, was als solche gilt – Wahlen und Deligierte zumindest mittelbar auch über dessen Verteilung. Der Freiheit der Forschung und den involvierten Wissenschaftlern steht somit in gewissem Maße eine außerwissenschaftliche Kontrolle durch andere Teilöffentlichkeiten – Beamte, (Fach-)Politiker, Medien und verschiedene Interessenvertreter – entgegen. „Im Einklang mit der Öffentlichkeit zu stehen, verleiht deshalb das Prestige allgemeiner Legitimität.“[92]

Dabei ist das Konzept der Öffentlichkeit, das alltagssprachlich so selbstverständlich erscheint, durchaus vielschichtig.[93] So kann etwas öffent-

---

90 Weinberg, „Impact of Large-Scale Science on the United States“, 161.

91 Vgl. Peter Weingart, *Die Wissenschaft der Öffentlichkeit: Essays zum Verhältnis von Wissenschaft, Medien und Öffentlichkeit* (Weilerswist: Velbrück Wissenschaft, 2005), 151–152.

92 Jürgen Gerhards und Friedhelm Neidhardt, „Strukturen und Funktionen moderner Öffentlichkeit“, 31.

93 Zur sozialwissenschaftlichen Konzeptualisierung des Öffentlichkeitsbegriffs als Bühne, Publikum und Sammelsurium fragmentierter und abgestufter Teilöffent-

lich zu erklären bedeuten, dass man dies gegenüber der Öffentlichkeit und in der Öffentlichkeit tut. Hinzu kommt, dass in der Praxis je nach Thema in beiden Fällen meist treffender Teilöffentlichkeiten gemeint sind[94], die aber wegen des bestimmenden Merkmals der grundsätzlichen Offenheit einer jeder Öffentlichkeit nie klar gegen andere Teilöffentlichkeiten abgeschlossen sein können und sich vielfach überlappen[95]. Schon in diesem einfachen Beispiel ist die (Teil-)Öffentlichkeit also gleichzeitig Publikum und Ort der Erklärung.

> „Die Bedeutungen, die dem Begriff im Alltagsverständnis zukommen, sind vieldeutig und schwanken zwischen verschiedenen Bedeutungskernen. Mal bezieht sich das Wort auf die öffentlichen Angelegenheiten und meint damit all die Dinge, die sich auf das politische System beziehen und vom Staat als Aufgaben wahrgenommen werden; mal steht Öffentlichkeit im Zusammenhang mit den Meinungen der Mehrheit der Bürger und geht dann über in den Begriff öffentliche Meinung; teils wird Öffentlichkeit mit massenmedialer Öffentlichkeit gleichgesetzt; teils bezeichnet man mit Öffentlichkeit all die Bereiche gesellschaftlichen Lebens, die nicht privat und eben öffentlich, d.h. auch Fremden zugänglich, sind.“[96]

Auch als politische Größe in demokratischen Gesellschaften ist die Öffentlichkeit nicht einfach zu fassen. Die beiden Soziologen Jürgen Gerdhards und Friedhelm Neidhard beschreiben sie hinsichtlich ihrer politischen Funktion als vermittelndes System, das einerseits Informationen zu politi-

---

lichkeiten, vgl. Jürgen Gerhards und Friedhelm Neidhardt, „Strukturen und Funktionen moderner Öffentlichkeit: Fragestellungen und Ansätze“, in: Stefan Müller-Doohm und Klaus Neumann-Braun, Hgg., *Öffentlichkeit, Kultur, Massenkommunikation* (Oldenburg: BIS, 1991).

94 Vgl. John Dewey, *The Public and its Problems* (New York: Holt Publishers, 1927).

95 Vgl. Edna Einsiedel, „Understanding Publics in the Public Understanding of Science“, in: Meinolf Dierkes und Claudia von Grote, Hgg., *Between Understanding and Trust: The Public, Science and Technology* (Amsterdam: Harwood Academic Publishers, 2000).

96 Jürgen Gerhards und Friedhelm Neidhardt, „Strukturen und Funktionen moderner Öffentlichkeit“, 32.

schen Entscheidungsprozessen für ein Laienpublikum aufnimmt und verarbeitet und andererseits „öffentliche Meinungen" an das politische System weiter- und zurückgibt.[97] Anders als noch zu Beginn ihrer Begriffsgeschichte im 18. Jahrhundert ist sie dabei jedoch längst kein „homogener, eigenständiger Akteur" mehr.[98] Stattdessen deutet der Begriff des Systems bereits an, dass Öffentlichkeit als Sammelsurium unterschiedlicher Arenen und Akteure räumlich wie personell vielfach fragmentiert und wieder verflochten ist.

Die beschriebene Komplexität und Vielschichtigkeit hat der Historiker Arne Schirrmacher in einem „Stufenmodell der Öffentlichkeit" hinsichtlich ihres Verhältnisses zur Wissenschaft konkretisiert. Darin differenziert er zwischen den beiden Polen Laie und Experte einerseits die breite Öffentlichkeit, die gelegentlich interessierte Öffentlichkeit und die gebildete interessierte Öffentlichkeit sowie andererseits die Fachöffentlichkeit, Fachkreise außerhalb des engeren Forschungsgebietes und die Fachwissenschaft.[99] Ihre jeweils charakteristischen Medien für die Auseinandersetzung mit Wissenschaft sind für letztere spezialiserte Fachzeitschriften, dann Überblickswerke, Handbücher und die meisten wissenschaftlichen Monographien für Fachkreise außerhalb des engeren Forschungsgebietes sowie Lehrbücher und Einführungswerke für die sogenannte Fachöffentlichkeit. Die gebildete interessierte Öffentlichkeit ist demgegenüber zwar selbst nicht wissenschaftlich tätig, zeigt aber großes Interesse an wissenschaftlichem Wissen, möchte einen Nutzen für sich daraus gewinnen und geht dafür öfter als die nur gelegentlich interessierte Öffentlichkeit regelmäßig in Museen oder liest alltagssprachliche Publikationen zu wissenschaftlichen Themen, während die Breite Öffentlichkeit kaum wissenschaftlich interessiert ist und Wissenschaft allenfalls durch die Massenmedien wahrnimmt.[100] Den Berührungspunkten der Kernfusionsforschung mit den letzt-

97 Vgl. ebd., 81.

98 Vgl. Requate, „Öffentlichkeit und Medien als Gegenstände historischer Analyse", 7.

99 Vgl. Sybilla Nikolow und Arne Schirrmacher, „Das Verhältnis von Wissenschaft und Öffentlichkeit als Beziehungsgeschichte", 30.

100 Vgl. Arne Schirrmacher, „Nach der Popularisierung: Zur Relation von Wissenschaft und Öffentlichkeit im 20. Jahrhundert", in: *Geschichte und Gesellschaft : Zeitschrift für historische Sozialwissenschaft* 34 (2008), 86.

genannten Gruppen von der politisch mächtigen gebildeten interessierten Öffentlichkeit bis zur Basis der breiten Öffentlichkeit gilt das Hauptaugenmerk dieser Arbeit.

PERIODISIERUNG UND AUFBAU DER ARBEIT

Der Begriff Atomzeitalter als Epochenbezeichnung wird in der Literatur mit Verweis auf die Zäsur durch den Super-GAU von Tschernobyl[101] häufig deckungsgleich mit der Ära des Kalten Kriegs verwendet.[102] Während letzterer aber 1991 mit dem Zusammenbruch der Sowjetunion aus zeitgenössischer Perspektive ebenso plötzlich wie unerwartet endete, war zumindest das Atomic Age in den USA zu dieser Zeit eigentlich schon längst mehr Geschichte als Gegenwart. Auch wenn das Atomzeitalter in physikalischer Hinsicht noch Jahrtausende andauern wird und sein Beginn mit der Explosion der ersten Atombombe in der Antropozän-Debatte gar ein neues Erdzeitalter markiert, spricht vieles für ein Ende der Epoche im engeren Sinn bereits in den 1970er Jahren. Äußere Anzeichen einerseits sind etwa die Auflösung der Atomic Energy Comission 1975 oder die Krise der amerikanischen Nuklearindustrie nach der Beinahe-Reaktorkatastrophe von Three Mile Island 1979, seit der in den USA bis heute kein einziges neues Atomkraftwerk mehr fertig gestellt wurde. Ideell war andererseits auch der charakteristische naive Fortschrittsoptimismus in den 1970er Jahren bereits massiv erodiert und der prägende Dualismus aus nuklearer Angst und Hoffnung dadurch aus dem Gleichgewicht geraten, dass die Erwartungen an die zivile Kernenergie absehbar unerfüllt blieben, während diese zusätzlich zur Bedrohung durch Kernwaffen nun auch selbst als Problem wahrgenommen wurde. Hinzu kommt ein Generationenwechsel durch den altersbedingten Rückzug der in den 1940er und 1950er Jahren an der Genese des Atomic Age im Bombenbau noch persönlich Beteiligten, weshalb auch das Motiv von Schuld und Sühne durch die produktive Zähmung ihrer zunächst destruktiven Kreationen an Bedeutung verlor. In kulturellen Zeugnissen

101 Vgl. Armin Hermann und Rolf Schumacher, Hgg., *Das Ende des Atomzeitalters? Eine sachlich-kritische Dokumentation* (München: Moos & Partner, 1987).

102 Vgl. Martin V. Melosi, *Atomic Age America* (Boston: Pearson, 2013).

wurde der Glaube an eine technologisch verbesserte Zukunft spätestens seit den 1980ern derweil zunehmend selbstreferentiell oder reflexiv und begegnete dem Publikum immer häufiger bloß als nostalgisches Zitat und ironisch gebrochen. Beispiele sind etwa die Darstellungen der Kernfusion im Kinoerfolg *Back to the Future Part II* (1989), der Dokumentarfilm *The Atomic Cafe* (1982) über die Naivität der amerikanischen Auseinandersetzung mit der Möglichkeit eines Atomkriegs und seine propagandistische Verharmlosung in den 1950er und 1960er Jahren oder die Wanderausstellung der Smithsonian Institution „Yesterday's Tomorrows: Past Visions of the American Future" von 1984.

Hinsichtlich der zeitlichen Unterteilung meiner Beobachtungen zur Kommunikation über Kernfusion und ihre Erforschung orientiere ich mich lose an Joan Lisa Brombergs Periodisierung nach ihren für jedes Jahrzehnt charakteristischen externen Determinanten.[103] Die Darstellung der internen, wissenschaftlichen wie organisatorischen Entwicklungen der verschiedenen Forschungsprojekte wird dabei, zugunsten einer Konzentration auf jene Ereignisse und Themen, mit denen die Kernfusion exponiert Gegenstand öffentlicher und politischer Auseinandersetzung war, so knapp wie möglich gehalten.

In der ersten Phase bis zur zweiten Genfer Atomkonferenz 1958 stand die amerikanische Kernfusionsforschung unter dem Schleier strenger Geheimhaltung im Interesse der nationalen Sicherheit noch ganz im Zeichen der militärischen wie wissenschaftlichen Konkurrenz unter den damaligen Atommächten. Mit den ersten Wasserstoffbombentests, der Berichterstattung über das britische ZETA-Experiment und der letztendlichen Offenlegung der Kernfusionsforschung zur zweiten Genfer Atomkonferenz gehe ich darin auf drei Episoden genauer ein, die jeweils besondere auch massenmediale Aufmerksamkeit generierten. Hier lege ich zunächst dar, wie das Konzept der Kernfusion durch seine militärische Anwendung in Wasserstoffbomben erstmals einer breiteren Öffentlichkeit bekannt wurde und zeige am Beispiel des Dokumentarfilms *Operation Ivy*, wie die beteiligten Wissenschaftler aus dem sogenannten „military-industrial complex"[104] hinter der Entwicklung der Wasserstoffbombe die Wahrnehmung ihrer Arbeit

103 Vgl. Bromberg, *Fusion,* 6.

104 Dwight D. Eisenhower, „Farewell Radio and Television Address to the American People" (17.01.1961).

im Sinne politischer und öffentlicher Unterstützung manipulierten. Ich argumentiere, dass damit der Primat der Politik untergraben werden sollte und Big Science so aus institutionellem Eigeninteresse vom Ermöglicher zum Treiber weltbewegender Entwicklungen im Kalten Krieg wurde. Der radioaktive Fallout aus der Erprobung immer größerer Wasserstoffbomben veranschaulichte derweil die realen Schwierigkeiten, die Auswirkungen ihrer Schöpfung experimentell und gedanklich zu fassen. Die popkulturelle Verarbeitung und fiktionale Bebilderung der in Wirklichkeit beispiellosen Risiken durch die thermonukleare Eskalation des Wettrüstens bilden bis heute die implizite Schattenseite jeder noch so sonnigen Technikzukunft mit Kernfusion. Das Versprechen ihrer Zähmung diente vor dem Hintergrund der „Atoms for Peace"-Kampagne folglich dem Ausgleich apokalyptischer Ängste und als Chance, den Konflikt durch zivile wissenschaftliche Konkurrenz und Kooperation zu entspannen oder gar friedlich gewinnen zu können.

Die zweite Epoche nach den ernüchternden Enthüllungen der Genfer Atomkonferenz von 1958 bis zum Ende der 1960er Jahre war wissenschaftlich zunächst geprägt von einer ganzen Reihe herber Rückschläge, die den Erwartungshorizont der Kernfusionsforschung nach hinten verschoben. Gleichzeitig rückten die Gefahren des thermonuklearen Wettrüstens im Kalten Krieg immer mehr in den Fokus der Öffentlichkeit. Die Atomic Energy Commission reagierte auf den gestiegenen Rechtfertigungsdruck in Politik und Gesellschaft mit intensiver Öffentlichkeitsarbeit. Die Weltausstellung 1964/65 dient als Beispiel der Verschränkung von staatlicher Big Science, Privatwirtschaft und Kulturindustrie, welche die Kernfusion zusammen als notwendige, wahrscheinliche und ultimative Energiequelle der Zukunft propagierten. Bis es soweit wäre, sollten kontrollierte thermonukleare Explosionen im sogenannten Projekt Plowshare die gewaltigen wohlstandsfördernden Möglichkeiten der Kernfusion beweisen und gleichzeitig der schwindenden Akzeptanz militärischer Atomtests entgegenwirken.

In den 1970ern schließlich konnte die Kernfusionsforschung durch innovative wissenschaftliche Methoden und Anlagen wie Tokamaks und Laser zunächst aus sich heraus neuen Schwung gewinnen. Zusätzlich erhielt sie durch die Öl- und Energiekrise ab 1973 auch seitens Politik und Gesellschaft neue Impulse und profitierte von einer erhöhten politischen Dringlichkeit. Die Auswirkungen der seit den 1960ern gewachsenen Umwelt- und Anti-Atomkraftbewegungen waren dabei ambivalent. In der Debatte über die Grenzen des Wachstums und die Richtung wissenschaftlichen und sozialen Fortschritts galt die Kernfusion fortan weniger als Ziel für eine immer bessere Zukunft, sondern mehr als mögliche Rettung aus einer zunehmend problematischen Gegenwart. Die Propaganda-Aktivitäten der sogenannten Fusion Energy Foundation des amerikanischen Polit-Aktivisten Lyndon LaRouche im Kontext halbherziger Forschungsförderprogramme verdeutlichen abschließend, wie sehr die ursprünglichen Visionen der Kernfusion aus der Hochzeit des Atomic Age inzwischen verrufen waren und im Ringen um die Deutungshoheit über Gegenwart, Zukunft und vergangene Zukunftserwartungen politisch polarisierten.

Hiernach geht das Atomic Age mit der Krise seines charakteristischen Fortschrittsoptimismus zu Ende und damit auch der Hauptuntersuchungszeitraum dieser Arbeit. Als Reaktion auf die Ernüchterung angesichts seiner uneingelösten technologischen Heilsversprechen und die Entzauberung der in den USA vormals weitgehend unkritischen Technikgläubigkeit durch katastrophale Beispiele für menschlichen Kontrollverlust über seine Produkte erwachte ab den 1980er Jahren ein nostalgisches Interesse an den im Rückblick naiven Fortschrittsphantasien der ersten Nachkriegsjahrzehnte. Dieses schlug sich sich kulturell im Phänomen des sogenannten Retro-Futurismus nieder. Ich schließe mit einem Abriss der jüngeren Kernfusionsforschung als Relikt des Kalten Kriegs und ihrer gegenwärtigen Ausprägungen, wo einerseits (supra-)nationale Big-Science Projekte nun auch privatwirtschaftlicher Konkurrenz ausgesetzt sind und andererseits die Kernfusion in den entwickelten Ländern des alten Westens energiewirtschaftlich obsolet werden könnte.

2 More Bang – Kernfusionsforschung am Anfang des Kalten Kriegs

Die Genese der amerikanischen Beschäftigung mit Kernfusion und ihrer Erforschung als Big Science Projekt in Wissenschaft und Öffentlichkeit ist eng mit der Geschichte des Kalten Kriegs verbunden. Ihre Wurzeln reichen zurück bis ins Manhattan-Projekt zur Entwicklung der ersten Atombomben, deren Explosionen in Hiroshima und Nagasaki den Beginn des zeitgenössisch „almost immediately"[1] sogenannten Atomic Age markieren. Damals reagierten amerikanische Medien zunächst mit einer Mischung aus Faszination und Schrecken auf die Nachricht von den Atombombenabwürfen auf Japan.[2] Das ohnehin große Interesse an der amerikanischen Heimatfront für den technologischen Fortschritt, den der Zweite Weltkrieg in vielerlei Hinsicht als Katalysator beschleunigt hatte, wurde durch die augenscheinliche Bedeutung von Wissenschaftlern und Ingenieuren für den Ausgang des Kriegs unersättlich. Hatten illustrierte Zeitschriften wie *Scientific American*, *Popular Science* oder *Mechanix Illustrated* mit Berichten über wissenschaftliche Fortschritte und waffentechnische Errungenschaften während des Kriegs die amerikanische Moral und ihre Auflage gleichermaßen gesteigert, setzte sich der Trend zu Technikjournalismus und Wissenschaftspopularisierung im Nachkriegs-Atomzeitalter fort. Der mit der Faszination für die Atombombe gewachsene publizistische Erfolg dieser Genres war schließlich so groß, dass zeitgenössiche Beobachter der amerikanischen Medienlandschaft sich bald staunend fragten, „whether

1 Boyer, *By the Bomb's Early Light,* 4.

2 Vgl. ebd., 4–10.

there isn't a mathematical formula to explain the proportion of words to the intensity of an explosion"[3].

Doch zur Freude über den technischen Geniestreich, den Sieg in der „battle of the laboratories"[4], der aus amerikanischer Sicht das glückliche Ende des Kriegs herbeigeführt hatte, mischten sich bald schwere Bedenken, die in zweierlei Form auch für den Diskurs um die Kernfusionsforschung mit prägend werden sollten: Einerseits die keimende Angst, das sich die zerstörerische Kraft der frisch entfachten Atomenergie bald in weiterentwickelter und noch schrecklicherer Art gegen ihre Entdeckernation wenden könnte – der amerikanische Historiker Paul Boyer, zitiert hierzu in seiner Monographie über den amerikanischen Atomdiskurs von 1945 bis 1950 einen zeitgenössischen NBC-Radiobericht über Hiroshima und Nagasaki mit den Worten, „For all we know, we have created a Frankenstein! We must assume that with the passage of only a little time, an improved form of the new weapon we use today can be turned against us"[5] – und andererseits die bange Hoffnung, das es gelänge, ihr gewaltiges Potential zum Wohle der Menschheit zu zähmen.

Bis zum Ende des Jahrzehnts wandelte sich diese Hoffnung in feste Zuversicht und die feierliche Inszenierung der ersten Atombombentests im tropischen Bikini-Atoll seit dem Sommer 1946 – bei gleichzeitiger Zensur der Berichterstattung aus Japan – lenkte den Fokus der öffentlichen Atom-Debatte von der fürchterlichen Waffe zur zukunftsweisenden Errungenschaft amerikanischer Forschung. Ein Beispiel ist die Werbung für den „March of Time"-Kurzfilm *Atomic Power* (1946), wo das Foto einer Atomexplosion bei den Crossroads-Tests nur im Kleingedruckten auf Hiroshima verweist, aber in Versalien auf die „WONDERS OF A NEW AGE". Wie Paul Boyer feststellte, war der Glaube an die friedlichen Versprechungen der atomaren Zukunft damals „part of the process by which the nation muted its awareness of Hiroshima and Nagasaki and of even more frightening future prospects"[6].

---

3 Joseph Hirsh, „Science for the Millions: Atomic Energy in the Coming Era, by David Dietz", in: *Free World* 11, Nr. 1 (1946).

4 Truman, „Statement by the President Announcing the Atomic Bombing of Hiroshima".

5 Boyer, *By the Bomb's Early Light,* 5.

6 Ebd., 127.

30 Million Minds a Month Focus on The March of Time

"Atomic Power!"

In this new MOT film, for the first time on the screen, you will see and hear in action all the real stars of the atomic firmament: Einstein, Meitner, Fermi, Urey, Bush, Conant – and other great scientists who hold in their hands and brains the future of your world. You will visit closely-guarded laboratories ... see unbelievable U. S. Army pictures of Hiroshima devastation never before released ... witness the perilous experiments climaxed by Los Alamos ... explore a mysterious new universe with the very men who found the key to it.

"ATOMIC POWER!" does again what millions have come to expect of the MARCH OF TIME. Every month of the last twelve years has seen a MARCH OF TIME bring the news to vivid life on the screen. MOT shows you the exciting struggles and triumphs of real people—gives you the sometimes tragic, often comic, always significant sidelights that round out personalities in the news. MARCH OF TIME makes the difference between just "knowing about" and *understanding* the tremendous events of our times.

Watch for these current MARCH OF TIME features at your local theater

"THE NEW FRANCE"... With new courage and new leadership, France rebuilds its factories, works its vineyards, begins to export the luxuries for which it is famed ... to take its place among great nations once again.

"PROBLEM DRINKERS"... "Packed with dramatic human interest ... tells the story of new and successful methods in man's fight against alcoholism. Don't miss this film."—W. Ward Marsh in the *Cleveland Plain Dealer.*

PRODUCED EVERY FOUR WEEKS BY THE EDITORS OF TIME AND LIFE

95

Abb. 2: Eine Werbeanzeige für den „March of Time"-Kurzfilm Atomic Power (1946), erschienen im Life Magazin.[7] Das große Foto zeigt die Explosion einer Atombombe bei den Crossroads-Tests auf Bikini und die Köpfe von u.a. Albert Einstein, Enrico Fermi, Lise Meitner, Leslie Groves, James Conant, Leó Szilárd und Robert Oppenheimer.

---

7 *Life,* „30 Million Minds a Month Focus on The March of Time", 12. August 1946.

Die zivile Kernforschung war für viele der am Manhattan-Projekt beteiligten Wissenschaftler eine Art Ausgleich und Sühne für ihre Arbeit am Bau der Atombombe.[8] „We all hoped that with the end of the war power plants would become the paramount objective", erinnerte sich der italienische Nobeltpreisträger Enrico Fermi[9], der als Entwickler des ersten Spaltungsreaktors zusammen mit Edward Teller[10] und anderen Wissenschaftlern noch während des Kriegs sogar auch schon an kontrollierter Kernfusion geforscht hatte[11]. Doch die Priorität sollte auch nach dem Krieg zunächst weiterhin auf dem Bombenbau liegen. Immerhin hatte man 1945 mit dem Sprengsatz für den ersten Atomtest „Trinity" und den beiden Bomben „Little Boy" und „Fat Man" auf Hiroshima und Nagasaki quasi das gesamte damals vorhandene Arsenal verbraucht.

Die Anlagen und Programme des Manhattan-Projekts sollten von einer Atomenergiebehörde unter ziviler Leitung aus der Kriegs- in die Nachkriegsproduktion überführt werden. Als erster Leiter der 1946 im Rahmen des Atomic Energy Act vom amerikanischen Kongress etablierten Atomic

8 Vgl. Gerard H. Clarfield und William M. Wiecek, *Nuclear America: Military and Civilian Nuclear Power in the United States 1940 - 1980* (New York, NY: Harper & Row, 1984), 177.

9 Vgl. William Lanouette, „Atomic Energy, 1945-1985", in: *The Wilson Quarterly* 9, Nr. 5 (1985), 99.

10 Edward Teller gilt gemeinhin als „Vater der amerikanischen Wasserstoffbombe" und war lange Zeit einer der prominentesten Vertreter der militärischen und zivilen Kernfusionsforschung in den USA. 1908 in Budapest geboren, hatte Teller zunächst in Deutschland Chemie und theoretische Physik studiert ehe er sich 1933 wegen seiner jüdischen Abstammung entschied, das nationalsozialistische Deutschland zu verlassen. Über Umwege emigrierte er 1935 schließlich in die USA. Während des Zweiten Weltkriegs war er in Los Alamos am Manhatten Projekt beteiligt und setzte sich schon damals für die Entwicklung einer Wasserstoffbombe ein. In von ihm organisierten sogenannten „wild idea seminars" wurden dort auch Möglichkeiten der kontrollierten Kernfusion und entsprechende Reaktoren diskutiert. Kaum eine einzelne Person war während der gesamten Dauer des Kalten Kriegs als Subjekt und Objekt in den verschiedenen Dimensionen der Debatte um Kernfusion so präsent wie er.

11 Vgl. Edward Teller, „Peaceful Uses of Fusion" (University of California Radiation Laboratory, 1958), 1.

Energy Commission (AEC) sollte David E. Lilienthal, vormals Chef der Tennessee Valley Authority, dafür Sorge tragen, die atomaren Vorräte für den heraufziehenden Kalten Krieg wieder aufzufüllen und zu erweitern. Obwohl es sich bei der AEC zuvorderst um eine zivile Behörde handelte und auch Lilienthal vor allem hoffte, die Kräfte des Atoms für zivile Anwendungen erschließen zu können, war seine Amtszeit bis zum Jahr 1950 vor allem von militärischen Anforderungen bestimmt. Statt zur Stromerzeugung wurden neue Kernreaktoren primär als Brutstätten waffenfähigen Spaltmaterials und Antriebsquellen für Schiffe und U-Boote entwickelt.

So feierten die amerikanischen Medien in dieser Zeit zwar zu jedem Jahrestag der ersten kontrollierten nuklearen Kettenreaktion in Fermis Reaktor „Chicago Pile-1" an der University of Chicago im Dezember 1942 immer wieder aufs Neue den Geburtstag des Atomic Age[12], aber tatsächlich war die neue Zeit „of peace and plenty"[13] noch kaum mehr als ein vielzitiertes Versprechen. Wie Paul Boyer für den Zeitraum bis 1950 feststellt, sahen natürlich nicht alle in der amerikanischen Öffentlichkeit die atomare Zukunft gleichermaßen optimistisch.

> „There were certainly cautious skeptics challenging the utopian claims. But this is a debate within a frame, a disagreement over how fast and how easily the promise of nuclear energy will be realized. As long as the issue is framed as a choice between atoms for war and atoms for peace, it is hard to see who could be against nuclear power development."[14]

Außermilitärische Anwendungen für die Kraft im inneren der Atome lagen noch Jahre in der Zukunft. Die stockende Weiterentwicklung der Kernenergie auf dem zivilen Sektor ist auch auf militärische Sicherheitsbedenken und die nach dem Krieg fortgesetzte Geheimhaltung zurückzuführen. Lilienthal betrachtete Atomwaffen und zivile Kernkraft als zwei

12 Vgl. William L. Laurence, „Dec. 2, 1942 – The Birth of the Atomic Age", in: The New York Times, 1. Dezember 1946.

13 So der Kanzler der Universität von Chicago Robert M. Hutchins 1945, zitiert nach: Allan M. Winkler, „The "Atom" and American Life", in: The History Teacher 26, Nr. 3 (1993), 318.

14 Gamson und Modigliani, „Media Discourse and Public Opinion on Nuclear Power", 13.

Seiten einer Medaille und bemühte sich dementsprechend das amerikanische Know-how weitestgehend unter Verschluss und unter Kontrolle der Regierung zu halten.[15]

Dennoch ließ sich die Verbreitung einmal gewonnenen Wissens kaum aufhalten. So gelangten Geheimnisse aus den Forschungen des Manhattan-Projekts durch Spionage und Geheimnisverrat bald auch in die Hände sowjetischer Wissenschaftler. Und schon im August 1949 war mit dem ersten erfolgreichen Test einer russischen Atombombe das kurze amerikanische Monopol auf dem Gebiet des atomaren Bombenbaus wieder beendet.

ESKALATION DES WETTRÜSTENS – „THE SUPER"

Die Nachricht von der sowjetischen Bombe sowie der Sieg der Kommunisten über die von den USA unterstützten Kuomintang im Chinesischen Bürgerkrieg waren schwere Schocks für den Optimismus der amerikanischen Nachkriegsjahre. Amerikanische Politiker aller Parteien begannen in der Folge die Bedrohung durch feindliche Kernwaffen stärker zu betonen, um mit – für die damaligen Möglichkeiten noch übertriebenen – Warnungen vor der nuklearen Verwundbarkeit der USA Unterstützung für ihre politischen Ziele zu mobilisieren. „Politicians may have viewed such rhetoric as an effective bargaining tool in negotiations; but much of the public took it seriously, and popular fiction reflected the public's fears."[16] So begann Hollywood das Fernsehprogramm und die Kinosäle des Landes mit Szenarien für die nukleare Apokalpse nach einen Atomkrieg zu füllen, während die U.S.-Regierung und private Unternehmen dem Publikum in Broschüren und Lehrfilmen wie *You Can Beat the A-Bomb* (1950), *Survival Under Atomic Attack* (1951) oder *Duck and Cover* (1952) zeigten, wie man ihn überleben könnte.

> „This was the age of bomb shelters, civil defense educational activities of the ‚duck and cover' variety, and political rhetoric most exemplified by the HUAC

15 Vgl. Lanouette, „Atomic Energy, 1945-1985", 101.

16 Paul Brians, „Nuclear War in Science Fiction, 1945-59", in: *Science Fiction Studies* 11, Nr. 3 (1984), 254.

> hearings into communism in the Hollywood film industry. The vision of world-wide nuclear conflict [...] became part of the accepted popular culture."[17]

Da aber eine feindliche Atombombe die USA zur damaligen Zeit noch höchstens per Schiff hätte erreichen können[18], wirkte sich die erste sowjetische Atomexplosion mit 22 Kilotonnen Sprengkraft, über die in den USA unter dem Namen „Joe 1" berichtet wurde, nicht negativ auf die grundsätzlich positive Wahrnehmung des Atoms in der amerikanischen Öffentlichkeit aus. Zwar war man von der Schnelligkeit, mit der die Sowjets ihr Atomprogramm entwickelt und eine erste funktionierende Bombe[19] gebaut hatten, überrascht und man hätte erst einige Jahre später damit gerechnet, dass sie es aber früher oder später schaffen würden, entsprach durchaus den Erwartungen.

In der Konsequenz verfolgten die Amerikaner eine zweigleisige Strategie im Umgang mit der Weiterverbreitung von Kernwaffen. So sollte auf der einen Seite eine verstärkte internationale Kontrolle mit Anreizen zur Kooperation auf dem Gebiet der zivilen Kernenergienutzung eine unkontrollierte Verbreitung von Atomwaffen verhindern und auf der anderen Seite durch den Ausbau des eigenen Arsenals ein steter Vorsprung der amerikanischen Kernwaffenkompetenz zur Abschreckung möglicher Angreifer gewahrt bleiben.

Ob zu einer effektiven Abschreckung jedoch auch fusionsbasierte Wasserstoffbomben, wie sie Edward Teller schon während des Zweiten Weltkriegs im Manhattan-Projekt angedacht hatte[20], gehören müssten, war

17 Garth S. Jowett, „Hollywood, Propaganda and the Bomb: Nuclear Images in Post World War II Films", in: *Film and History* 18, Nr. 2 (1988), 33.

18 Der für die Unterrichtung amerikanischer Soldaten vom Armed Forces Special Weapons Program herausgegebene Informationsfilm *Self-Preservation in an Atomic Bomb Attack* (1950) skizziert dieses Szenario.

19 Es handelte sich um eine weitgehende Kopie des amerikanischen Fat Man Designs, basierend auf Spionage-Informationen des am Manhattan-Projekt beteiligten deutsch-britischen Kernphysikers Klaus Fuchs.

20 Vgl. Robert Coughlan, „Dr. Edward Teller's Magnificent Obsession: Story behind the H-bomb is one of a dedicated, patriotic man overcoming high-level opposition", in: *Life,* 6. September 1954, 64–65.

zunächst umstritten.[21] So hat das von Oppenheimer geleitete General Advisory Committee to the Atomic Energy Commission im Oktober 1949 dem National Security Council widersprochen und unter anderem aus moralischen Gründen einstimmig gegen die Entwicklung der Wasserstoffbombe plädiert. Zwar sei es wahrscheinlich, dass eine solche binnen fünf Jahren von den USA und binnen zehn Jahren auch von der Sowjetunion entwickelt werden könnte, ihr Einsatz wäre jedoch unter keinen Umständen jemals zu rechtfertigen. Ein öffentliches Statement über die Möglichkeiten der Entwicklung von Wasserstoffbomben und ihr quasi unbegrenztes zerstörerisches Potential sollte darüber hinaus auch erklären, „that there are no known or foreseen nonmilitary applications of this development"[22].

Zusätzlich zu den gemeinsam getragenen Empfehlungen, enthielt der Bericht noch zwei Anhänge, in denen die Autoren bezüglich der Unbedingtheit ihrer Ablehnung minimal abweichende Mehrheits- und Minderheitsmeinungen formulierten und jeweils gesondert auf die Öffentlichkeitswirkung der zu treffenden Entscheidung eingingen. So steht in der von allen Beteiligten außer Enrico Fermi und Isidor Rabi unterzeichneten Mehrheitsmeinung:

> „The existence of such a weapon in our armory would have far-reaching effects on world opinion; reasonable people the world over would realize that the existence of a weapon of this type whose power of destruction is essentially unlimited represents a threat to the future of the human race which is intolerable. Thus we believe that the psychological effect of the weapon in our hands would be adverse to our interest. […] In determining not to proceed to develop the super bomb, we see a unique opportunity of providing by example some

21 Vgl. Herbert F. York, *The Advisors: Oppenheimer, Teller, and the Superbomb* (Stanford, CA: Stanford University Press, 1989).
Vgl. Richard G. Hewlett und Francis Duncan, *Atomic Shield, 1947-1952: Volume II of a History of the United States Atomic Energy Commission* (U.S. Atomic Energy Commission, 1972), 362–409.

22 „General Advisory Committee Reports on Building the H-Bomb, 1949", in: James W. Feldman, Hg., *Nuclear Reactions: Documenting American Encounters with Nuclear Energy* (Seattle: University of Washington Press, 2017), 51.

> limitations on the totality of war and thus of limiting the fear and arousing the hopes of mankind."[23]

Während hier noch versucht wird, mit Anreizen hinsichtlich der positiven Effekte eines Wasserstoffbombenverzichts zu überzeugen, geht die Minderheitsmeinung von Fermi und Rabi darüber hinaus. Sie stellen fest, dass die Wasserstoffbombe nicht nur im Sinne einer Nützlichkeitsethik darum abzulehnen sei, weil sie zur Abschreckung unnötig und ein Verzicht günstiger wäre, sondern alleine schon deshalb, weil sie offensichtlich etwas absolut Böses sei.

> „It is clear that the use of such a weapon cannot be justified on any ethical ground which gives a human being a certain individuality and dignity even if he happens to be a resident of an enemy country. It is evident to us that this would be the view of peoples in other countries. Its use would put the United States in a bad moral position relative to the peoples of the world. [...] The fact that no limits exist to the destructiveness of this weapon makes its very existence and the knowledge of its construction a danger to humanity as a whole. It is necessarily an evil thing considered in any light. For these reasons we believe it important for the President of the United States to tell the American public, and the world, that we think it wrong on fundamental ethical principles to initiate a program of development of such a weapon."[24]

Für die letztendliche Entscheidung des Präsidenten wirkte neben der Befürchtung, dass die Sowjets ihrerseits bereits weiter sein könnten, auch öffentlicher Druck nach dem Erscheinen eines alarmistischen Artikels[25] in der *Washington Post* vom 18. November 1949 ausschlaggebend. Darin berief sich der Autor auf eine New Yorker Fernsehsendung vom 1. November, in welcher der demokratische Senator von Colorado Edwin C. Johnson als Mitglied des United States Congress Joint Committee on Atomic Energy die Erwägungen zum Bau einer sogenannten Wasserstoffbombe preis-

---

23 Ebd., 52.

24 Ebd., 53.

25 Alfred Friendly, „New A-Bomb Has 6 Times Power of 1st", in: *The Washington Post,* 18. November 1959.

gegeben hatte.[26] „Soon, Truman was fielding questions at press conferences about the hydrogen bomb. The public clearly wanted a superweapon to counter the Soviet threat."[27]

Als dann auch noch der seit dem Manhatten Project am amerikanischen Atombombenprogramm sowie den Vorarbeiten für die Wasserstoffbombe beteiligte deutsch-britische Kernphysiker Klaus Fuchs in Großbritannien als sowjetischer Spion enttarnt wurde[28], stieg der Druck weiter. Truman musste nun fürchten, dass die Sowjets mit Fuchs Informationen längst selbst an der Wasserstoffbombe forschten und diese wollte er ihnen keinesfalls allein überlassen.

> „Truman's hand had been forced, but he had just made a dangerous decision. He had committed the United States to an arms race with the Soviet Union that would make both countries insecure and lead the world to the brink of destruction, all for the sake of a fusion weapon that, at the time, was merely a figment of Teller's fertile imagination."[29]

Im Sinne des amerikanischen Anspruchs auf stete waffentechnische Überlegenheit machte Präsident Truman im Januar 1950 die bis dato unbestätigten Spekulationen über die militärische Kernfusionsforschung offiziell und verkündete nur vier Monate nach dem ersten – und für die nächsten zwei Jahre auch einzigen – sowjetischen Atombombentest, die Entwicklung von im Vergleich zu Atombomben ungleich mächtigeren Wasserstoffbomben. Die Erforschung und mögliche Nutzbarmachung der Kernfusion war dadurch mit einem Mal von oberster Stelle im öffentlichen Bewusstsein platziert.

---

26 Vgl. Robert J. Donovan, *Tumultuous Years: The Presidency of Harry S. Truman, 1949 - 1953* (Columbia: University of Missouri Press, 1996), 158.

27 Charles Seife, *Sun in a Bottle: The Strange History of Fusion and the Science of Wishful Thinking* (New York: Viking, 2008), 21.

28 Vgl. Michael S. Goodman, „Who Is Trying to Keep What Secret from Whom and Why? MI5-FBI Relations and the Klaus Fuchs Case", in: *Journal of Cold War Studies* 7, Nr. 3 (2005).

29 Seife, *Sun in a Bottle,* 22.

> „It is part of my responsibility as Commander in Chief of the Armed Forces to see to it that our country is able to defend itself against any possible aggressor. Accordingly, I have directed the Atomic Energy Commission to continue its work on all forms of atomic weapons, including the so-called hydrogen or superbomb. Like all other work in the field of atomic weapons, it is being and will be carried forward on a basis consistent with the overall objectives of our program for peace and security."[30]

Die Reaktionen auf die Bekanntmachung dieser neuen Eskalationsstufe mit der Aussicht auf fusionsbasierte Wasserstoffbomben reichten von Verharmlosung bis Panikmache. Zwei Artikel, die in den ersten Wochen nach Trumans Erklärung jeweils im *Time* Magazin erschienen, machen die Bandbreite der Interpretation schon auf der Ebene ihrer Titel deutlich: So beginnt der Artikel „A Touch of the Sun"[31] verharmlosend damit, der Nachricht gar ihren Neuigkeitswert abzusprechen und führt aus, die Nachricht von der Wasserstoffbombe habe nur für Laien überraschend gewesen sein können. Wissenschaftlern dagegen sei das Prinzip der Kernfusion schon seit Jahrzehnten als Energiequelle der Sonne bekannt. „The sun, in sober fact, is a kind of hydrogen bomb that generates its life-giving energy by 'fusing' hydrogen into helium."[32] Nach einer kurzen Beschreibung der physikalischen Grundlagen der Kernfusion in der Sonne und in Wasserstoffbomben sowie deren explosiven Potentials – „Theoretically, a single bomb filling a whole ship could be exploded in an unsuspecting enemy's harbor. Such an explosion would rank as an astronomical event." – endet der Artikel mit einem lakonischen Ausblick auf die künftigen Realitäten: „Scientists are confident that the U.S. will be able to test hydrogen bombs within a year or so. So will the U.S.S.R."

Nachdem so versucht wurde, die Nachricht mit dem Verweis auf die unterschiedliche Wahrnehmung von wissenschaftlichen Experten und Laien herunterzuspielen, beklagt ein anderer Artikel drei Wochen später die „Hydrogen Hysteria"[33] prominenter Wissenschaftler, die mögliche Kon-

---

30 Harry S. Truman, „Statement by the President on the Hydrogen Bomb" (31.01.1950).

31 „A Touch of Sun", in: *Time* 55, Nr. 7 (1950).

32 Ebd.

33 „Hydrogen Hysteria", in: *Time* 55, Nr. 10 (1950).

sequenzen thermonuklearer Kriegsführung dramatisierten. Zur Bewältigung des Widerspruchs in der Berichterstattung über die Expertenmeinungen zur Wasserstoffbombe, die von manchen Wissenschaftlern eben doch als sehr beunruhigend empfunden wurde, führt der Artikel eine Unterscheidung ein, deren prominentestes Opfer in der Folgezeit der sogenannte Vater der ersten Atombomben selbst, Robert Oppenheimer, werden würde: Die Unterscheidung zwischen konformen „responsible scientists" und denen, die vor einer Eskalation des Wettrüstens warnten.[34] „What many responsible scientists fear now is public hysteria caused by exaggeration of the destructiveness of the hydrogen bomb."[35] Selbst renommierteste Wissenschaftler und Veteranen des Manhattan-Projekts, die wenige Jahre zuvor noch als Kriegshelden im Laborkittel in Zeitschriften und Kinosälen quer durch das Land gefeiert wurden, werden nun als unseriös, hysterisch oder gar als Helfer des Kommunismus denunziert. „Kindly critics say that Brown, Szilard et al. have been led by emotion to confuse the worst possibilities of the future with the sufficiently alarming present. Some, not so kindly, charge that the alarmists, however well-intentioned they may be, are helping to frighten the U.S. public into forcing dangerous concessions to Russia."[36]

Tatsächlich waren alle Aussagen über die mögliche Explosivkraft einer Wasserstoffbombe und ihr radioaktives Gefährdungspotential zu diesem Zeitpunkt kaum mehr als unterschiedlich gut begründete Spekulation.

---

34 Oppenheimer war in der Kontroverse um die Wasserstoffbombe mit dem späteren Vorsitzenden der AEC Lewis Strauss und auch mit Edward Teller, als treibende Kräfte hinter ihrer Entwicklung, in Konflikt geraten. Die Auseinandersetzung zwischen Oppenheimer und Strauss spitzte sich derart zu, dass Oppenheimer in der McCarthy-Ära von Strauss wegen seiner früheren Verbindungen zu Kommunisten denunziert wurde. 1954 wurde Oppenheimer schließlich nach einer Anhörung vor dem House Committee on Un-American Activities (HUAC), wo auch Teller gegen ihn aussagte, als angebliches Sicherheitsrisiko seiner Security Clearance enthoben und von weiteren Regierungsprojekten ausgeschlossen. Dass er 1963, ein Jahr nach Teller, von U.S.-Präsident Lyndon B. Johnson den prestigeträchtigen Enrico Fermi Award empfing, kann als Zeichen seiner späteren Rehabilitierung gedeutet werden.

35 Ebd.

36 Ebd.

> „At present, scientists know about as much about hydrogen bombs as they knew about the uranium bomb in 1941. They will know more when one has been tested. If the H-bomb succeeds, it will be sufficiently terrible, with no need for exaggeration. But not for a long time, if ever, will any kind of bomb threaten the life of a whole continent.“[37]

Ihre Gefährlichkeit sollte in den kommenden Jahren in zahlreichen Bombentests ausgelotet und weiter gesteigert werden. Nicht immer verliefen diese Tests wie geplant und vorausberechnet.

BOMBENTESTS UND IHR MEDIALER FALLOUT

In der Praxis bewies die Kernfusion ihr enormes Potential erstmals am 1. November 1952 um 7:15 Uhr Ortszeit auf der Pazifikinsel Elugelab im Eniwetok-Atoll. Unter dem Code-Namen Ivy Mike fand dort, wo sich seither statt einer Insel nurmehr ein gigantischer Krater befindet, der erste Test einer thermonuklearen Explosion statt, die ihre Sprengkraft von gut 10 Megatonnen TNT-Äquivalent überwiegend aus der Fusion von Wasserstoff gewann.[38]

Anders als noch bei den ersten Nachkriegs-Atombombentests der sogenannten Operation Crossroads, die im Juli 1946 weltöffentlich als „Greatest Show On Earth“[39] und meist fotografiertes Ereignis der Geschichte[40] inszeniert wurden, wurde die Prämiere der entfesselten Kernfusion zunächst geheim gehalten. Unter anderem wegen der zeitlichen Nähe des Tests zum Termin der amerikanischen Präsidentschaftswahl am 4. November 1952 hatte der Nationale Sicherheitsrat größere Zurückhaltung als bei früheren Tests beschlossen und angeordnet, die Information der Öffent-

---

37 Ebd.

38 Eine erste kleinere Fusionsreaktion war schon bei einem früheren Test, namens Greenhouse George, im Mai 1951 zu beobachten, bei dem grundlegende Annahmen und Designentscheidungen für die weitere Entwicklung erprobt wurden. Vgl. York, *The Advisors,* 77.

39 *The Washington Post,* „Greatest Show On Earth“, 2. Juli 1946.

40 *The Washington Post,* „300 Cameras Prove Success In A-Bomb Dress Rehearsal“, 18. März 1946.

lichkeit auf ein Minimum zu beschränken.[41] Dabei konnte eine dermaßen große Explosion, an deren Durchführung hunderte Wissenschaftler und Militärs beteiligt waren, nicht lange unbemerkt bleiben. Erste Gerüchte über das Ereignis datieren in den USA wegen der Zeitverschiebung auf den 31. Oktober 1952, Halloween. So berichtete der Vorsitzende der Atomic Energy Commission, Gordon Dean, in einem Brief an den Leiter des FBI, J. Edgar Hoover, dass Journalisten der Magazine *Time* und *Life* sich schon wenige Stunden nach der Explosion sowohl bei der AEC als auch beim Verteidigungsministerium detailliert nach dem erfolgten thermonuklearen Test erkundigt hatten und bittet das FBI, die Quelle des Informationslecks zu ermitteln.[42] Spekulationen über den unbestätigten Atom-Test[43] und die Verschwiegenheit der Regierung[44] machten in den kommenden Tagen landesweit Schlagzeilen. Eine offizielle Verlautbarung erschien erst über zwei Wochen später am 16. November 1952 und bestätigte lediglich, dass eine erfolgreiche Testexplosion stattgefunden hatte, die wie andere zuvor auch der Erforschung thermonuklearer Waffen diente: „In furtherance of the President's announcement of January 31, 1950, the test program included experiments contributing to thermonuclear weapons research."[45] Der Schlussabsatz der Verlautbarung veranschaulicht ein weiters Mal die amerikanische Kommunikationsstrategie im Zusammenhang mit Atomwaffen seit Hiroshima, deren zerstörerische Energie bei jeder Gelegenheit mit der Aussicht auf ihre wohltätige Nutzung in Beziehung zu setzten und so die zwei Seiten des Atomzeitalters, Schrecken und Verheißung, in Balance zu bringen:

---

41 Joint Task Force 132, „Operation Ivy Final Report" (09.01.1953). http://www.dtic.mil/dtic/tr/fulltext/u2/a995443.pdf (letzter Zugriff: 3. Oktober 2018).

42 Roy B. Snap, Note by the Secretary – Letter to J. Edgar Hoover, Operation Ivy, AEC 483/33, 14. November 1952, NV0409009, Nuclear Testing Archive, Las Vegas, NV.

43 *Los Angeles Times,* „H-Bomb Test Explosion in Pacific Hinted", 7. November 1952.

44 *The New York Times,* „Experiments for Hydrogen Bomb Held Successfully at Eniwetok: Leaks About Blast Under Inquiry", 17. November 1952.

45 Gordon Dean, „Announcement by the Chairman" Press Release No. 456 (U.S. Atomic Energy Commission, 16.11.1952).

„In the presence of threats to the peace of the world and in the absence of effective and enforceable arrangements for the control of armaments, the United States Government must continue its studies looking toward the development of these vast energies for the defense of the free world. At the same time, this Government is pushing with wide and growing success its studies directed toward utilizing these energies for the productive purposes of mankind.“[46]

Bei aller Geheimniskrämerei über den Erfolg der von Truman verkündeten Entwicklungsarbeit, waren die verbreiteten Gerüchte für die amerikanische Regierung im Sinne der nuklearen Abschreckung durchaus vorteilhaft. Da niemand sicher wusste, aber jeder davon ausging, dass den USA die Zündung einer Fusionsexplosion gelungen war, konnten sich die USA einerseits mögliche Kritik, sie würden das Wettrüsten eskalieren, ersparen und andererseits die Sowjetunion unter Druck setzen, noch bevor eine Wasserstoffbombe tatsächlich einsatzbereit war. Hier kam den USA die zu Übertreibungen neigende Unschärfe der spekulativen Berichterstattung zugute, die irrtümlich „Bombe“ nannte, was in Wirklichkeit erst noch ein dutzende Tonnen schwerer, transportunfähiger Versuchsaufbau war.

Operation Ivy – Information, Manipulation und „emotional management“

Trotz Geheimhaltung gab das für das nukleare Arsenal zuständige Armed Forces Special Weapons Project, wie zuvor schon bei anderen Testreihen, auch zu den Tests der Operation Ivy einen ausführlichen Dokumentarfilm[47] in Auftrag. Der von einem geheimen Air Force Filmstudio in Hollywood, dem Lookout Mountain Laboratory, samt Orchester-Filmmusik, Spielszenen und zahlreichen Trick-Animationen aufwendig produzierte, spielfilmlange Farbfilm bereitete den Test sowie seine Hintergründe und Ergebnisse für Laien verständlich auf. Im Unterschied zu früheren Test-Dokumentationen, die jeweils aus dem Off erzählt wurden, setzte *Operation Ivy* dabei jedoch erstmals auf einen Erzähler, der als teil-

---

46 Ebd.

47 Joint Task Force 132, *Operation Ivy* (Hollywood, CA: United States Air Force Lookout Mountain Laboratory, 1952).

nehmender Beobachter den Film „on camera“ moderierte, Interviews führte und sich mit subjektiven Kommentaren direkt an das Publikum wandte. Diese Rolle wurde von Hollywoodstar Reed Hadley gespielt, der in - ähnlicher Weise als angeblicher Polizeibeamter eine beliebte Krimi-Serie namens *Racket Squad* erzählte.

Die Dokumentation richtete sich zunächst nur an ein streng begrenztes Publikum aus Militär und Regierung, wurde jedoch später in verschiedenen, teils erheblich beschnittenen Versionen auch öffentlich freigegeben. Es ist davon auszugehen, dass den Filmemachern die zusätzliche Faszination, die von der Aura der Geheimhaltung um den Film ausgehen würde, von Anfang an bewusst war. So spielt der Film in mehreren Szenen offen mit der Spannung zwischen Offenheit und Zurückhaltung, etwa, wenn am Ende einer mit aufwendigen Zeichentrick-Visualisierungen angereicherten Sequenz über die komplizierte Kühlung des für die Explosion des Prototyps benötigten flüssigen Wasserstoffs, der von Reed Hadley in einem inszenierten Interview befragte Experte Bob Gibney sagt: „Well, I went into more detail on the cryogenics end of this project than I intended.“

Der Druck, das offene Geheimnis der amerikanischen Wasserstoffbomben-Entwicklung offiziell zu bestätigen, wuchs im August 1953 durch die weltweites Aufsehen[48] erregende Verlautbarung des sowjetischen Regierungschefs Georgi Malenkov, dass die USA nicht länger ein Monopol auf die Produktion der Wasserstoffbombe hätten:

> „We know that abroad the warmongers for a long time cherished illusions about the United States monopoly in the production of the atomic bomb. History has, however, shown that this was a profound delusion. The United States has long since ceased to have the monopoly in the matter of the production of atomic bombs. The transatlantic enemies of peace have recently found a fresh consolation. The United States, if you please, is in possession of a weapon still more powerful than the atom bomb and has the monopoly of the hydrogen bomb. This, evidently, could have been some sort of comfort for them had it been in keeping with reality. But this is not so. The government deems it necessary to

48 Vgl. „The New Bomb“, in: *Time* 62, Nr. 7 (1953).

> report to the Supreme Soviet that the United States has no monopoly in the production of the hydrogen bomb either (stormy, prolonged applause).“[49]

Hatte man sich 1949 noch getröstet, die sowjetische Atombombe wäre bloß eine durch Spionage und Geheimnisverrat ermöglichte Kopie der eigenen wissenschaftlichen und industriellen Leistung, war dies im August 1953 nicht mehr der Fall. In Eigenleistung hatten die Sowjets diesmal binnen nur eines Jahrs nach der ersten thermonuklearen Testexplosion der Amerikaner eine mehr als nur konkurrenzfähige Waffe nachgelegt.[50]

Dies war die Ausgangslage in Dwight D. Eisenhowers erstem Amtsjahr als Präsident der USA. Eisenhower war davon überzeugt, dass Amerika und der Westen in dieser Situation in höchstem Maße bedroht seien, wenn sich nicht die Bereitschaft herstellen ließe, den Kalten Krieg mit kontinuierlich hohen Anstrengungen über die Distanz zu tragen. Denn wie man durch den Krieg in Korea erfahren musste, war ein schneller Sieg nicht zu erringen und jede Eskalation in Zukunft ein selbstmörderisches Spiel mit der atomaren Apokalypse. Als Reaktion auf die neue Bedrohungslage erarbeitete die Eisenhower-Administration unter dem Namen Operation „Candor“, zu Deutsch Offenheit, schon vom Sommer 1953 an ein Programm, „to inform the public about the realities of the ‚Age of Peril‘“.[51] Sechs 15-minütige Radio- und Fernsehsendungen zu den Gefahren des Kalten Kriegs aber auch Eisenhowers spätere „Atoms for Peace“-Rede vor den Vereinten Nationen sollten im Rahmen einer offensiveren Kommunikationsstrategie zweierlei erreichen: Einerseits höhere Verteidigungsausgaben und fortgesetzte nukleare Aufrüstung für die nationale Sicherheit durchzusetzen, und andererseits die militärisch bedingten Atom-Ängste mit Versprechungen über die zivilen Chancen der Kerntechnologie auszubalancieren. Während beide Seiten nun begannen Interkontinentalraketen zu entwickeln, um die

---

49 Georgi Malenkov, „G. M. Malenkov’s Speech to the Supreme Soviet of the U.S.S.R.“ (Soviet News, 08.08.1953), 32–33.

50 Vgl. Stewart Alsop, „Eisenhower Pushes Operation Candor“, in: *The Washington Post,* 21. September 1953.

51 National Security Council, „Project ‚Candor‘: To Inform the Public About the Realities of the "Age of Peril"“ (22.07.1953). https://www.eisenhower.archives.gov/research/online_documents/atoms_for_peace/Binder17.pdf (letzter Zugriff: 12. Oktober 2018).

im Vergleich zu Atombomben viel leichteren Wasserstoffbomben schneller als der jeweilige Gegner ins Ziel tragen zu können, war der amerikanische Ausblick auf das Atomzeitalter fortan geprägt von der Gleichzeitigkeit eines potentiellen „Age of Plenty“ mit seinen paradiesischen Versprechungen und von den Realitäten eines immer bedrohlicher werdenden „Age of Peril“, das die Vernichtung der Menschheit als solcher bedeuten konnte. Dass populäre Medien in dieser Situation vermehrt über die friedlichen Verheißungen der „Atomic Miracles We Will See“[52] berichteten[53], wirkte wie Paul Boyer ursprünglich im Zusammenhang mit der atomaren Aufrüstung Ende der 1940er Jahre beschrieben hatte, abermals als „anodyne to terror“[54].

Vor dem Hintergrund der neuen Offenheit sollte auch der geheime Dokumentarfilm über den Ivy Mike Test teilweise freigegeben werden. Ein erster Schritt zur Veröffentlichung des Films war die Vorführung einer stark gekürzten Version bei einer Zivilschutz-Konferenz von Bürgermeistern, die auf Einladung des Präsidenten am 14. und 15. Dezember 1953 im Weißen Haus stattfand – eine Woche, nachdem Eisenhower bei seiner berühmten „Atoms for Peace“-Rede gegenüber der Vollversammlung der Vereinten Nationen in New York das rhetorische Kunststück gelungen war, über die Bedrohung durch Wasserstoffbomben zu sprechen, ohne dabei deren Existenz auf Seiten der USA ausdrücklich zuzugeben:

> „Atomic bombs today are more than 25 times as powerful as the weapons with which the atomic age dawned, while hydrogen weapons are in the ranges of millions of tons of TNT equivalent. […] The Soviet Union has informed us that, over recent years, it has devoted extensive resources to atomic weapons. During this period, the Soviet Union has exploded a series of atomic devices, including at least one involving thermo-nuclear reactions.“[55]

---

52 Gordon Dean, „Atomic Miracles We Will See“, in: *Look,* 25. August 1953, 27.

53 Vgl. Scott C. Zeman, „‚To See … Things Dangerous to Come to‘: Life Magazine and the Atomic Age in the United States, 1945-1965“, 66–67.

54 Vgl. Boyer, *By the Bomb's Early Light.*

55 Dwight D. Eisenhower, „Text of the Adress Delivered by the President of the United States before the General Assemply of the United Nations in New York City Tuesday Afternoon, December 8, 1953“ (08.12.1953).

Ein Report des für die Klassifizierung sensibler Informationen zuständigen Classification and Information Service der AEC gibt Einblick in die Überlegungen, die zur stückweisen Freigabe des Dokumentarfilms führten.[56] Damit die Bürgermeister ihre Zivilschutzbemühungen dem Rüstungswettlauf entsprechend anpassen konnten, musste man Sie über die neue Dimension der atomaren Bedrohung informieren. Hierzu sollte die Geheimhaltung zumindest teilweise aufgehoben werden. Doch wüssten die Verwaltungen erst Bescheid, so war man sich bewusst, würden Informationen aus und über den gezeigten Film bald auch in die Öffentlichkeit sickern und schließlich die AEC unter Zugzwang setzen, nicht länger geheimes Material zu veröffentlichen. Um diesem Szenario zuvorzukommen und einem drohenden Vertrauensverlust bei Medien und Öffentlichkeit vorzubeugen, empfiehlt der Report, dass die auf der Konferenz gezeigte Fassung des Films nach Absprache mit Nationalem Sicherheitsrat, Federal Civil Defense Administration, Verteidigungsministerium und AEC am besten schon im Januar 1954 oder baldmöglichst hiernach publik gemacht werden sollte. Nur Army und Navy wollten die Veröffentlichung des Films bis nach den Verhandlungen über ihr nächstjähriges Budgets im Haushaltsausschuss des Kongresses hinauszögern, damit dieser nicht auf die Idee käme, die neue Waffe würde die künftige Bedeutung dieser Teilstreitkräfte schmälern.[57] Über ihre Existenz seit dem zurückliegenden Ivy Mike Test informierte Eisenhower den Kongress schließlich am 2. Februar 1954 und bestätigte erstmals öffentlich, „‚the first, full-scale thermonuclear explosion in history' at Eniwetok in 1952“[58].

Dass des Weiteren die Befürchtungen bezüglich der Indiskretion derer, die den Film vorab sehen durften, nicht unbegründet waren, belegt eine Meldung im *Time* Magazin vom 8. März 1954. Der Artikel berichtet von einer Rede des New Yorker Kongressabgeordneten Sterling Cole, dem Vorsitzenden des dortigen Joint Committee on Atomic Energy, bei einer

56 U.S. Atomic Energy Commission, „Report by the Directors of Classification and Information Service regarding the Film on Operation Ivy“ (U.S. Atomic Energy Commission, 08.12.1953).

57 Drew Pearson, „First H-Bomb Blast Previewed“, in: *The Washington Post and Times Herald,* 1. April 1954.

58 *The New York Times,* „Hydrogen Device Test At Eniwetok Confirmed“, 3. Februar 1954.

Tagung von Baustoffhändlern in Chicago, worin dieser Details über den Ivy Test verrät und eine Voraussage der kommenden Filmpremiere gibt. „‚I hope', Cole said, ‚that within a few weeks the American people will be able to witness in reproduction the full fury of a hydrogen explosion'."[59] Im Bunkerbau würde Coles Publikum später gute Geschäfte machen. Aufgrund eines weiteren Informationslecks nach einer vertraulichen Pressevorführung eine Woche vor der für den 7. April 1954 angekündigten allgemeinen Freigabe, musste diese alsdann sogar vorgezogen werden.[60]

Die Veröffentlichung einer auf 28 Minuten Länge gekürzten Fassung der Dokumentation mit dem Titel *Operation Ivy* erfolgte schließlich am 1. April 1954. Fernsehsender und Kinos überall in den USA nahmen den Film ins Programm. Die öffentliche Aufmerksamkeit im In- und Ausland war beträchtlich, denn der Film erschien mitten in einer Phase erster internationaler Proteste gegen weitere Testexplosionen und die Eskalation des atomaren Wettrüstens durch Wasserstoffbomben. Der amerikanische Wissenschaftshistoriker Alex Wellerstein berichtet alleine für die Ausstrahlung im britischen Fernsehen zwei Tage später als in den USA von geschätzt acht Millionen Zuschauern im Vereinigten Königreich.[61] „The hideous potential of the hydrogen age [...] became a personal problem for every American last week"[62], behauptete das *Life* Magazin mit Bezug auf die schwarzweißen Fernsehbilder der Ivy Mike Explosion in Amerikas Wohnzimmern. Bunte Standbilder aus dem ursprünglichen Farbfilm veröffentlichte das Magazin eine Woche später.[63] Die ikonischen Pilzwolken illustrierten und verstärkten fortan die laufende Debatte über das grauenhafte Potential des neuen „Hydrogen Age". Gleichzeitig bot der Film für die offiziellen Vertreter der amerikanischen Aufrüstung eine Chance, als affektives Propagandainstrument die öffentliche Debatte wieder in ihrem Sinne zu beeinflussen.

59 „H-Crater", in: *Time* 63, Nr. 9 (1954).

60 Vgl. *The New York Times*, „Films of H-Bomb Now Being Shown: April 7 Embargo Date Lifted by Government - Pearson Denies Breaking Release", 2. April 1954.

61 Alex Wellerstein, „Declassifying the Ivy Mike film (1953)". http://blog.nuclearsecrecy.com/2012/02/08/weekly-document-13-declassifying-the-ivy-mike-film-1953/ (letzter Zugriff: 12. Oktober 2018).

62 *Life*, „5-4-3-2-1 And the Hydrogen Age Is Upon Us", 12. April 1954.

63 *Life*, „Color Photographs Add Vivid Reality to Nation's Concept of H-Bomb", 19. April 1954.

Die Manipulation des Publikums durch filmische Mittel, wie etwa die Wahl eines beliebten und ruhige Seriosität ausstrahlenden Schauspielers als teilnehmendem Erzähler, wurde so Teil eines „larger social and political project in America“[64], das der Soziologe Guy Oakes als „emotional management“ beschrieben hat. Dieses diene dazu, „irrational terror“ in Richtung einer „more pragmatic nuclear fear“ zu überwinden, welche es erlauben würde die Öffentlichkeit im Interesse der nationalen Sicherheit zu mobilisieren[65].[66] Schon eine zeitgenösische Fernsehkritik in der *New York Times* thematisierte den Manipulationsversuch durch „theatrical tricks“ und bemängelt besonders den aus der Krimi-Serie *Racket Squad* bekannten Erzähler Reed Hadley: „The use of commercial television's theatrical tricks to explain matters of vital public consequence went a step too far in ‚Operation Ivy‘ [...]. A turning point in history was treated like another installment of ‚Racket Squad‘.“[67]

Dass sich solcherlei manipulative Elemente in einem Film finden, der wie *Operation Ivy* ursprünglich nicht für die Öffentlichkeit, sondern zunächst ausschließlich für die politische und militärische Führungselite der USA bestimmt war, ist besonders irritierend.[68] Für dieses Publikum aus Entscheidungsträgern sollten, wie der amerikanische Film-Wissenschaftler Bob Mielke feststellt, die Dokumentarfilme des Armed Forces Special Weapons Project sowohl die jeweils bebilderten Atomtests legitimieren als auch Anreize für weitere Experimente geben.[69] *Operation Ivy* geht als erster Film des ursprünglich politisch wie militärisch durchaus umstrittenen „Hydrogen Age“ thermonuklearer Kernfusionswaffen, über diese Ziele

64 Kevin Hamilton und Ned O'Gorman, „Filming a Nuclear State: The USAF's Lookout Mountain Laboratory“, in: Douglas A. Cunningham und John C. Nelson, Hgg., *A Companion to the War Film* (Malden, MA: John Wiley & Sons Inc, 2016), 146.

65 Vgl. Guy Oakes, *The Imaginary War: Civil Defense and American Cold War Culture* (New York: Oxford University Press, 1994), 33.

66 Vgl. Kevin Hamilton und Ned O'Gorman, „Filming a Nuclear State“, 146.

67 Jack Gould, „Television in Review; Government Film of H-Bomb Blast Suffers From Theatrical Tricks“, in: *The New York Times,* 2. April 1954.

68 Vgl. Alex Wellerstein, „Declassifying the Ivy Mike film (1953)“.

69 Vgl. Bob Mielke, „Rhetoric and Ideology in the Nuclear Test Documentary“, in: *Film Quarterly* 58, Nr. 3 (2005), 34.

noch hinaus und muss darum als früher Sündenfall der Wissenschaftskommunikation gelten. Sein werblicher Charakter macht deutlich, wie die Big Science im „military-industrial complex"[70] den Primat der Politik zu untergraben versuchte und zur Selbsterhaltung aus institutioneller Eigendynamik vom Ermöglicher zum Treiber weltbewegender Entwicklungen wurde. In seiner berühmten Abschiedrede warnte Präsident Eisenhower deshalb vor der Gefahr, „[...] that public policy could itself become the captive of a scientific-technological elite"[71].

Castle Bravo – Experiment außer Kontrolle

Hatte man sich ursprünglich so lange um Verschwiegenheit bemüht, um öffentliche Querelen und internationale Kritik zu vermeiden, gab es spätestens ab Mitte März 1954, als mehr und mehr Informationen über einen verunglückten Bombentest im Pazifik publik wurden, in dieserlei Hinsicht nichts mehr zu verlieren. Denn leider hatte die militärische Kernfusion, deren Verfügbarkeit man so lange im Dunkeln zu halten versucht hatte, da genau einen Monat zuvor schon ihre ersten bekannten Opfer gefordert und weltweit hatten entsprechende Schlagzeilen über die „First Casualties of the H-Bomb"[72], die amerikanische Kommunikationsplanung durcheinandergebracht.

Der Castle Bravo Test vom 1. März 1954 war die stärkste je von den USA herbeigeführte thermonukleare Explosion und zugleich der vermutlich folgenschwerste Unfall im Zusammenhang mit den frühen amerikanischen Fusionsexperimenten in Wasserstoffbomben. Die Explosion war mit 15 Megatonnen Sprengkraft fast dreimal so stark wie geplant und von den beteiligten Wissenschaftlern errechnet, doch mangels praktischer Erfahrung und theoretischem Verständnis der genauen Prozesse in der hochexperimentellen Bombe, hatte man die Reaktivität des getesteten Fusionsbrennstoffs unterschätzt. Der Lichtblitz war noch in 400 Kilometern Entfernung zu sehen und der Atompilz erreichte nach sechs Minuten eine Höhe von 40 Kilometern bei einem Durchmesser von über 100 Kilometern. Der kreis-

70 Eisenhower, „Farewell Radio and Television Address to the American People".

71 Ebd.

72 Dwight Martin, „First Casualties of the H-Bomb", in: *Life,* 29. März 1954.

runde Krater, den die Bombe in den Untergrund des Bikini-Atolls riss, hatte einen Radius von fast zwei Kilometern. Aufgrund der unerwarteten Größe der Explosion und einer falschen Wettereinschätzung wurden neben Bikini auch die etwa 150 bis 200 Kilometer entfernten Atolle Rongelap und Rongerik sowie das japanische Fischerboot „Glücklicher Drache Nr. 5" durch radioaktiven Fallout kontaminiert. Über 200 Einwohner der betroffenen Pazifikinseln und alle 23 Besatzungsmitglieder des Fischerbootes erkrankten in der Folge an der Strahlenkrankheit, teilweise mit tödlichem Ausgang.

Die Beschreibung der japanischen Fischer als Opfer der Wasserstoffbombentests, wie in der Berichterstattung des *Life* Magazins, widersprach dabei der ursprünglichen Position der U.S.-Regierung, welche in einer ersten Reaktion den Fischern und ihrem vermeintlichen Fehlverhalten die Hauptschuld an der Tragödie anzudichten versucht hatte. Gleichzeitig bemühte man sich in *Life* jedoch auch, die USA mit Verweis auf ihr Bedauern und großzügige medizinische Hilfsversprechen gegen äußere Kritik zu verteidigen und erklärte beschwichtigend: „Inevitably anti-American politicians seized on the affair, but their attacks were blunted considerably by prompt US Assurance of medical treatment and profuse and sincere expressions of regret"[73].[74] Tatsächlich kam es nach dem Bekanntwerden dieser ersten unmittelbaren zivilen[75] Opfer eines Atombombentests nun international zu großen Protesten gegen eine Fortführung der Versuche. Kritik kam von Feinden ebenso wie von Seiten Verbündeter. Die Sowjetunion schlachtete das Ereignis propagandistisch für sich aus, indem sie vor der Zerstörung aller Zivilisation durch amerikanische Bomben warnte[76], während Japan, obwohl in Gestalt seiner Fischer persönlich betroffen, lediglich verhalten um eine Aussetzung weiterer Atomtests

---

73 Ebd., 20.

74 Vgl. Scott C. Zeman, „‚To See … Things Dangerous to Come to': Life Magazine and the Atomic Age in the United States, 1945-1965", 69–70.

75 Unter Militärs hatte es schon 1952 bei der ersten Fusionsexplosion Ivy Mike ein Opfer gegeben, als eines der Flugzeuge, die Messungen in der Pilzwolke vorgenommen hatten, wegen Treibstoffmangels in den Pazifik stürzte.

76 *St. Petersburg Times,* „Soviet Press Tells People That U.S. Bombs Could Destroy Civilization", 3. April 1954.

während der Thunfisch-Saison bat[77]. Besonders interessant ist die Haltung des blockfreien Indien, die Premierminister Jawaharlal Nehru zum Ausdruck brachte: Als erster Staatsmann forderte er ein Teststoppabkommen zwischen den USA und der Sowjetunion mit dem Argument, dass über die politischen Risiken des Wettrüstens und die Gefahr eines Atomkriegs hinaus, die bloßen Tests immer mächtigerer Bomben inzwischen selbst zu einer eigenständigen, unverantwortbaren Gefahr für die Menschheit geworden seien. Manche Kommentatoren versuchten, die internationale Aufregung um die Wasserstoffbombe als übertriebene Hysterie herunterzuspielen, doch auch sie konnten die unglückliche Koinzidenz des Unfalls vom 1. März mit der Filmpremiere vom 1. April nicht ignorieren und so gibt es kaum einen Artikel im Zusammenhang mit den Enthüllungen der Ivy Mike Dokumentation, der nicht auch den verkalkulierten Castle Bravo Test referenzierte. Die neue „weapon of peace“[78], die duch ihr abschreckendes Beispiel Krieg und Sterben verhindern sollte, hatte getötet und die Welt war Zeuge.

> „The widespread demands that we call off the Bikini tests spring partly from the erroneous belief that the scientists cannot control them. They can, of course. The atom is not what Nehru likens it to, ‚the genie that came out of the bottle, ultimately swallowing man‘. It is a morally neutral instrument of destruction, not an autonomous agent of doom, and the knowledge that released it controls it still.“[79]

Das Wettrüsten ebenso wie die beteiligten Technologien schienen außer Kontrolle geraten. Zur diplomatischen Krise der Politik kam eine Krise der Wissenschaft hinzu. Selbst Präsident Eisenhower meinte, für die beteiligten Wissenschaftler hinter Castle Bravo war das Ergebnis „more than they had bargained for“[80].

---

77 *The New York Times,* „Japanese Bid U.S. Curb Atom Tests; Urge No Pacific Blasts From November Through March, Best Fishing Season“, 1. April 1954.

78 Vgl. Margot A. Henriksen, „Bomb“, in: Denis R. Hall und Susan Grove Hall, Hgg., *American Icons: An Encyclopedia of the People, Places and Things That Have Shaped Our Culture.* 3 Bände 1 (Westport, CT: Greenwood, 2006), 86.

79 *Life,* „An Agenda for the Hydrogen Age“, 12. April 1954.

80 Associated Press, „Blast Took Scientists By Surprise“, in: *The Washington Post and Times Herald,* 25. März 1954.

HOW U.S. BOMB DEVELOPED

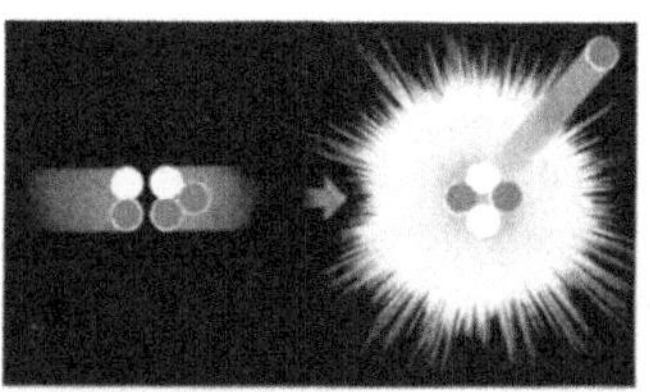

IN FUSION deuterium (red neutron, white proton) and tritium (two neutrons, one proton) collide, fuse, to release energy and a neutron.

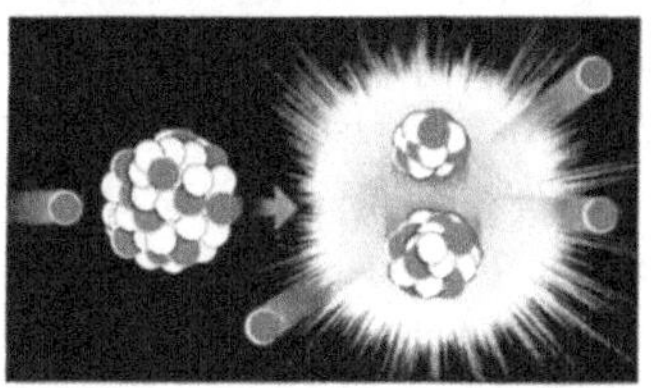

IN FISSION a neutron strikes a U-235 nucleus. The nucleus breaks in two, releasing energy and more neutrons to cause other fissions.

The hydrogen bomb's devastating power results from the same process that has sustained the brilliance of the sun for billions of years—the "fusion" of hydrogen atoms. Under the sun's intense heat the hydrogen atoms come together and fuse (*top diagram, above*) releasing large amounts of energy—and in the process, forming helium. A decade ago nothing existed on earth which could reproduce the extreme solar temperatures necessary for a fusion reaction. Nevertheless the principles involved were well known, and a few scientists were already discussing the possibility of making a fusion bomb. What prompted them was the approaching development of the atomic bomb, which derives its power from the opposite process—the disintegration of atoms by fission (*above*). The temperatures of the A-bomb were expected to equal those of the sun and such a bomb, surrounded by hydrogen, might cause the hydrogen to fuse, producing an explosion many times more powerful than the original atomic "trigger." Special forms of hydrogen—heavy hydrogen (deuterium) and superheavy hydrogen (tritium)—would have to be used, for they fuse more readily than ordinary hydrogen.

The succession of events in the actual development of the hydrogen bomb follows:

Sept. 1949—RUSSIAN A-BOMB When it was announced, on Sept. 23, that the Russians had developed their own atomic bomb, the U.S. was threatened by loss of its advantage. The hydrogen bomb became far more than an academic matter, for the development of such a superbomb could move the U.S. ahead another big notch. As scientists, military leaders and congressmen discussed the bomb, many objections were raised: It was immoral; it might be less useful than a bevy of well-placed A-bombs; it would interfere with A-bomb production. Against this was weighed the psychological—and military—advantage of possessing the most devastating weapon in the world. President Truman ordered the AEC to go to work on the superbomb.

April-May 1951—"GREENHOUSE" In less than two years a scientific task force sailed for Eniwetok atoll to test two crude and cumbersome types of thermonuclear devices at "Operation Greenhouse." Both "shots" exceeded expectations. With this information scientists returned to their laboratories to grapple with the 1,001 details of perfecting the hydrogen weapons.

Nov. 1952—"IVY" Another year and a half went by, and then another task force arrived at the mid-Pacific testing ground, this time to carry out "Operation Ivy." The shot was to be a full-scale thermonuclear bomb, and the result was described by eyewitnesses in letters home: "The ball of fire started to rise. . . . You could see countless tons of water rushing skyward—drawn up the column by that tremendous unseen force. . . . Then the mushroom expanded into a free halo, growing with tornadolike speed. . . . About 15 minutes after shot time the island on which the bomb had been set off started to burn and it turned a brilliant red. . . . Within six hours . . . a mile-wide island had actually disappeared." Instead there was now a crater in the ocean a mile across and 175 feet deep. The bomb's power was estimated at five megatons (5 million tons of T.N.T.), 250 times the power of the bomb which shattered Hiroshima.

March 1954—BIGGEST SO FAR Nine months after "Operation Ivy" the AEC announced that a thermonuclear explosion had taken place in Russia. Quietly the U.S. continued to perfect its own weapons. The bomb which rained radioactivity on a Japanese fishing boat on March 1 was estimated at three times the power of the "Ivy" superbomb. The weapon which had begun as a cumbersome rig was now reputedly small enough to be carried in a B-36. One was scheduled to be dropped late this month.

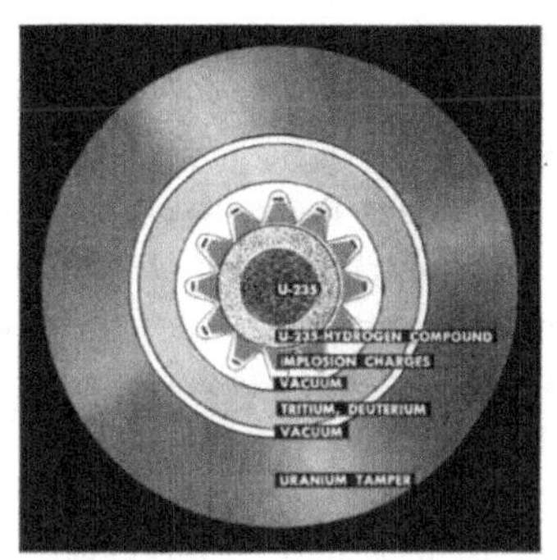

HYPOTHETICAL BOMB might use implosion to compress U-235 to critical mass. Heat of fission would fuse hydrogen in compound, then deuterium and tritium kept in liquid state below −400°F. by vacuum. Tamper would contain explosion momentarily, increase its efficiency.

How does this limitless weapon work? The details are known to only a few top scientists. But AEC news releases plus textbook facts suggest several basic methods, shown in the schematized bomb above. A "boosted" A-bomb might be made by surrounding a fissionable core with U-235 combined with tritium and deuterium. Implosion charges would compress the core to a critical mass, giving a chain reaction whose heat would fuse the hydrogen and increase the blast. To make a true hydrogen bomb this boosted A-bomb would be surrounded by additional deuterium and tritium. Its fusion would increase the bomb's energy a hundredfold. If the booster were hot enough, cheap lithium could replace costly tritium to fuel the powerful superbomb.

Abb. 3: Ein Infokasten als Teil des Artikels „First Casualties of the H-Bomb" im Life Magazin zeigt die damalige Vorstellung von den Funktionsprinzipien der amerikanischen Wasserstoffbombe und ihrer Entwicklung als Reaktion auf die atomare Nachrüstung der Sowjetunion. Der präsentierte Wissensstand zur „Hypothetical Bomb" geht weit über die später offiziell bestätigten Informationen hinaus.

Fallout Scare und Radioactive Men – Superhelden und Mutanten

Die Bilder der strahlenkranken Besatzung des kontaminierten Fischerbootes wurden in Zeitungen und Magazinen weltweit verbreitet. Wasserstoffbomben und ihre Tests hatten das öffentliche Bewusstsein mit dem Wissen um Fallout und die Gefahren radioaktiver Strahlung belastet. Die Beschwichtigungen über die Harmlosigkeit radioaktiver Strahlung aus Kernwaffentests von Militärs und assoziierten Wissenschaftlern, die stattdessen den schwindenen Rückhalt für Kernwaffentests für das eigentliche Sicherheitsrisiko hielten, verfingen nicht mehr. Jahre der Berichterstattung über Fallout als „Silent Killer“[81] und die noch 1962 in der Wochenzeitung *Saturday Evening Post* von Edward Teller erhobene Klage über die grassierende „Fallout Scare“[82], seine darin formulierte Beschwichtigung, der Fallout von Nukleartests sei „not worth worrying about“, ebenso wie die entsprechenden Gegenargumente anderer namhafter Nuklearwissenschaftler wie etwa Hans Bethe, sind Zeugen der nachhaltigen Entfremdung großer Teile der amerikanischen Öffentlichkeit von einer Elite, welche die Kernenergie in ihren militärischen und zivilen Ausprägungen für gleichermaßen unbedingt notwendig wie beherrschbar hielt.

Demgegenüber formierte sich in den späten 1950er und frühen 1960er Jahren über die USA hinaus eine internationale Bewegung gegen weitere Kernwaffentest in der Atmosphäre und lenkte öffentliche Aufmerksamkeit auf die unüberschaubaren kurz- und langfristigen Gefahren radioaktiver Strahlung.[83] Prominente Wissenschaftler weltweit spielten eine wichtige Rolle dabei, die wachsende Sorge mit brisanten Informationen zu nähren und die Risiken der Atombombentests zu benennen. So warnten Albert Einstein oder der amerikanische Chemiker Linus Pauling, dass jeder atoma-

81 Steven M. Spencer, „Fallout: The Silent Killer“, in: *Saturday Evening Post,* 29. August 1959.

82 Edward Teller und Allen Brown, „A Plan for Survival: The Fallout Scare“, in: *Saturday Evening Post,* 10. Februar 1962; Part 2 of 3.

83 Vgl. Gamson und Modigliani, „Media Discourse and Public Opinion on Nuclear Power“, 13.

re Test töten und zu genetischen Defekten führen würde.[84] Als letzterer 1963 für sein Engagement gegen Kernwaffen mit dem Friedensnobelpreis ausgezeichnet wurde, kritisierte ein Editorial im *Life* Magazin allerdings die Entscheidung der norwegischen Jury für den angeblich prominentesten wissenschaftlichen Vertreter der „Communist peace offensive" in den USA als „extraordinary insult to America".[85]

In Russland hatte derweil der sogenannte Vater der sowjetischen Wasserstoffbombe Andrei Sacharow 1955 errechnet, dass die Langzeitfolgen der bis dahin erprobten Kernwaffen durch Erbschäden und strahlungsbedingte Erkrankungen langfristig bereits zum Tod von etwa 500.000 Menschen führen würden. Jeder künftige Versuch würde im Laufe der Generationen weitere 10.000 Opfer pro Megatonne kosten.[86]

1956 beschäftigte die Sorge um mit Strontium 90 radioaktiv kontaminierte Milch sogar die Parteien im amerikanischen Präsidentschaftswahlkampf und als sich 1957 ein Congressional Subcommittee on Radioation mit der Strahlengefahr durch Atomtests befasste, paraphrasierte das *Life* Magazin dessen Erkennnisinteresse reißerisch in der Frage: „[W]ould the aftereffects – i.e., the fallout of atomic debris – of the continous testing of nuclear weapons contaminate the atmosphere and bring illness or death to millions?"[87]

Castle Bravo hatte das Wort Fallout allgemein bekannt gemacht. Fortan wurden Kernwaffen nicht mehr nur mit apokalyptischer Zerstörung und Krieg in Verbindung gebracht, sondern zunehmend auch mit der unsichtbaren und unheimlichen Verbreitung gesundheitsschädlicher Stoffe in Luft, Lebensmitteln und Trinkwasser. Vor dem Hintergrund der Erinnerung an Hiroshima und Nagasaki inspirierte der Vorfall in Japan noch im selben Jahr auch den ersten einer ganzen Reihe von Godzilla-Filmen über eine durch pazifische Nukleartests und ihre mutagene Strahlung hervorgebrachte, Hitzestrahlen speiende Riesenechse. Das Godzilla-Franchise

---

84 Vgl. Holger Nehring, „Cold War, Apocalypse and Peaceful Atoms: Interpretations of Nuclear Energy in the British and West German Anti-Nuclear Weapons Movements, 1955-1964", in: *Historical Social Research* 29, Nr. 3 (2004), 160.

85 Vgl. *Life,* „A Weird Insult from Norway", 25. Oktober 1963.

86 Vgl. A. D. Sakharov, „Radioactive Carbon from Nuclear Explosions and Nonthreshold Biological Effects", in: *The Soviet Journal of Atomic Energy* 4, Nr. 6 (1958).

87 *Life,* „A Searching Inquiry Into Nuclear Perils", 10. Juni 1957, 24.

wurde weltweit zum Symbol der japanischen Nachkriegskultur und die Filme, die seither unzählige Male im amerikanischen Fernsehen wiederholt und adaptiert wurden prägten das Genre des „nuclear monster movie“ ebenso wie Generationen von Amerikanern. In der Folge fanden noch weitere Formen der kulturellen Auseinandersetzung mit Kernwaffen und Radioaktivität ihren Weg aus Nischen wie der Science-Fiction-Literatur oder den Debatten besorgter Wissenschaftler, hin zu einem Massenpublikum.

Dabei können Menschen Strahlung und nuklearen Fallout in Ermangelung eines Sinnes für Radioaktivität nur vermittelt wahrnehmen wie über das Knarzen eines Geigerzählers, das den Zerfall von Atomen hörbar macht. Zusätzlich sind die Schäden, die Radioaktivität anrichten kann, oft nicht unmittelbar ersichtlich oder zeigen ihre Auswirkungen – etwa durch Schädigungen des Erbguts – erst in der nächsten Generation. Visuelle Medien, wie Film oder Comic stellen Radioaktivität deshalb häufig mittelbar von ihren mitunter sichtbaren Konsequenzen her dar. Naive Vorstellungen von Spontanmutationen bei Erwachsenen, wie das plötzliche Erscheinen zusätzlicher Gliedmaßen, sind hier ebenso zu finden wie Riesenwuchs bei Tieren oder der Erwerb von Superkräften durch Strahlung oder den Kontakt mit durch Strahlung mutierten Lebewesen.

> „From the beginning there had been two potentially disturbing elements of nuclear mythology: nuclear energy's mutagenic potential and its raw power. Writers and movie producers found both fascinating. Radiation had long been known to cause cancer. Scientists had also used radiation to induce mutations in laboratory insects like fruit flies and in plants. Movies like Godzilla and Them revealed the public's dark fascination with radiation's capacity to transform life.“[88]

In Hollywood wurden Mutanten zu einem beliebten Motiv. Nach riesenhaft mutierten Ameisen wie in *Them* (1954) ließen die Filmemacher in den kommenden Jahren unter anderem auch radioaktive Spinnen (*Tarantula*, 1955; *World Without End*, 1956), Schnecken (*The Monster that Challenged the World*, 1957), Grashüpfer (*Beginning of the End*, 1957) und Krabben (*Attack of the Crab Monsters*, 1957) aus der von der Wissenschaft geöffne-

88 Jon Palfreman, „A Tale of two Fears: Exploring Media Depictions of Nuclear Power and Global Warming“, in: *Review of Policy Research* 23, Nr. 1 (2006), 25.

ten Büchse der Pandora entkommen und auf das „angstlüsterne“ [89] Kinopublikum los.[90]

Graphic Novels und Comic-Hefte, wie *The Incredible Hulk* oder *The Amazing Spider-Man*, deren andauernden Karrieren als Comichelden beide 1962 begannen, sind weitere prominente Beispiele für den starken Einfluss populärer Atomängste auf die amerikanische Massenkultur ihrer Zeit. So handelt *The Incredible Hulk* davon, wie sich der Nuklearphysiker Dr. Bruce Banner nach einem Unfall mit dem Prototyp einer stark strahlenden Gamma-Bombe fortan bei jedem Anflug von Wut in das rasende Monster Hulk verwandelt während in *The Amazing Spider-Man* der Schüler Peter Parker beim Besuch eines Forschungsinstituts von einer verstrahlten Spinne gebissen wird und danach verschiedene spinnengleiche Superkräfte entwickelt. Beiden Comics ist dabei gemein, dass die jeweils handlungsauslösenden, nuklear erworbenen Superkräfte – im Falle von *The Incredible Hulk* noch mehr als in *The Amazing Spiderman* – für ihre Helden durchaus ambivalente Erfahrungen stiften. Sie stehen damit im Einklang mit der in Variationen seit 1945 im amerikanischen Diskurs über die Kernenergie vorherrschenden Dichotomie, sie sei Fluch, Segen oder beides zugleich.

---

89 Vgl. Michael Salewski, „Einleitung“, 8.

90 Vgl. Philipp Gassert, „Popularität der Apokalypse: Zur Nuklearangst seit 1945“, in: *APuZ* 61, 46-47 (2011), 51.

Abb. 4: Rückblickend auf die verschiedenen Formen der popkulturellen Auseinandersetzungen mit Radioaktivität hat die amerikanische Fernsehserie *The Simpsons* ihren großen Einfluss in der fiktionalen Superhelden-Persiflage „Radioactive Man" und seinem Sidekick „Fallout Boy" verdichtet. Im Gegensatz zu ihnen ist Marvels historischer „Radio-Active-Man" (rechts bei seiner Comic-Premiere 1963)[91] ein Schurke, der als mutierter chinesischer Kernphysiker die freie Welt bedroht.

Nicht selten werden in solchen Comicreihen die Vorgeschichten der Superhelden und ihrer Widersacher im Laufe der Jahrzehnte auch in Details variiert und neuen technologischen Entwicklungen angepasst. Als Beispiel mit Bezug zur Kernfusion sei hier der seit seinem ersten Erscheinen in Band 3 von *The Amazing Spider-Man* (1963) immer wiederkehrende Schurke Doctor Octopus genannt, ein Kernphysiker dessen Superkräfte auf einen Laborunfall zurückgehen, bei dem er sich mit vier mechanischen Tentakeln vereinte, die an seinen Oberkörper gegurtet waren. Handelte es sich bei dem Laborunfall ursprünglich um ein Strahlenleck durch die Explosion eines unspezifischen Nuklearexperiments, wird letzteres in der Zeichentrickserie *Spider-Man: The Animated Series* (1994-1998) als Arbeit an

91 Stan Lee und Jeremy Bernstein, „The Mighty Thor Versus the Mysterious Radio-Active-Man", in: *Journey into Mystery* 1, Nr. 93 (Juni 1963).

Kalter Fusion konkretisiert und im Kinofilm *Spider-Man 2* (2004) von Regisseur Sam Raimi schließlich als spektakuläre Demonstration eines in seiner Darstellung hanebüchenen Laserfusionsreaktors inszeniert.

On the Beach und *Dr. Strangelove* – Visionen von der thermonuklearen Apokalypse

Andere Filme, wie das Drama *On the Beach* (1959) oder Stanley Kubricks schwarze Komödie *Dr. Strangelove or: How I Learned to Stop Worrying and Love the Bomb* (1964) kamen in ihren weltumspannenden Endzeitszenarien später ganz ohne Mutanten aus. Auf jeweils sehr spezielle Weise thematisierten sie beide die Machtlosigkeit der Menschheit angesichts ihrer eigenen radioaktiven Schöpfung, die unaufhaltsam und unterschiedslos weiter töten würde, selbst wenn ein thermonuklearer Schlagabtausch der Atommächte bereits für alle Seiten verloren wäre.[92] Sie illustrieren die reale Schattenseite des „Hydrogen Age" – das metaphorische Damoklesschwert – ohne die jede noch so malerische Vision einer eventuellen auch zivilen Technikzukunft mit Kernfusion unvollständig bliebe.

Konnten apokalyptische Darstellungen eines möglichen Atomkriegs vor dem Castle Bravo Zwischenfall schon als „another tired SF cliché"[93] gelten, wurden sie ab Mitte der 1950er Jahre wieder populär. So wurden 1955 mehr Geschichten über einen Atomkrieg veröffentlicht als in jedem anderen Jahr seit 1946. Im Unterschied zur Science-Fiction Literatur der Nachkriegszeit, die das Thema oft noch arg realitätsfern, wissenschaftlich ungenau und eindimensional dargestellt hatte, ging mit der zunehmenden Verbreitung des Motivs im kulturellen Mainstream Amerikas eine deutliche Qualitätssteigerung einher.[94]

---

92 Die Doktrin, dass es zur effektiven Abschreckung in einem thermonuklearen Krieg keine Gewinner geben dürfte, war unter dem sprechenden Akronym MAD für „Mutually Assured Destruction" bis zu den 1980er Jahren geltende Regierungspostion.

93 Brians, „Nuclear War in Science Fiction, 1945-59", 255.

94 Vgl. ebd.

> „By the beginning of the sixties the examination of the consequences of the bomb took on a much more serious and apocalyptic tone. Films like Nevil Shute's *On the Beach* (1959), *Fail-Safe* (1963), and perhaps the best of all Stanley Kubrick's *Dr. Strangelove or: How I Learned to Stop Worrying and Love the Bomb* (1964), all propagandized, through the use of fear appeals, the ultimate effects of an insane nuclear policy on both sides of the ideological curtain.“[95]

Schließlich wurde die Frage, wohin das allseits zu beobachtende nukleare Wettrüsten einmal führen könnte, vor dem Hintergrund der häufigen Kernwaffentests von 1960 immerhin schon vier Atommächten – USA, Sowjetunion, Großbritannien und Frankreich – sowie der wachsenden Spannungen im Kalten Krieg immer drängender. Rückblickend schrieb der amerikanische Science-Fiction-Autor Philip Wylie 1963 über die zahlreichen amerikanischen Atomkriegs-Fiktionen dieser Zeit:

> „There were lots of prophetic books and movies about total war in the atomic age, and all of them were practically as mistaken as plain people and politicians and the Pentagon planners. In all of them that I recall except for one, we Americans took dreadful punishment and then rose from the ground like those Greek-legend Jason's men and defeated the Soviets and set the world free. That one, which came closer to reality so far as the Northern Hemisphere is concerned, showed how everybody on earth died.“[96]

Die furchterregende Ausnahme in Wylies Rückblick ist Stanley Kramers erfolgreiche Verfilmung von Nevil Shutes 1957 erschienenem Roman *On the Beach* aus dem Jahr 1959. Das mit einem Hollywood-Staraufgebot aus Gregory Peck, Ava Gardner, Fred Astaire und Anthony Perkins beeindruckend prominent besetzte Drama zeigt die Post-Apokalypse nach einem atomar geführten dritten Weltkrieg. Ohne Sieger und ohne Hoffnung auf Erlösung harren die letzten Überlebenden des nuklearen Schlagabtausches, den der Film auf 1964 datiert, in Australien ihrem langsamen, aber unausweichlichem Strahlentod, während sich eine todbringende radioaktive Wolke von Norden her über den gesamten Globus ausbreitet. Wie es zum

---

95 Jowett, „Hollywood, Propaganda and the Bomb“, 36–37.

96 Philip Wylie, *Triumph* (Garden City, NY: Doubleday, 1963), 96.

Atomkrieg kam und welche Seite zuerst zuschlug, ist angesichts des Ergebnisses unerheblich und wird nicht thematisiert.

Anders als frühere Darstellungen einer nuklearen Post-Apokalypse, die häufig noch eine an biblische Motive angelegte Hoffnung auf einen Neuanfang der Menschheit nach dem Atomkrieg beinhalteten – zum Beispiel in der Gestalt eines einsam überlebenden Paares – ist die Nachkriegs-Perspektive in *On the Beach* demnach maximal pessimistisch.[97] Die düstere Aussage des Films machte *On the Beach* am 11. Dezember 1959 gar zum Thema in einer Kabinettssitzung der Eisenhower-Regierung, die sich schließlich genötigt sah, in einem Memo an U.S.-Botschaften weltweit Argumentationshilfen gegen die antinukleare Botschaft des Films zu verbreiten.[98] Schließlich stand das im Film skizzierte Szenario von der Vernichtung allen menschlichen Lebens im krassen Gegensatz zur Propaganda der U.S.-Zivilschutzbehörden, ein Atomkrieg ließe sich mit etwas „duck and cover"-Drill, öffentlich gefördertem Bunkerbau, Disziplin und etwas Glück gut überstehen.

Eine radioaktive Wolke, die wie in *On the Beach* alles Leben auf der Erde vertilgt, war einige Jahre später als Produkt einer Weltvernichtungsmaschine noch in einem anderen erfolgreichen Film über die Konsequenzen einer möglichen Eskalation des Kalten Kriegs von zentraler Bedeutung.

> „This type of radioactive shroud, conceived by strategists such as Herman Kahn, was utilized as the Soviet Doomsday Machine deterrent in Stanley Kubrick's sublime *Dr Strangelove* (1964). If one interprets, as many commentators do, the blackly comic ending of nuclear detonations rhythmically accompanying Vera Lynn's song ‚We'll Meet Again' as ironic apocalypse, then the cloud of Cobalt-Thorium G also makes Strangelove one of the few early films to actually envisage the complete extinction of the human race through a nuclear exchange."[99]

---

97 Vgl. Mick Broderick, „Surviving Armageddon: Beyond the Imagination of Disaster", in: *Science Fiction Studies* 20, Nr. 1993 (3), 370.

98 Vgl. Paul Boyer, „Sixty Years and Counting: Nuclear Themes in American Culture, 1945 to the Present", in: Rosemary B. Mariner und G. Kurt Piehler, Hgg., *The Atomic Bomb and American Society: New Perspectives* (Knoxville: University of Tennessee Press, 2009), 7.

99 Broderick, „Surviving Armageddon", 370.

1964, im selben Jahr, in dem sich die fiktive Handlung von *On the Beach* abspielt, kam mit Stanley Kubricks *Dr. Strangelove or: How I Learned to Stop Worrying and Love the Bomb* ein Film heraus, der gut und gerne als Vorgeschichte des post-apokalyptischen Szenarios von *On the Beach* gesehen werden könnte. Geht es in *On the Beach* um die Situation nach der nuklearen Selbstzerstörung der Menschheit, zeigt *Dr. Strangelove*, wie es möglicherweise dazu kommen könnte. Angelehnt an den Roman des britischen Autors Peter George von 1958 *Red Alert* – Originaltitel: *Two Hours to Doom* – erzählt der Film die letzten Stunden vor der Apokalypse annähernd in Echtzeit. Ob seiner treffenden Karikaturen des literarischen Typus „mad scientist" und kontroverser Konzepte strategischen Denkens im Zeitalter der Wasserstoffbombe, sei dessen Inhalt im Folgenden etwas näher beschrieben.

Der Plot der schwarzen Komödie ist zweigeteilt und beschränkt sich im Wesentlichen auf drei Handlungsorte: Die fiktive Burpelson Air Force Base, einen B-52 Bomber in der Luft, und den ikonischen „War Room" im Pentagon, dem Hauptsitz des amerikanischen Verteidigungsministeriums. Die erste Hälfte des Films beginnt auf der Burpelson Air Force Base, einem Stützpunkt für strategische Bomber des Strategic Air Command (SAC). Von hier aus versucht der offenbar von antikommunistischer Paranoia um den Verstand gebrachte General Jack D. Ripper auf eigene Faust einen nuklearen Erstschlag zu initiieren. Unter Vorspiegelung einer Unterbrechung der normalen Befehlskette befiehlt er den 34 B-52 unter seinem Kommando, die sich als Teil der ständigen nuklearen Alarmbereitschaft des SAC gerade mit jeweils 40 Megatonnen TNT Äquivalent starker Wasserstoffbombenlast in der Luft befinden, ihre Ziele in der Sowjetunion anzugreifen. Sein Kalkül ist es, dadurch die amerikanische Führung zu einem massiven Erstschlag gegen die Sowjets zu zwingen, sobald diesen klar würde, dass die Bomber nicht mehr zurückgeholt werden können und ein entschlossener Überraschungsangriff der Amerikaner deren einzige Möglichkeit ist, einem gleichsam vernichtenden Zweitschlag der Sowjets zu entgehen. Über abgehörte Funksprüche erfährt schließlich das Verteidigungsministerium von Rippers Alleingang. Aufgrund interner Sicherheitsvorkehrungen für den Funkverkehr mit den Bombern, können diese aber ohne einen speziellen Code im Besitz von General Ripper nicht zurückbeordert werden.

Während also die Bomberbesatzung um Major Kong – exemplarisch für alle anderen unter Rippers Kommando – glaubt, der dritte Weltkrieg hätte begonnen und sich auf den Angriff vorbereitet, findet in Washington eine nächtliche Krisensitzung statt. Vor der versammelten politischen und militärischen Führungsspitze der USA im „War Room" des Pentagon, berichtet der vier Sterne General Buck Turgidson dem amerikanischen Präsidenten Merkin Muffley die Lage. Da die Zeit drängt, bis Rippers 34 Bomber in sowjetische Radarreichweite gelangen und einen vernichtenden nuklearen Gegenschlag auslösen würden, rät General Turgidson, Rippers Erpressung nachzugeben. Er zitiert dabei eine Studie, wonach ein massiver Erstschlag bis zu 90 Prozent der sowjetischen Vergeltungskapazität zerstören könnte. Mit der im Verhältnis zur Sowjetunion fünffachen Überzahl an nuklearen Interkontinentalraketen bliebe man für alle Eventualitäten gerüstet. Vor ihm auf dem Tisch liegt dabei ein Ordner „World Targets in Megadeaths" – eine Anspielung auf Herman Kahn, einen Strategen der amerikanischen Denkfabrik RAND Corporation, der die Einheit und das Konzept Megadeaths – sprich eine Million Tote durch Kernwaffeneinsatz – 1960 ausführlich in seinem Buch *On Thermonuclear War* diskutierte.

Wie Paul Boyer treffend feststellte, stammen einige Sätze in *Dr. Strangelove* fast eins zu eins aus diesem Buch des studierten Physikers und einflussreichen Politikberaters.[100] Darin relativiert Herman Kahn unter anderem die möglichen Opferzahlen eines Atomkriegs mit den täglichen Risiken in Arbeit und Verkehr, welche die Leute wie selbstverständlich eingingen. Eine enthaltene Tabelle, die darstellt wie lange es bräuchte, bis sich die USA ökonomisch wieder von einem Atomkrieg erholen würden, unterscheidet verschiedene „tragic but distinguishable postwar states" mit Opferzahlen eines thermonuklearen Krieges zwischen zwei und 160 Millionen. Die Unterschrift zu dieser Tabelle, „will the survivors envy the dead?"[101] – eine Frage die auch Präsident Muffley zum Ende von *Dr. Strangelove* stellt – beschäftigt später ein ganzes Unterkapitel.

> „Mr. President, we are rapidly approaching the moment of truth, both for ourselves and for our nation, to make a choice between two admittedly regrettable,

100 Vgl. Paul Boyer, „Sixty Years and Counting", 7.

101 Herman Kahn, *On Thermonuclear War* (New Brunswick, NJ: Transaction Publishers, 2007), 20.

> but distinguishable post-war environments – one where you've got 20 million people killed and another where you've got 150 million people killed.“[102]

Statt sich auf diesen Massenmord einzulassen – Turgidson hat nicht-amerikanische Opfer in seinen Schätzungen noch gar nicht berücksichtigt – bestellt Präsident Muffley den russischen Botschafter ein, um die Krise gemeinsam zu bewältigen und eine Eskalation durch einen sowjetischen Gegenangriff abzuwenden. Über das rote Telefon warnt Muffley den scheinbar betrunkenen sowjetischen Premier Kissov vor der drohenden Attacke. Man wolle der sowjetischen Luftabwehr helfen die amerikanischen Flugzeuge abzufangen, bevor sie ihre Bomben ins Ziel bringen. Zwar gelingt es Muffley, Kissov vom Unfallcharakter des Angriffs zu überzeugen und ihn ob der Aussicht auf eine nukleare Bombardierung seines Landes zu beschwichtigen, dennoch stellt dieses Telefonat einen Wendepunkt in der Handlung des Films dar.

Könnte man die bisherige Handlung noch als Beispiel für einen Triumph der Diplomatie und den letztendlichen Primat der Politik über das Militär sehen – immerhin kann Muffley im persönlichen Gespräch am roten Telefon einen Atomkrieg verhindern und die beiden Großmächte arbeiten stattdessen zusammen – stellt sich am Ende des Telefonats heraus, dass die Entscheidung zur nuklearen Apokalypse gar nicht mehr in menschlicher Hand liegt. Russland hat eine Weltvernichtungs-Maschine gebaut, die bei einem atomaren Angriff automatisch in Gang gesetzt wird und sich nicht abschalten lässt. Wie der russische Botschafter Alexei de Sadeski erklärt, sei den Sowjets der Rüstungswettlauf zu teuer geworden. Zu einem Bruchteil der Kosten ihrer bisherigen nuklearen Abschreckung, wirkt die sogenannte „Doomsday Machine“, welche ohne jede Möglichkeit menschlicher Einflussnahme automatisch alles menschliche und tierische Leben auf dem Planeten mit einer weltumspannenden Wolke aus Radioaktivität mit langer Halbwertszeit auslöscht, für jeden rationalen Angreifer maximal abschreckend – vorausgesetzt der potentielle Angreifer weiß davon. Dummerweise aber haben die Sowjets die Maschine schon kurze Zeit vor ihrer

102 „Abridged Script of Dr. Strangelove or: How I Learned to Stop Worrying and Love the Bomb“, in: John Renaker, Hg., *Dr. Strangelove and the Hideous Epoch: Deterrence in the Nuclear Age* (Claremont, CA: Regina Books, 2000), 398.

öffentlichen Präsentation in Betrieb gesetzt und so das Zeitfenster geschaffen, in dem Rippers Alleingang nun den katastrophalsten Ausgang zu nehmen droht.

Die Weltvernichtungsmaschine ist dabei nicht bloß ein genialer Einfall des Regisseurs Stanley Kubrick um Spannung für den weiteren Handlungsverlauf zu erzeugen, sondern sie war ein von Militärstrategen ernsthaft diskutiertes Konzept zur nuklearen Abschreckung im Kalten Krieg. Tatsächlich wird sie in Herman Kahns Buch *On Thermonuclear War* ausführlich beschrieben.[103] Hier listet Kahn alle Qualitäten einer solchen Weltvernichtungsmaschine auf. Die „Doomsday Machines“ seien „as frightenig as anything that can be deviced“, unaufhaltsam, überzeugend – „even an idiot should be able to understand their capabilities“ – billig und „relatively foolproof“.[104] Eine Weltvernichtungsmaschine hätte damit fast alle wünschenswerten Eigenschaften eines perfekten Abschreckungsmittels bis auf eine – und deshalb lehnt sie Kahn am Ende als unakzeptabel ab: Sie ist nicht kontrollierbar. Kahn plädiert stattdessen für eine Strategie jeweils nur begrenzter nuklearer Erst- und Vergeltungsschläge.

> „Even though it maximizes the probability that deterrence will work, it is totally unsatisfactory. One must still examine the consequences of a failure. In this case a failure kills too many people and kills them too automatically. There is no chance of human intervention, control, or final decision. And even if we give up the computer and make the Doomsday Machine reliably controllable by the decision makers it is still not controllable enough. Neither NATO nor the United States, and possibly not even the Soviet Union, would be willing to spend billions of dollars to give a few individuals this particular kind of life and death power over the entire world.“[105]

Im zweiten Teil des Films müssen nun alle Seiten kooperieren, um die Bomber zu stoppen. Alles außer einem totalen Erfolg dieser Mission bedeutete die Apokalypse. Während die Russen mit amerikanischer Hilfe verzweifelt versuchen, die herannahenden Bomber abzuschießen, müssen gleichzeitig amerikanische Truppen den abgeriegelten Stützpunkt des ver-

103 Vgl. Kahn, *On Thermonuclear War,* 144–153.

104 Ebd., 146–147.

105 Ebd., 147.

rückten Generals Ripper einnehmen, um den Rückhol-Code für die Bomber zu erlangen. Unter großen Plakatwänden mit dem Motto des Strategic Air Command „Peace Is Our Profession" liefern sich die angreifenden G.I.s ein heftiges Gefecht mit ihren Kameraden, die den Stützpunkt im Glauben, gegen verkleidete Sowjet-Soldaten zu kämpfen, entschlossen verteidigen, doch letztlich unterliegen. Zwar gelingt es trotz des Selbstmordes von Ripper, der den Code mit sich in den Tod nahm, die richtige Buchstabenkombination zu erraten und dem Krisenstab durchzugeben, woraufhin bis auf einen alle Bomber, die noch nicht abgeschossen waren, zurückgerufen werden können. Nur die B-52 von Major Kong hat den Abschussversuch auf sie überstanden und fliegt nun schwer beschädigt mit defektem Funkgerät unter dem sowjetischen Radarschirm weiter auf ihr Ziel zu. Ohne es zu wissen, taumelt deren Besatzung in soldatischer Pflichterfüllung ihres ursprünglichen Angriffsbefehls, der Apokalypse entgegen.

Während alle Hoffnungen den drohenden Weltuntergang noch abzuwenden auf der sowjetischen Luftabwehr liegen, taucht in dieser zweiten Hälfte des Films erstmals der titelgebende Dr. Strangelove auf – ein stereotyper „mad scientist"[106] und deutschstämmiger Ex-Nazi im Rollstuhl, der jetzt für die amerikanische Regierung arbeitet. Als „scientific genius, ready to serve whoever funds the problems that fascinate it"[107] sehen viele Interpretationen des Films in seiner Figur eine Mischung aus dem entnazifizierten Raketeningenieur Wernher von Braun, Edward Teller und Herman Kahn. Er erklärt dem Präsidenten die Weltvernichtungsmaschine und nachdem zwischenzeitlich der letzte verbliebene Bomber in einer irrwitzigen Aktion, in der Major Kong wie beim Rodeo auf der fallenden Bombe reitet, doch noch eines seiner Ziele angreifen konnte und damit unvermeidlich die Apokalypse auslöst, unterbreitet er einen Vorschlag, wie ein „nucleus of human specimens"[108] den hundertjährigen nuklearen Winter überleben könnte. Tief in den tiefsten amerikanischen Bergwerksstollen sollen von

106 Vgl. Roslynn D. Haynes, *From Faust to Strangelove: Representations of the Scientist in Western Literature* (Baltimore, MD: Johns Hopkins University Press, 1994).

107 Steven L. Goldman, „Images of Technology in Popular Films: Discussion and Filmography", in: *Science, Technology, & Human Values* 14, Nr. 3 (1989), 277.

108 „Abridged Script of Dr. Strangelove or: How I Learned to Stop Worrying and Love the Bomb", 410.

einem Computer nach speziellen Kriterien ausgewählte fruchtbare Männer und Frauen – zusammen natürlich mit den Spitzen aus Politik und Militär – die Keimzelle für den Wiederaufbau der Zivilisation bilden. Auf die ungläubige Nachfrage des Präsidenten ob es denn möglich sei, dass tausende Menschen 100 Jahre lang unter der Erde leben, antwortet Dr. Strangelove, so begeistert von der Idee dort eine neue Rasse von Menschen zu züchten, dass seine Hand immer wieder unkontrolliert zum Hitlergruß hochschnellt:

> „It would not be difficult, mein Führer. Nuclear reactors could … I'm sorry, Mr. President … nuclear reactors could provide power almost indefinitely. Greenhouses could maintain plant life. Animals could be bread and slaughtered. A quick survey would have to be made of all the available mine shafts in the country. But I would say that dwelling space for several thousand people could easily be provided. […] With the proper breeding techniques, and a ratio of 10 females to each male, I would guess that we could work our way back to the present gross national product within, say, 20 years.“[109]

Diese Art von Berechnungen über den ökonomischen Wiederaufbau könnte nun beinahe direkt der Phantasie Herman Kahns entnommen sein. Noch absurdere Gedanken zum Überleben unter Tage wurden aber auch schon von Edward Teller formuliert. In einem Artikel in der Fachzeitschrift *Bulletin of the Atomic Scientists* mit dem Titel „Dispersal of Cities and Industries“[110] plädierte Teller 1946 zusammen mit zwei anderen Autoren für die Aufgabe und Zerstreuung aller größeren amerikanischen Städte und die Verlegung der wichtigsten Industrien und Infrastruktur unter Tage. Da konzentriertes städtisches Leben ein viel zu attraktives Ziele für künftige Kernwaffenangriffe böte und damit die Wahrscheinlichkeit eines Atomkriegs insgesamt erhöhen würde, sollte die gesamte städtische Bevölkerung Amerikas bis 1955 gleichmäßig über die gesamte bewohnbare Fläche der USA verteilt werden. Der inhaltlich aberwitzige, aber dabei gänzlich unironische Artikel geht sogar soweit, die Kosten für die Umsiedlung und den Neubau aller Wohngebäude, Industrieanlagen und Infrastruktur, quasi den Umbau der

---

109 Ebd.

110 Jacob Marshal, Edward Teller und Lawrence R. Klein, „Dispersal of Cities and Industries“, in: *Bulletin of the Atomic Scientist* 1, Nr. 9 (1946).

gesamten Gesellschaft, zu beziffern: rund 300 Milliarden Dollar verteilt auf zehn Jahre.

> „Of course such dispersal is costly and means great changes in our way of live. However two arguments can be advanced in its favor: First, it is a form of defense. Second, it helps to maintain the peace."[111]

In der Figur des verrückten Wissenschaftlers Dr. Strangelove spiegeln sich der ganze Wahnsinn und die Hybris des Atomic Age, in dem präkärer Frieden und totale Vernichtung nur einen Knopfdruck voneinander entfernt liegen, wieder. Vor allem aber verkörperte Dr. Strangelove für eine breite Öffentlichkeit erstmals den zynischen Rationalismus des politischen und militärischen Establishments hinter der Doktrin der „mutually assured destruction". Dies erregte bei Kritikern und Publikum eine breite Palette unterschiedlichster Reaktionen. „*Dr. Strangelove* was hailed as a cultural breakthrough and it was condemned as a sick, traitorous, and defeatist joke."[112]

Die Bombe in *Dr. Strangelove* ist kein Heilsbringer mehr wie es noch 1947 die untenstehende Abbildung aus dem *Collier's* Magzin suggerierte, lange nicht mehr die „winning weapon", und auch kein Garant für die Freiheit und Sicherheit der USA. Sie ist in Gestalt der Weltvernichtungsmaschine im Gegenteil ein Symbol für die Ohnmacht von Wissenschaft, Militär und Politik gegenüber ihrer eigenen Schöpfung, ein Symbol des Triumphs der Technik über den Menschen.[113]

---

111 Ebd., 13.

112 Margot A. Henriksen, *Dr. Strangelove's America: Society and Culture in the Atomic Age* (Berkeley: University of California Press, 1997), 327.

113 Vgl. ebd., 309.

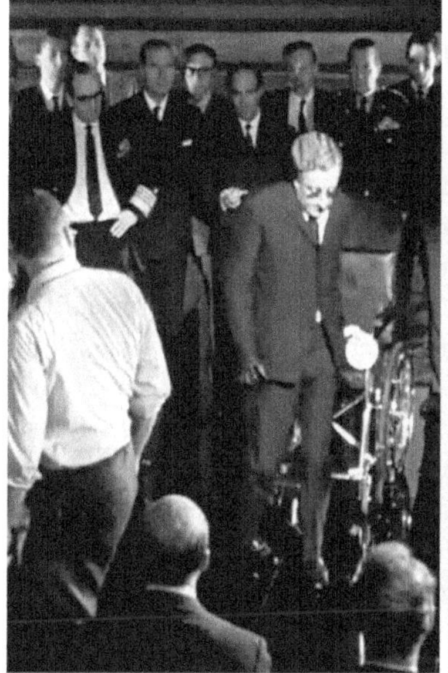

Abb. 5: „Mein Führer, I can walk!“ Ausschnitt aus der Schlussszene von Dr. Strangelove. Der gelähmte Nazi-Wissenschaftler Dr. Strangelove erhebt sich aus seinem Rollstuhl.

Abb. 6: „Healed by atomic energy. In this photo montage from a May 3, 1947, Collier's article on the atom's medical promise, a recovered paraplegic emerges smiling from a mushroom cloud, his abandoned wheelchair in the backround.“[114]

114 Boyer, *By the Bomb's Early Light,* 156.

DIE ZÄHMUNG DER WASSERSTOFFBOMBE – KONTROLLIERTE KERNFUSION

Die zivile Kernfusionsforschung machte erstmals im März 1951 international Schlagzeilen. Weit entfernt und unabhängig von den wissenschaftlichen und politischen Zentren der damaligen Atommächte hatte Argentiniens Präsident Juan Perón auf einer österlichen Pressekonferenz mit der Behauptung überrascht, es sei in seinem Auftrag gelungen, auf neuartige Weise Energie aus kontrollierter Kernfusion zu gewinnen.[115] Die näheren Ausführungen des bis dato völlig unbekannten, nach dem Zweiten Weltkrieg aus Europa emigrierten, österreichischen Physikers Ronald Richter, den Perón als das Genie hinter diesem nukleartechnologischen Durchbruch präsentierte, erregten bei internationalen Experten jedoch von Anfang an mehr Unglauben als Begeisterung. Zweifel an der Glaubwürdigkeit Richters bestimmten die Berichterstattung der folgenden Tage:

> „The reason why leading physcists, both here and abroad, have branded as ‚fantastic' the claim of President Juan Perón [...] is not hard to find. Only a superficial knowledge of the facts will establish at once that such a claim involves not one, but several factors, each known to be impossible under the immutable laws of nature."[116]

Entsprechend nahm das Medieninteresse am sogenannten „Proyecto Huemul" mangels vertrauenswürdiger Fürsprecher schnell wieder ab. Ungeachtet der negativen Resonanz durfte Richter zwar zunächst weiterforschen und wurde von Perón sogar noch mit einem Orden dekoriert, doch tatsächlich ließen sich die behaupteten Erfolge seiner Experimente später bei einer kritischen Überprüfung nicht reproduzieren. Perón, der die Zweifel der etablierten Forscher zunächst als neidvollen Trotz und Zeichen ihrer

115 Vgl. Virginia Warren, „Perón Announces New Way To Make Atom Yield Power", in: *The New York Times,* 25. März 1951.

116 William L. Laurence, „Skeptical Reception of Argentine Atom Claims Backed by Facts", in: *The Salt Lake Tribune,* 28. März 1951.

verletzten Eitelkeit abgetan hatte[117], musste schließlich erkennen, einem Hochstapler aufgesessen zu sein und ließ Richter verhaften[118].[119]

Was als Lehrstück über die Verführbarkeit ehrgeiziger Politiker durch die Heilsversprechen wissenschaftlicher Scharlatane hätte enden können, hatte jedoch über die Gefängnisstrafe von Ronald Richter hinaus weitreichende Konsequenzen auch in den USA. So gilt das „Proyecto Huemul" gemeinhin als Inspiration für das erste amerikanische Forschungsprogramm zur kontrollierten Kernfusion, das ab 1951 als Projekt Matterhorn in Princeton begann und dessen grundlegender Ansatz – magnetischer Einschluss von extrem heißem Plasma in einem sogenannten „Stellerator" – bis heute verfolgt wird.[120] Die Anekdote, wie der amerikanische Astrophysiker Lyman Spitzer, kurz nachdem er im Dezember 1950 in das geheime Programm zur Entwicklung der Wasserstoffbombe eingeweiht worden war, unter dem Eindruck der Schlagzeilen über Richters Fusionsexperimente auf einem Skiurlaub in Aspen die ersten theoretischen Überlegungen für dieses Reaktordesign ersann, ist Teil fast einer jeden Geschichte der zivilen Kernfusionsforschung. Ähnlich dem ersten Spaltungsreaktor 1942 in Chicago, der zuerst vor allem der Erbrütung waffenfähigen Plutoniums für die Atombombe gedient hatte, wäre aus dem selben Grund jedoch auch Spitzers Stellerator als mögliche Quelle von Bombenmaterial damals nicht rein zivilen Charakters gewesen.

> „On the eve of his involvement in the crash program for the hydrogen bomb, therefore, Lyman Spitzer was diverted instead into the investigation for hydrogen reactors. It would be too simple to characterize this as a turn from

---

117 Vgl. Virginia Warren, „Perón Is Scornful of Atomic Sceptics", in: *The New York Times,* 26. März 1951.

118 Vgl. *Daily Boston Globe,* „Peron Orders 'Fake' Top Atomic Scientist's Arrest", 24. Mai 1951.

119 Für eine ausführlichere Darstellung des „Proyecto Huemul" als unrühmlicher Anfang der zivilen Kernfusionsforschung,Vgl. Seife, *Sun in a Bottle,* 76–82.

Vgl. Robert Arnoux, „Proyecto Huemul: The Prank That Started it All". https://www.iter.org/newsline/196/930 (letzter Zugriff: 12. Oktober 2018).

120 Vgl. Princeton Plasma Physics Laboratory, „History". http://www.pppl.gov/about/history (letzter Zugriff: 12. Oktober 2018).

> weapons research to research on civilian applications. In 1951 a fusion reactor appeared to have important military potential.“[121]

Wirkliche Fahrt als ziviles Big Science Vorhaben nahm die Kernfusionsforschung in den USA jedoch erst mit dem Beginn des „Hydrogen Age“ nach dem thermonuklearen Urknall der ersten Wasserstoffbomben auf. Hatten bisher nur relativ wenige Wissenschaftler im Kleinen und ohne zentrale Koordination auf diesem Gebiet gearbeitet, wurde die Forschung ab 1953 „under the stimulus of a successful man-made release of thermonuclear energy“[122] institutionalisiert. Im Rahmen des sogenannten Project Sherwood unter dem entschlossenen neuen Vorsitzenden der Atomic Energy Commission Lewis Strauss wurden fortan mit wachsendem finanziellen und personellen Aufwand an mehreren Standorten in Livermore, Princeton und Los Alamos parallel drei verschiedene Wege zur kontrollierten Kernfusion erforscht. Da dort jeweils an Vorarbeiten angeschlossen werden konnte, die auf eigene Initiative der beteiligten Forscher bereits während der Wasserstoffbombenentwicklung, gewissermaßen als Nebenprojekte, entstanden waren, betont Bromberg, dass der ursprüngliche Anstoß dazu mehr in wissenschaftlicher Neugier, als in politischem Willen begründet gewesen sei. „The US program for controlled thermonuclear research did not originate in Washington but was a grass-roots enthusiasm initiated by working scientists connected with the national laboratories.“[123]

Die vorausgegangenen „Erfolge“ der militärischen Forschung waren dafür in dreierlei Weise bedeutsam: Erstens wirkte die Bestätigung grundlegender nuklearphysikalischer Annahmen in den Bombentest motivierend auf die Wissenschaftler und nährte die Hoffnung im weiteren Verlauf bald auch die wissenschaftlichen und technischen Herausforderungen der kontrollierten Kernfusion verstehen und beherrschen zu können. Zweitens setzte die erfolgreiche Entwicklung der in ihrer Zerstörungskraft fortan nahezu beliebig skalierbaren Wasserstoffbombe vormals durch die bisher priorisierte militärische Forschung gebundene Wissenschaftler und Ressourcen wieder für zivile Zwecke frei. Und drittens führte die weltweite Empörung über die katastrophischen Gefahren der nuklearen Rüstungseskalation zur

121 Bromberg, *Fusion,* 17.

122 Teller, „Peaceful Uses of Fusion“, 2.

123 Bromberg, *Fusion,* 31–32.

Notwendigkeit, mit der Aussicht auf friedliche Anwendungen die Akzeptanz der nuklearen Bewaffnung sowie das Image der Kerntechnik im Allgemeinen wieder zu verbessern.

Das gemeinsame Ziel der Forscher in Livermore, Princeton und Los Alamos war, vereinfacht gesagt, fortan das selbe, das Generationen von Wissenschaftlern und Ingenieuren seither bis heute verfolgen: Wasserstoff unter hohem Druck auf Temperaturen von mehreren Millionen Grad Celsius zu erhitzen, damit die nun hoch energetischen Wasserstoffatome die elektrische Abstoßung zwischen ihren positiv geladenen Kernen überwinden und verschmelzen können, und gleichzeitig, das entstehende extrem heiße Plasma, dem kein Material standhalten könnte, berührungslos mittels elektrischer und magnetischer Felder so einzuschließen, dass die Reaktion fortdauern könnte. Gelänge beides, Heizung und Einschluss, mit weniger Energieeinsatz als durch die entstehenden Fusionsreaktionen wieder freigesetzt würde, wären die grundlegenden Voraussetzungen für einen späteren Reaktor erfüllt. Das Arbeitsprogramm und dafür zur Verfügung stehende Budget von Project Sherwood sollte sich binnen der ersten fünf Jahre mehr als verzehnfachen. In der Folge operierte das „Crash-Programm“, laut der Wissenschaftshistorikerin Joan Bromberg, spätesten ab 1955 zunehmend nach der Methode „trial and error“ mit einem Überangebot zur Verfügung stehender Mittel.[124] Strauss schien überzeugt, dass sich mit genügend Ressourcen, Geld und Entschlossenheit fast jedes technologische Ziel erreichen ließ und förderte dementsprechend. Doch so sehr die enthusiastische Priorisierung von Project Sherwood einerseits die Moral unter den Wissenschatflern hob, behinderte sie anderseits die weitere theoretische Fundierung und systematische Fokussierung der Forschung. Stattdessen führte der materielle Überfluss zu einer Verschwendung auch geistiger Kapazitäten, da sie viele Wissenschaftler dazu ermutigte, quasi planlos jede noch so unwahrscheinliche Idee zu verfolgen, solange die Mittel verfügbar waren.[125]

124 Vgl. ebd., 49.

125 Vgl. Richard G. Hewlett und Jack M. Holl, *Atoms for Peace and War, 1953 - 1961: Eisenhower and the Atomic Energy Commission* (Berkeley: University of California Press, 1989), 261.

Atoms for Peace

Obwohl die zivile Kernfusionsforschung bis 1958 offiziell weitgehend geheim blieb, ist sie so bezüglich ihrer Motivation – auch ohne zunächst daran teilzuhaben – eng mit dem 1953 von Präsident Eisenhower initiierten internationalen „Atoms for Peace"-Programm verknüpft, das als Gegengewicht zu den apokalyptischen Horroszenarien eines drohenden Atomkriegs hintergründig den gesamten Nukleardiskurs der 1950er Jahre prägte.

Im Rahmen dieses Programms sollte unter amerikanischer Ägide das weltweite Wissen über die Kernkraft für Anwendungen in der Medizin, Landwirtschaft, Mobilität und Energieerzeugung gemeinsam fortentwickelt und international kontrolliert werden. Ab 1954 konnten verbündete Staaten zu diesem Zweck jeweils bis zu 6 kg Uran 235 von den USA leihen und einen aus der militärischen Forschung für Atom-U-Boote abgeleiteten Leichtwasser-Forschungsreaktor erwerben.

So wie die hieraus entstehenden Kraftwerke und sonstigen zivilen Nutzungen. dazu beitragen würden, nachträglich die Entwicklung der Atombombe zu legitimieren, sah Strauss in Project Sherwood eine perfekte Gelegenheit selbiges im Verhältnis zur Wasserstoffbombe zu leisten. Mit der Kernfusion als neuer, sauberer und unbeschränkter Energiequelle könnten die USA unter Eisenhower der Welt den nächsten Schritt vorausschreiten und ihren Führungsanspruch beweisen, während andere Länder erst noch die Kernspaltung lernten.[126]

Flankiert wurde das „Atoms for Peace"-Programm gemäß der Strategie von Abbott Washburn, dem damaligen Direktor der United States Information Agency, durch die Aktivitäten mehrerer staatlicher wie privater Multiplikatoren, die seine positive Botschaft auf sämtlichen Kommunikationskanälen verbreiteten: Neben Presse, Radio, Fernsehen und Hollywood-Filmen auch durch internationale Brieffreundschaften und Informationsausstellungen ebenso wie mittels großer U.S.-Unternehmen und ihrer außländischen Dependancen.[127] Damit sollten die weltweit verbreiteten Filme und Werbeschriften, vor allem aber die Ausstellung der United States Information Agency, das „Gespenst der Atombombe" verjagen und den amerikani-

126 Vgl. ebd.

127 Vgl. Mark Langer, „Why the Atom is Our Friend: Disney, General Dynamics and the USS Nautilus", in: *Art History* 18, Nr. 1 (1995), 71.

schen Bemühungen um das „friedliche Atom“ in der Öffentlichkeit des In- und Auslands zum Durchbruch verhelfen.[128] Wie der Kunsthistoriker Mark Langer aber treffenderweise feststellt, präsentieren uns viele Zeugnisse dieses Bemühens den damaligen Stand der Kerntechnologie und ihre bisherigen Produkte friedlicher und ziviler als ihnen gebührt: „Many [...] representations of atomic technology depicted swords as ploughshares.“[129]

Die allzu optimistische Darstellung des segensreichen Potentials der zivilen Kernkraft und ihr biblischer Unterton hatten dabei von Anfang an Methode. So hatte ein Report der United States Presidents Materials Policy Commission „Resources for Freedom“[130] die Eisenhower Administration schon 1952 etwa über die zu erwartenden hohen Kosten nuklearer Energieerzeugung informiert. Dennoch stellte sie Eisenhower 1953 in seiner „Atoms for Peace“-Rede als günstige Energiequelle auch für Entwicklungsländer dar. „It raised the question of whether Eisenhower was misguided about the potential of nuclear power or he was intentionally exaggerating. [...] There was no record of any debate over the realism of the glowing picture of peaceful atom. Possibly the professional propagandists did not think of the realism of propaganda as a significant concern.“[131] Um die übertrieben postiven Verheißungen der zivilen Kernkraft zusätzlich religiös aufzuladen, sahen Eisenhowers Berater für psychologische Kriegsführung im sogenannten Operation Coordinating Board auch „[t]he development of atomic science to a spiritual concept, such as God’s gift to man of great secrets of the universe for man’s betterment“ vor. Dazu sollten beispielsweise religiöse Anführer zu Vorträgen und Führungen durch nukleare Anlagen eingeladen und zu positiven Predigten über die humanitären Möglichkeiten der Kernkraft ermuntert werden. Diese konnten dabei an die seit dem Sieg über Japan weitverbreitete Deutung anschließen, die Kern-

128 Ilona Stölken-Fitschen, *Atombombe und Geistesgeschichte: Eine Studie der fünfziger Jahre aus deutscher Sicht* (Baden-Baden: Nomos Verlagsgesellschaft, 1995), 154.

129 Langer, „Why the Atom is Our Friend“, 63.

130 William S. Paley et al., „Resources for Freedom: A Report to the President“ (United States President's Materials Policy Commission, 1952).

131 Chi-Jen Yang, „Powered by Technology or Powering Technology? Belief-Based Decision-Making in Nuclear Power and Synthetic Fuel“ (Dissertation, Princeton University, 2008), 145–146.

kraft sei ein göttliches Geschenk, „given by the mighty hand of god“[132], das nicht zufällig den USA als auserwählter „redeemer nation“[133] als erstes offenbart worden war.[134] Somit würden einerseits das amerikanische „Atoms for Peace“-Programm mit dem spirituellen Konzept göttlicher Gnade verknüpft und andererseits die atheistische Weltanschauung des dialektischen Materialismus in der Sowjetunion angegriffen.[135] Vor allem im Diskurs um die kontrollierte Kernfusion haben sich solche Elemente und religiösen Deutungsmuster[136] – Sühne für die Wasserstoffbombe, Schwerter zu Pflugscharen, Heilsversprechen über die Erlösung von Krieg, Hunger und Krankheit, zukunftsgewandte Jenseitsvertröstung, Vollendung der Schöpfung und ähnliches – bis heute erhalten und verleihen dem Glauben an ihre eventuelle Verfügbarkeit selbst ersatzreligiöse Züge.

> „[T]he rosy picture of civilian nuclear power was not an honest mistake, but an intentional lie. Neither the supply/demand of electricity nor economic costs/benefits of nuclear power received serious discussion in the policymaking process. Civilian nuclear power was first and foremost initiated as a means of providing hope. Electricity was at most a byproduct.“[137]

Vor diesem Hintergrund kann das „Atoms for Peace“-Programm trotz seiner demonstrativen Friedfertigkeit auch selbst als eine Art mehrfach wirk-

---

132 Vgl. den im März 1946 erschinenen Song „Atomic Power“ des amerikanischen Country-Sängers Fred Kirby.

133 Vgl. Ernest Lee Tuveson, Redeemer Nation: The Idea of America’s Millennial Role (Chicago, IL: University of Chicago Press, 1980).

134 Vgl. Scott C. Zeman, „‚To See … Things Dangerous to Come to‘: Life Magazine and the Atomic Age in the United States, 1945-1965“, 63.

135 Vgl. Richard Hirsch, „OCB Checklist for Possible Exploitation of President Eisenhower's Atomic Energy Speech“ (Operation Coordinating Board, 15.12.1953). Zitiert nach: Yang, Powered by Technology or Powering Technology?, 147.

136 Vgl. Christian Schwarke, Technik und Religion: Religiöse Deutungen und theologische Rezeption der Zweiten Industrialisierung in den USA und in Deutschland (Stuttgart: Kohlhammer, 2014).

137 Yang, Powered by Technology or Powering Technology?, 147.

same „Propagandawaffe“[138] im Kalten Krieg gesehen werden. Ihr Einsatz sollte einerseits innenpolitisch eine durch die nukleare Aufrüstung unter der Doktrin des „New Look“[139] zunehmend verunsicherte Öffentlichkeit beruhigen und ihre positive Perspektive für das kommende Atomzeitalter bekräftigen, außenpolitisch andererseits aber auch die Sowjetunion – in einer Pase der relativen Entspannung nach Stalins Tod und dem Ende des Koreakriegs – weiter unter Druck setzen und amerikanische Technologieführerschaft demonstrieren.

Beispielhaft für die einander ergänzenden Rollen öffentlicher und privater Multiplikatoren, ziviler und militärischer Inhalte sowie die Verschränkung verschiedener Medien im „Atoms for Peace“-Programm seien die Plakate des amerikanischen Technologie- und Rüstungsunternehmens General Dynamics, dem Erbauer des ersten Atom-U-Boots USS Nautilus[140], von 1955 und der Lehrfilm von Walt Disney *Our Friend the Atom* aus dem Jahr 1957 genannt.

General Dynamics hatte den „Atoms for Peace“-Slogan übernommen und verschiedene Plakatmotive jeweils mit Übersetzungen ins Französische, Deutsche, Russische, Japanische und andere Sprachen überschrieben. Die Motive, obschon sehr abstrakt gehalten, betonen durch ihre vielsprachige Beschriftung und das Arrangement abstrahierter Farbfelder, die an ein Miteinander aus Länderflaggen erinnern, die Internationalität des

138 Stölken-Fitschen, Atombombe und Geistesgeschichte, 149.

139 Das 1953 entwickelte und 1954 vorgestellte Konzept des „New Look“ verlangte eine Neuausrichtung der Streitkräfte im Sinne von „more bang for the buck“. Mehr Kernwaffen anstelle konventioneller Kriegsgeräte und Soldaten sollten zu geringeren Kosten eine höhere Schlagkraft gewährleisten.

140 Wie sein Namensgeber, das fiktive Unterseeboot Nautilus aus Jules Vernes Roman 20.000 Meilen unter dem Meer von 1870, konnte die USS Nautilus dank seines nuklearen Antriebs beinahe unbegrenzt autonom operieren und wochenlang tauchen. Obwohl es sich zweifellos um ein Kriegsschiff handelte, sprach Präsident Truman in seiner Rede zur Kiellegung am 14. Juni 1952 von einem großen und bedeutenden Fortschritt auf dem Weg zur friedlichen Nutzung der Kernenergie. „Now we have a working power plant for peace. This vessel is the forerunner of atomic-powered merchant ships and airplanes.“ „News and Notes: American Developments in Atomic Energy“, in: Bulletin of the Atomic Scientist 8, Nr. 6 (1952), 207.

„Atoms for Peace"-Programms und das völkerverständigende Potential der zivilen Kernenergienutzung, welche die Weltgemeinschaft etwa durch neue Modi der Mobilität näher zusammenbringen könnte. Ohne dass die jeweilige Technik als solche explizit gemacht würde, deuten die Plakate in ästhetisierender Zurückhaltung, quasi aus der Sicht des Laien, der die Details vertrauensvoll den Experten überlässt, neben atomgetriebenen Handelsschiffen, U-Booten und Flugzeugen gemäß der optimistischen Stimmung ihrer Zeit noch viele weitere mehr oder weniger utopische Anwendungsmöglichkeiten der Kernenergie an. Die Kernfusion kann vor diesem Hintergrund – wenn auch nicht dargestellt – in den Augen zeitgenössischer Betrachter als implizierter Teil der durch die Plakate transportierten Zukunftsvision gesehen werden.

Die beschriebenen Plakate, ebenso wie das von General Dynamics gebaute und 1955 vom Stapel gelaufene Atom-U-Boot USS Nautilus tauchen 1957 in Walt Disneys Lehrfilm *Our Friend the Atom* wieder auf. Der knapp 50-minütige, teilanimierte Film wurde als Teil der futuristischen Tomorrowland-Abteilung[141] für Disneys 1955 in Anaheim, Kalifornien eröffneten Freizeitpark Disneyland konzipiert, wo die „Monsanto Hall of Chemicals" und andere von amerikanischen Firmen gesponserte Attraktionen die technologische Zukunft als eine von wohlwollenden, paternalistischen Kräften kontrollierte Fortsetzung des im ganzen Parkdesign suggerierten amerikanischen Fortschrittsmythos präsentierten.[142] „The amusement park celebrated America's culture, and it demonstrated American command over a techno-corporate Utopia of the future."[143] Aber auch außerhalb des Themenparks fand *Our Friend the Atom* inklusive eines illustrierten Begleitbuches mit demselben Titel und Design weite Verbreitung in Schulen, im Fernsehen und in Walt Disneys wachsendem Medien- und Unterhaltungsimperium.

141 Andere Abteilungen in Disneys ursprünglichem Parkdesign waren Adventureland, Frontierland und Fantasyland mit dem bekannten Dornröschen-Schloss in der Mitte.

142 1959 startete dort in Kooperation mit General Dynamics ein neues großes Fahrgeschäft, bestehend aus einer Flotte von acht klimatisierten „Atom-U-Booten". Der Eröffnungszeremonie wohnten Vize-Präsident Richard Nixon und seine Familie als Ehrengäste bei.

143 Langer, „Why the Atom is Our Friend", 78.

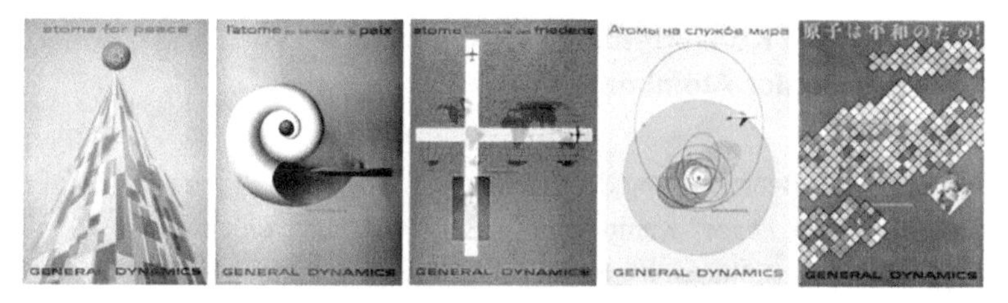

Abb. 7: Plakatmotive des Schweizer Grafikers Erik Nitsche für die 1955 gestartete „Atoms for Peace"-Kampagne von General Dynamics zur Verbreitung eines „idealistic image of the future".[144]

Abb. 8: Walt Disney bei der Anmoderation des Films hinter einem Modell der USS Nautilus. In den Schaukästen im Hintergrund sind rechts Plakate aus der „Atoms for Peace"-Kampagne von General Dynamics zu sehen. Links hängen Exemplare des Buches „Our Friend the Atom", das als Begleitlektüre zum Film verbreitet wurde.

---

144 Art Directors Club, „Erik Nitsche". http://adcglobal.org/hall-of-fame/erik-nitsche/ (letzter Zugriff: 12. Oktober 2018).

Internationale Konkurrenz und Kooperation – Die erste Genfer Atomkonferenz

Bezüglich der Beeinflussung der öffentlichen Meinung zeigt sich der Erfolg der „Atoms for Peace"-Kampagne im Entstehen einer regelrechten Atom-Euphorie. Ilona Stölken-Fitschen schreibt über den westlichen Atomdiskurs dieser Zeit: „Beim Blick auf die zeitgenössische ‚Atomzeitalter'-Literatur bekommt man fast den Eindruck, als habe das ‚friedliche' Atomzeitalter das sich bis dahin letztlich nur durch Waffen definierende bereits abgelöst."[145] Zehn Jahre nach den Atombombenabwürfen auf Hiroshima und Nagasaki konzentrierte sich die öffentliche Aufmerksamkeit in Medien wie *Life* und anderen so nicht auf das Gedenken der schrecklichen Zerstörungen, sondern auf die vielversprechende Zukunft der Atomindustrie.[146] Wenngleich in der ersten Phase des „Atoms for Peace"-Programms die zivile Kernfusionsforschung offiziell noch ausgenommen war, hatte sie gerüchteweise die optimistischen Spekulationen über die Zukunft des friedlichen Atomzeitalters schon überholt und Energieunternehmen, die gerade erst begannen, die ersten konventionellen Reaktoren zu bauen, fürchteten um ihre Investitionen:

> „A portentous rumor is spreading fast through U.S. atomic industry: that a ‚controlled fusion' (hydrogen) reactor has been or may soon be achieved. Nothing has come into the open, and Atomic Energy Commission officials refuse, sometimes nervously, to answer questions touching remotely on the subject. But the rumors have enough substance to worry electric power companies. In the absence of assurances to the contrary, some of them are afraid that the fission (uranium) power plants they intend to build in the near future may be hopelessly outmoded before they are finished. Both the Russians (on July 1 Soviet Scientist M. G. Meshchiryakov reported controlled fusion experiments) and the British, as well as the U.S. are reported to be working hard on this radical device, but the only fusion reaction demonstrated so far is an uncontrolled one: the hydrogen bomb."[147]

145 Stölken-Fitschen, *Atombombe und Geistesgeschichte,* 148.

146 Vgl. Scott C. Zeman, „‚To See … Things Dangerous to Come to': Life Magazine and the Atomic Age in the United States, 1945-1965", 57.

147 „Controlled Fusion", in: *Time* 66, Nr. 4 (1955).

Auf einer späteren Pressekonferenz der Atomic Energy Commission über die kürzlich enthüllte Existenz von Project Sherwood am 3. Oktober 1955 sah sich Lewis Strauss sogar genötigt, die Erwartungen an einen allzu schnellen Umbruch von Fission zu Fusion zu bremsen und versuchte verunsicherte Investoren mit dem Hinweis auf noch ungelöste Probleme zu beruhigen:

> „Many years of intensive research will be required to solve the problems. Mr. Strauss repeated that ‚twenty years is a fair guess'. Since controlled fusion is such a long-range matter Mr. Strauss said he believed it should have no effect on the growth of an atomic industry based on fission reactors. Every dollar invested today will have been amortized long before fusion power is found to be feasible or infeasible, he said."[148]

Selbst bei der ersten internationalen „Atoms for Peace"-Konferenz über die friedliche Nutzung der Kernenergie vom ersten bis zum 13. September 1955 in Genf, auf der Wissenschaftler aus Ost, West und aller Welt gegenüber 1.500 Teilnehmern und zahlreichen Jornalisten ihre Forschungen zur friedlichen Kernspaltung präsentierten und Ergebnisse teilten, überstrahlten Hinweise auf die Kernfusion das eigentliche Thema der Zusammenkunft.

> „I venture to predict that a method will be found for liberating fusion energy in a controlled manner within the next two decades. When that happens the energy problem of the world will truly have been solved forever for the fuel will be as plentiful as the heavy hydrogen in the oceans."149

So sagte der indische Physiker Homi Jehangir Bhabha als Präsident der Konfernz in seiner Rede über die künftige Entwicklung der Kernenergie nach einer Warnung vor der weiteren Verbreitung von Atom- und Wasserstoffbomben binnen 20 Jahren die Stromerzeugung durch Kernfusions-

---

148 Helen C. Allison, „News Roundup: Project Sherwood", in: *Bulletin of the Atomic Scientist* 11, Nr. 10 (1955).

149 Homi J. Bhabha, „The Peaceful Use of Atomic Energy: Welcoming Address to the Delegates at the Internationanal Conference on the Peaceful Uses of Atomic Power", in: *Bulletin of the Atomic Scientist* 11, Nr. 8 (Oktober 1955), 283.

reaktoren voraus und verglich hinterher gar das Verhältnis von Kernfusion zu Kernspaltung mit jenem von Flugzeug zu Eisenbahn.[150] „He even guessed how it might be done“, erklärte das *Life* Magazin: „[E]ither by exploding a controlled H-bomb or by fusing atomic particles in an atomic accelerator. With that much said, British and U.S. officials finally admitted that they, too, were working on the problem.“[151] Die Zukunft der Kernspaltung ließ dieser Vergleich noch ehe sie auch nur begonnen hatte technologisch wie Schnee von gestern erscheinen und niemand geringeres als der Chef der amerikanischen Delegation, AEC Vorsitzender Lewis Strauss, musste sich bemühen, diesen Eindruck wieder zu relativieren.

> „Although Bhabha was the first topflight scientist to predict the coming of H-power, the prospect has intrigued his brethren everywhere (TIME, July 25). [...] Pressed to comment on Bhabha's forecast, AEC Chairman Lewis Strauss disclosed what most scientists already knew: the U.S. (like Russia and Britain) has long been experimenting with fusion power on ‚a moderate scale‘. But, he added, H-power is a long-range project, and, barring an early, unforeseen ‚breakthrough‘, uranium will be the standard reactor fuel for some time to come.“[152]

Dabei war die Konferenz, wie die umfangreiche zeitgenössische Berichterstattung in breit rezipierten Publikumsmedien nahelegt, weit mehr als nur ein wissenschaftliches Ereignis, ein internationales Hochfest der Fortschrittsgläubigkeit. Mit Kernspaltung als Brückentechnologie, deren katastrophale Risiken bei einem Reaktorunfall seitens der USA bereits ebenso thematisiert wurden wie ihre im Vergleich zu Wasserstoff höheren Brennstoffkosten, würde das wahre Atomzeitalter erst mit der Kernfusion seine Bestimmung erreichen.[153]

---

150 Vgl. „The Atomic Future“, in: *Time* 66, Nr. 8 (1955), 67.

151 *Life,* „Atom Experts' Shopping Spree“, 22. August 1955.

152 „The Atomic Future“, in: *Time* 66, Nr. 8 (1955), 67.

153 Als Zwischenschritt auf diesem Weg galten sogenannte Brutreaktoren, die im Betrieb mehr spaltbares Material für die spätere Verwendung als Brennstoff herstellen, als sie dabei selbst verbrauchen. Das Konzept konnte sich jedoch nicht durchsetzen und so existieren bis heute weltweit nur wenige Reaktoren dieses Typs.

> „The historical period we are just entering in which atomic energy released by the fission process will supply some of the power requirements of the world may well be regarded one day as the primitive period of the atomic age."[154]

Ein Editorial im *Life* Magazin führte die „heady prospects which Geneva dangled before the world's millions who have been trembling in fear of atomic holocaust" weiter aus: „[I]f the fusion process, which takes place inside the H-bomb, can be controlled, the vistas are unlimited, for the very water of the sea can then be utilized as fuel. The limitless energy thus produced, virtually without cost, could, for example, reclaim most of the world's deserts." Doch viele nicht nur wissenschaftliche Fragen seien noch offen, dämpft der Text die überschäumenden Erwartungen wieder und fragt zum Abschluss selbst: „Could frail and fallible man ever reach them [the vistas] without blowing himself up along the way?"[155]

Ähnlich lautend wie Bhabas Aussage über die Primitivität der Kernspaltung im Verhältnis zur Kernfusion erschien im Oktober 1956 ein langer Gastbeitrag[156] des Physikers Ralph Lapp[157] im *Life* Magazin[158] mit dem prophetrischen Untertitel „Atomic Fusion, Not Fission, Will Drive Future Machines". Darin beklagt Lapp ein Ungleichgewicht in der öffentlichen Atom-Euphorie, in der Kernfusion bislang oft lediglich als „futuristic daydreaming" Erwähnung fände. Als Hauptverantwortlich für diesen Zustand macht er die seiner Ansicht nach in Bezug auf Project Sherwood mili-

---

154 Bhabha, „The Peaceful Use of Atomic Energy", 283.

155 *Life,* „A Fair Exchange Abroad", 22. August 1955.

156 Ralph Lapp, „Limitless Power out of the Seas: Atomic Fusion, Not Fission, Will Drive Future Machines", in: *Life,* 8. Oktober 1956.

157 Ralph Lapp hatte an der Universität von Chicago am Manhattan-Projekt mitgewirkt und saß später unter anderem dem Research and Development Board der AEC sowie der Kernphysikabteilung am Office of Naval Research der US Marine vor. Zudem ist er der Autor eines 1965 erschienen Buches über den wachsenden Einfluss wissenschaftlicher Eliten auf die Politik:
Ralph Lapp, *The New Priesthood: The Scientific Elite and the Uses of Power* (New York, NY: Harper & Row, 1965).

158 Der Artikel nimmt Bezug auf einen nur eine Woche vorher ebenfalls im *Life* Magazin erschienen Bericht über die Bauarbeiten am ersten zivlen Atomkraftwerk der USA in Shippingport, Pennsylvania, das 1957 ans Netz gehen sollte.

tärisch nicht mehr gerechtfertigte Geheimhaltungspolitik der Atomic Energy Comission aus und kritisiert ihren Vorsitzenden Lewis Strauss dafür, die Apelle seiner Wissenschaftler für mehr Offenheit und internationalen Austausch als Voraussetzungen für einen beschleunigten Fortschritt zu blockieren. Dies war umso dringlicher, als die Sowjetunion seit einem Beschluss auf dem Parteitag der KPdSU im Februar 1956 die Vereinigten Statten bezüglich der Deklassifizierung ihrer Fusionsforschung vor sich hertrieb.[159]

Während die massiven Schwierigkeiten der verschiedenen Kernfusionsprogramme gegenüber ihren vermeintlichen Fortschritten medial unterrepräsentiert blieben, führte die öffentliche Unwissenheit über den wirklichen Stand der Forschung in der allgemeinen Zuversicht dieser Zeit statt zu Vorsicht oft vielmehr dazu, die hohe Erwartungshaltung zu stützen.

> „The smallest thermonuclear reactor that could be built by known techniques reportedly would produce heat to generate five times as much electricity in a year as was produced throughout the United States in 1954.“[160]

Abb. 9: Illustration des 1956 in der New York Times beschriebenen tentativen Reaktordesigns „Tank 30 Times Size of Liner Queen Mary“ aus dem populären deutschen Wissenschafts- und Technikmagazin Hobby, 1957.[161]

159 Vgl. Welles Hangen, „Soviet Bids U.S. Cooperate In Nuclear Work For Peace“, in: *The New York Times,* 21. Februar 1956.

160 *The New York Times,* „H-Bomb Reactor Depicted as Huge: Scientist Figures a Tank 30 Times Size of Liner Queen Mary Would Be Needed“, 12. August 1956.

161 „Atomenergie aus künstlichen Sternen“, in: *Hobby* 5, Nr. 8 (1957).

So neigte die Berichterstattung dazu, einerseits – ohne die Möglichkeit diese in einen Gesamtzusammenhang einzuordnen – jede Andeutung von Problemen und Verzögerungen als taktisches Understatement abzutun[162], während andererseits die Sorge, in der so dynamisch empfundenen Entwicklung abgehängt zu werden, dazu führte, ausländische Fortschritte gegenüber der eigenen Forschung zu überschätzen[163]. Der Vater des späteren Vizepräsidenten Al Gore, Albert Gore senior, versuchte als demokratischer Senator für den Bundesstaat Tennesse, in dem sich auch das Fusionsforschung betreibende Oak Ridge National Laboratory befindet, sogar den vermuteten Wissensrückstand auf die Sowjets zum Thema für den Präsidentschaftswahlkampf gegen Eisenhower zu machen und forderte ein intensiviertes „Crash Program"[164] zur kontrollierten Kernfusion.[165]

ZETA – Triumph und Trugbild

Nachdem die sowjetische Seite im April 1956 mit einem Aufsehen erregenden Vortrag durch ihren führenden Atomforscher Igor Kurtschatow in Großbritannien[166] bezüglich des internationalen Austauschs über die Fusionsforschung vorgelegt hatte, wuchs schließlich auch in den Vereinigten Staaten die Bereitschaft, zuerst außerhalb der Öffentlichkeit zumindest mit dem befreundeten Großbritannien enger zusammenzuarbeiten. Ab 1957 – Großbritannien hatte gerade eine eigene Wasserstoffbombe entwickelt, da man sich zur Abschreckung der Sowjets nicht gänzlich von den USA abhängig machen wollte – gewährten die beiden Verbündeten einander Einblick in ihre Forschung und vereinbarten aber, etwaige Fortschritte nur

---

162 Vgl. „Magnetic Bottle", in: *Time* 67, Nr. 25 (1956).

163 Vgl. „Soviet-Controlled Fusion", in: *Time* 67, Nr. 19 (1956).

164 Wenngleich die Kernfusionsforschung nicht als wichtiges Wahlkampfthema verfing, sollte das geforderte Crash-Programm nach dem Sputnik-Schock eineinhalb Jahre später doch noch Realität werden. Das Labor in Oak Ridge profitierte davon am meisten und Kernfusion wurde zum neuen Forschungsschwerpunkt.

165 Vgl. *The New York Times,* „‚Crash Program' on Atom Pressed: Senator Gore Says Federal Policies Fail to Produce Results in Power Race", 27. April 1956.

166 Vgl. *The New York Times,* „Russian Research In Fusion Control Impresses Britons: Soviet Advances in Fusion Control", 26. April 1956.

nach Absprache und im gegenseitigen Einverständnis zu veröffentlichen. Als die Briten im August 1957 schließlich meinten, in ihrem neusten Experiment ZETA, einem Akronym für Zero Energy Thermonuclear Assembly, erstmals kontrollierte Kernfusion erreicht zu haben, bestanden die USA zunächst auf Geheimhaltung und blockierten den britischen Impuls, die Sensation schnellstmöglich öffentlich machen zu wollen. Stattdessen bis zur zweiten Genfer „Atoms for Peace"-Konferenz im September 1958 zu warten, sollte der amerikanischen Seite Zeit verschaffen, mit einem ähnlich spektakulären Fortschritt der eigenen Forschung am zu erwartenden Ruhm teilhaben zu können.[167]

Doch schon im September 1957 gelangten erste Gerüchte über einen vemeintlichen Durchbruch an die britische Presse – ebenso wie bald darauf der Vorwurf, die USA hätten den britischen Wissenschaftlern aus bloßem Prestigedünkel einen Maulkorb verpasst.[168] Letztere Anschuldigung provozierte sogar ein offizielles Dementi.[169] Ab November begannen schließlich auch amerikanische Zeitungen verstärkt über die zwar noch unveröffentlichten, aber auf Drängen der Opposition bereits im britischen Unterhaus besprochenen[170] Ergebnisse der ZETA-Experimente, zu berichten: „British nuclear scientists believe they may have artificially duplicated the fusion reaction that is the heart of the hydrogen bomb."[171] Der weitere Weg schien parallel zu den bisherigen Erfahrungen mit der Kernspaltung und der sogenannten Zähmung der Atombombe, der innerhalb nur eines Jahrzehnts die ersten zivilen Reaktoren zur Stromerzeugung folgten, wie vorgezeichnet: Erst die Bombe, dann das Kraftwerk – und mit ihm die Hoffnung auf Frieden und Wohlstand.

---

167 Vgl. Bromberg, *Fusion,* 75–81.

168 Vgl. Seife, *Sun in a Bottle,* 96–99.

169 Vgl. *The New York Times,* „British Deny U.S. Gags Atomic Gain: Reject Report of Silencing Claim of First Success in Harnessing Fusion Await U.S. Ratification", 13. Dezember 1957.

170 Kennett Love, „Britain Confirms Major Atom Gain: Butler Indicates Experts Have Effected Controlled Fusion in Laboratory", in: *The New York Times,* 27. November 1957.

171 *The New York Times,* „Britons Report Gain on Fusion Reaction", 18. November 1957.

> „Excitement is mounting in Britain these days over chances of beating the world in the race to bring the force of the H-bomb explosion into harness for peaceful purposes. As the force of the uranium fission of the atomic bomb already has been tamed, so one day will the force of the fusion of heavy hydrogen atoms be turned to the generation of electricity. The country which does this first will emerge as the clear leader of the atomic age.“[172]

Im Januar 1958 stimmten die USA schließlich einer gemeinsamen Veröffentlichung im wissenschaftlichen Fachjournal *Nature* zu und schon die Ankündigung ihres baldigen Erscheinens beflügelte die Phantasie mancher Journalisten über die nahe Zukunft. „The story of success in the laboratories at Britain's top atomic research station at Harwell will make science fiction seem like a fairytale“, fabuliert ein Artikel in der Sonntagsausgabe des *Daily Boston Globe*[173] über ZETA und schwärmt in einer bemerkenswerten Formulierung vom „Harwell victory over the hydrogen bomb“, als erfüllte sich nun die biblische Verheißung des Völkerfriedens, wo alle Schwerter zu Pflugscharen werden und die Menschen das Kriegführen verlernen. Märchenhaft war auch die personalisierende Beschreibung seiner Konstruktion, die den Autor offenbar an phantastische ScienceFiction-Literatur erinnerte: „Zeta is a huge doughnut shaped tank that squats like a Jules Vernes monster over a mass of electrical equipment.“

In *Nature*[174] stand schließlich in wissenschaftlicher Nüchternheit lediglich zu lesen, dass im Experiment freigesetze Neutronen möglicherweise auf eine Kernfusionsreaktion zurückzuführen seien. Doch die seit Wochen medial geschürte Euphorie wirkte offenbar auf manche Wissenschaftler zurück und so ließ sich der Leiter der britischen Fusionsforschung in Harwell, Sir John Cockroft, bei einer Pressekonferenz darüber hinaus zu der Aussage hinreißen, er sei sich zu 90 Prozent sicher, dass kontrollierte Kernfusion er-

---

172 *Daily Boston Globe,* „U.S. Gloomy, British Hopeful On Utilizing H-Bomb Power“, 15. Dezember 1957.

173 *Daily Boston Globe,* „British Hydrogen Conquest Surpasses Science Fiction“, 12. Januar 1958.

174 „Harnessing Nuclear Fusion“, in: *Nature* 181 (1958).
P. C. Thonemann et al., „Controlled Release of Thermonuclear Energy: Production of High Temperatures and Nuclear Reactions in a Gas Discharge“, in: *Nature* 181 (1958).

reicht worden sei.[175] International ordnete er den Erfolg im britischen Fernsehen folgendermaßen ein: „To Britain, this discovery is greater than the Russian Sputnik."[176] Während die meisten Journalisten den Rest wissenschaftlichen Zweifels, den der ursprüngliche Artikel betont und den selbst Cockroft in seiner spontanen Meinungsäußerung noch gelassen hatte, nonchalant unterschlugen, überschlug sich die britische Presse hiernach geradezu vor Sensationslust und Nationalstolz über den „British Triumph"[177] seiner genialen „H-Men"[178]. Die Tageszeitung *The Guardian*, die damals noch als *The Manchester Guardian* firmierte, brachte sogar ein 13-seitiges Pamphlet mit dem Titel „A Plain Man's Guide to Zeta"[179] heraus, das von der populärwissenschaftlichen Fachzeitschrift *The New Scientist* so gelobt wurde: „[T]his is not a popular account, but a scientific account in plain language."[180]

Analog zum allgemeinen Atomdiskurs der Zeit waren die zentralen Bezugspunkte zur Einordnung der Ereignisse auch in der britischen Presse Wasserstoffbomben und die Sonne. So titelte das Boulevardblatt *Daily Sketch*: „A Sun of Our Own! And It's made in Britain"[181] In einer anderen Zeitung stand zu lesen: „Britain last night became – officially – the first country to prove that the H-bomb can be tamed to feed power-hungry nations. Harwell unveiled Zeta, its man-made sun, to show that we lead the world in Project H-Power Unlimited."[182] Fast zeitgleich mit der ersten

175 Vgl. Kennett Love, „Briton 90% Sure Fusion Occured: Atom Research Chief Voices Optimism – Test Outlined at News Conference", in: *The New York Times,* 25. Januar 1958.

176 Vgl. Robin Herman, „Fusion – or Confusion?", in: *The New York Times,* 17.April 1989.

177 Ronald Bedford, „What It Means to You", in: *Daily Mirror,* 25. Januar 1958.

178 Gilbert Carter, „Britain's H-Men Make a SUN", in: *Daily Herald,* 25. Januar 1958.

179 John Maddox, Hg., *A Plain Man's Guide to Zeta: A Pamphlet Written by our Scientific Correspondent* (1958).

180 „Zeta Explained for the Plain Man", in: *The New Scientist* 3, Nr. 65 (1958).

181 Peter Stewart, „A Sun of Our Own! And It's Made in Britain", in: *Daily Sketch,* 25. Januar 1958.

182 Nach: Robin Herman, *Fusion: The Search for Endless Energy* (Cambridge University Press, 1990), 50.

britischen Wasserstoffbombe schien es den britischen Forschern schneller als den ungleich besser ausgestatteten Konkurrenten in Ost und West endlich auch gelungen zu sein, die Fusionsenergie für friedliche Zwecke zu zähmen. Der British Atomic Energy Authority BAEA zufolge sollten nach einem sechsstufigen Plan Kernfusionskraftwerke nun binnen 20 Jahren die Energieversorgung revolutionieren.[183]

Im Unterschied zur britischen Berichterstattung, betonten amerikanische Medien den kooperativen Charakter des angeblichen Gemeinschaftserfolgs und versuchten die paralllel veröffentlichten Ergebnisse zweier Experimente in Los Alamos als gleichwertig darzustellen: „The United States and Britain reported today encouraging progress in their cooperative research to harness for peaceful purposes the vast thermonuclear power of the hydrogen bomb."[184] Doch die Einschätzung der wissenschaftlichen Bedeutung und technologischen Tragweite der Enthüllungen fiel deutlich zurückhaltender aus. Statt als triumphaler Durchbruch wurden die Experimente dementsprechend eher als erster Schritt eines langen Weges in Richtung kontrollierter Kernfusion gedeutet. „[N]othing announced gives any indication that the desired end is near attainment."[185] Das *Life* Magazin berichtete, „[i]n both countries the first major step had been taken toward harnessing the hydrogen bomb's energy"[186] und stellte die unterschiedlichen Apparaturen von ZETA und dem selbstironisch benannten „Perhapsatron" in Los Alamos mit Grafiken und Fotos anschaulich gegenüber. International konzentrierte sich die Anerkennung derweil dennoch überwiegend auf die Leistung von Großbritannien und so erwähnten beispielsweise die sowjetische Stellungnahme und Gratulation den Beitrag der USA mit keinem Wort.[187]

---

183 John Hillaby, „H-Power System to Take 20 Years: First of 6 Stages Outlined by British – Heat Gauged by Celestial Methods", in: *The New York Times,* 25. Januar 1958.

184 John W. Finney, „Gains in Harnessing Power of H-Bomb Reported Jointly by U. S. and Britain: Nations Called Equal – Many Questions Still to Be Resolved", in: *The New York Times,* 25. Januar 1958.

185 Uncle Dudley, „Sun Power in Harness", in: *Daily Boston Globe,* 25. Januar 1958.

186 „First Step to Fusion Energy: With ZETA and Perhapsatron, British and U.S. Make H-Power Gains", in: *Life* 44, Nr. 5 (1958).

187 Vgl. Seife, *Sun in a Bottle,* 99.

Obwohl die amerikanische Presse dem britischen ZETA-Triumphalismus im Wesentlichen misstraute, fürchteten die USA nach Sputnik und der damit verbundenen neuen Bedrohung durch sowjetische Interkontinentalraketen binnen weniger Monate nun zum zweiten Mal bei der Erforschung wichtiger Zukunftstechnologien ins Hintertreffen geraten zu sein und das Scheitern am eigenen Anspruch auf Technologieführerschaft nagte am amerikanischen Selbstbewusstsein. „The United States has recently suffered extreme embarrassment – if nothing worse – from man-made moons, launched from abroad“, beklagte ein Kommentar in der Zeitung *Daily Boston Globe* und fragte: „Must we also leave the man-made sun to others?“[188] Derselbe Kommentar bemerkte auch die unterschiedliche Tonalität der Berichterstattung beiderseits des Atlantiks: „Dispatches on the announcemnt from Washington and London differ sharply in tone. Here the emphasis is all on the difficulties ahead. In Great Britain scientists are depicted as confident that relatively rapid progress can be made.“[189] Diese Diskrepanz reflektiere die verschiedenen Einstellungen zur Kernenergie allgemein. Während Großbritannien die Entwicklung der Fusionsenergie als Chance begreifen würde, verlorene Weltgeltung wiederzugewinnen, fehle ihr in den USA angesichts des heimischen Energie- und Rohstoffreichtums noch die ökonomische Notwendigkeit. Dennoch plädiert der Artikel im längerfristigen nationalen Interesse für eine Ausweitung des amerikanischen Engagements und – mit Bezug auf die britischen Maulkorb-Vorwürfe rings um ZETA – ein Ende der Zensur.

> „In a time of multiplying scientific discovery, dare we leave atomic power development entirely to the shorter range values of private industry? The government has been disturbingly slow to recognize also that we dare not surround the effort to control fusion with so much secrecy that progress is likely to be crippled.“[190]

Längerfristig waren die grundsätzlichen Erwartungen an die Kernfusion schließlich auch in den USA gewaltig und gingen weit über ihre möglichen Anwendungen als Energietechnologie zur Stromerzeugung hinaus. Als

188 Dudley, „Sun Power in Harness“.

189 Ebd.

190 Ebd.

„Miracle Tool for Peace“, orakelt ein Artikel, „Its impact on mankind will range from science to economics to power-politics“[191] und gibt seinen Lesern zum besseren Verständnis in einem „ABC of fusion as scetched out by scientists from the Massachussets Institute of Technology for the layman“[192] Antworten auf einige drängende Fragen an die Hand.

WHEN WILL IT BE DONE—The first pilot plant actually producing power is at least 25 years away.

BUT WE HAVE ACHIEVED FUSION?—Yes. Both we and the British think so but because it is an entirely new phenomenon, possibly governed by some physical law that we don't understand, we can't prove it.

MAYBE WE'LL NEVER GET IT?—Wrong. It is mastered. It is only a question of time in perfecting it.

WHAT ARE THE ADVANTAGES—There is no dangerous radioactive waste from fusion to dispose of as in present day atomic power plants. Neither hydrogen nor helium is radioactive; uranium used for fission is. Both plant and fuel would be cheaper.

COULD IT BE ADAPTED—Yes, it could do more than provide electrical power. It could be used to power planes, rockets, submarines, ships, possibly even autos, again because of the advantage of being non-radioactive.

Abb. 10: „MAYBE WE'LL NEVER GET IT? – Wrong. It is mastered.“ Beispielhafte Auswahl bemerkenswerter Fragen und Anworten aus dem „ABC of fusion“.

In den folgenden Wochen und Monaten versuchten Wissenschaftler weltweit, den behaupteten Durchbruch von ZETA nachzuvollziehen und japanische Forscher behaupteten sogar, schon im Februar 1958 ebenfalls kontrollierte Kernfusion erreicht und die Fusionsleistung von ZETA noch übertroffen zu haben.[193] Im Mai 1958 gab Großbritannien dann bereits die Arbeit an dessen Nachfolger bekannt, der nun wie ein Kraftwerk tatsächlich mehr Energie durch Kernfusion produzieren sollte, als für die Herstellung der Fusionsbedingugen nötig sein würde.[194]

191 Ian Menzies, „Fusion: Power Unlimited“, in: *Daily Boston Globe,* 29. Januar 1958.

192 Ebd.

193 Vgl. Robert Trumbull, „Japan Achieves Nuclear Fusion: Her Scientists Say Neutron Rate Exceeds British“, in: *The New York Times,* 9. Februar 1958.

194 Vgl. Kennett Love, „Britain Indicates Reactor Advance: Plans Hydrogen Fusion Unit to Yield More Heat Than Is Needed to Run It“, in: *The New York Times,* 7. Mai 1958.

Die Ernüchterung nach diesen hochfliegenden Träumen kam noch im selben Monat wie ein Schock und warf die von ihrer vermeintlichen Errungenschaft berauschten Wissenschaftler zurück auf den harten Boden der Tatsachen. Der Physiker Basil Rose, der ebenfalls am Standort von ZETA im britischen Harwell arbeitete und der Euphorie seiner Kollegen misstraute, überprüfte deren Experiment und entdeckte schließlich, dass die angebliche Kernfusionsreaktion auf einer Fehlinterpretation der Messergebnisse beruhte und tatsächlich nie stattgefunden hatte. Noch vor der Veröffentlichung von Roses Artikel in *Nature*[195] und der populärwissenschaftlichen Zeitschrift *The New Scientist*[196] musste die British Atomic Energy Authority BAEA ihre Behauptung, bei der zivilen Kernfusion führend zu sein[197], widerrufen. Keine zwei Wochen nach der vollmundigen Ankündigung, einen ersten energieerzeugenden Fusionsreaktor bauen zu wollen, hatte sich der grundlegende Erfolg, auf den dieser aufbauen sollte, in Luft aufgelöst: „Britain relinquished today her tentative claim to having achieved the world's first controlled thermonuclear reactions. But her top nuclear physicists made clear they were still running hard in the international race to tame the hydrogen bomb for peaceful use."[198] Derlei Beschwichtigungsversuche konnten die Blamage jedoch kaum lindern. „Like Richter before them, the British had gotten burned for crying fusion. Driven by their optimism and goaded by their egoistical desire for glory, the ZETA scientists had humiliated themselves in front of the world."[199], urteilt der Wissenschaftsjournalist Charles Seife in seiner Geschichte der Kernfusionsforschung. Doch wahrscheinlich war der schmachvolle Rückzieher der Briten tatsächlich weniger offensichtlich als ihr vorausgegangener überschwänglicher Vorstoß. Zierte letzterer tagelang die Titelseiten, war erste-

---

195 Basil Rose, A. E. Taylor und E. Wood, „Measurement of the Neutron Spectrum from Zeta", in: *Nature* 181 (1958).

196 Basil Rose, „Zeta's Neutrons", in: *The New Scientist* 4, Nr. 83 (1958).

197 Vgl. Kennett Love, „Butler Affirms Atom Fusion Lead: Says British Surpass Both U. S. and Soviet Scientists in Nuclear Experiments", in: *The New York Times,* 31. Januar 1958.

198 Kennett Love, „H-Bomb Untamed, Britain Admits: In Relinquishing Claim, Her Scientists Say They Are Hopeful of Success", in: *The New York Times,* 17. Mai 1958.

199 Seife, *Sun in a Bottle,* 101.

rer zumindest in den USA lediglich eine kurze Nachricht unter vielen. So stehen beispielhaft für die damalige Berichterstattung über ZETA in der *New York Times* einem dutzend prominent platzierter Artikel und Titelstories über den angeblichen Durchbruch nur drei knappe Meldungen über dessen Widerruf auf den hinteren Zeitungsseiten gegenüber.

Eine Mischung aus Geltungssucht, medialem wie politischem Druck und populärem Wunschdenken, hatte eine vorsichtig formulierte wissenschaftliche Fachpublikation über ein vielversprechendes Experiment dermaßen ausufern lassen, dass sie als nationaler Triumph und Heilsbotschaft einer menschengemachten Sonne gelten konnte und schließlich gefährlich hohe Wellen schlug. Es sollte in der Geschichte der Kernfusionsforschung nicht das letzte Mal so gewesen sein. „Too much enthusiasm, to great a pressure from newsmen and politicians, and too low standards of care in the new thermonuclear specialty had combined to betray them."[200]

Publizistisch hatte sich der Hype dennoch gelohnt. Er bot Stoff für ein fortschrittsgläubiges und wissenschaftsinteressiertes Publikum und noch waren Ressourcenknappheit und Energieversorgungsprobleme nicht drängend genug, als dass Rückschläge und Verzögerungen dessen optimistische Grundhaltung ernstlich trüben konnten. Stattdessen steigerte jeder Artikel nur die Bekanntheit der zivilen Kernfusionsforschung und verbreiterte so die Basis des allgemeinen Wohlwollens, das ihr die Gesellschaft entgegenbrachte. Beispielhaft sei hier eine schrecklich sexistische Eigenwerbung des *Life* Magazins vom 24. März 1958 erwähnt, wonach die zurückliegene ZETA-Berichterstattung selbst Frauen eine Ahnung vermitteln konnte, wie kontrollierte Kernfusion künftig unbegrenzte Energie für ihren Haushalt liefern würde. Auf dem dazugehörigen Foto sind weder Hinweise auf die Kernfusionsforschung noch Haushaltsgeräte zu sehen, sondern lediglich eine glamourös in Hausmantel und Sandalen gekleidete und geschminkte junge Frau, die bäuchlings mit einer Katze auf dem Sofa liegend in der *Life* Ausgabe vom 20. Mai 1957 blättert und über ihre rechte Schulter lasziv in die Kamera blickt.

200 Bromberg, *Fusion*, 86.

Abb. 11: „Just for the boys in labcoats ... that's what I used to think. Till LIFE showed me that science is for gals in housecoats, too. [...] I'd probably be calling ‚controlled fusion' just plain confusion for short ... if LIFE hadn't explained how it will some day turn hydrogen into unlimited power to light our houses and keep our toasters ticking.“[201]

Die zweite Genfer Atomkonferenz

Tatsächlich war die bisherige Forschung zu beiden Seiten des Eisernen Vorhangs noch weit von einem richtigen Verständnis der komplizierten Mechanismen bei der Kernfusion entfernt. Theoretisch vielversprechende Ansätze erwiesen sich in der Praxis als unmöglich und immer aufwendigere und teurere Versuchsaufbauten brachten statt Lösungen nur immer neue Probleme hervor. Nach den Erfahrungen mit ZETA und der Entdeckung unbeherrschbarer Turbulenzen in den bisherigen Plasmakonfigurationen war – wenngleich manche in der AEC bis zuletzt fürchteten, die Sowjets könnten in Genf mit einem funktionstüchtigen Reaktor überraschen[202] – mit einem schnellen Durchbruch zumindest in den USA nicht mehr zu rechnen. Denn selbst wenn es gelänge, eine thermonukleare Reaktion in einem Plasma zu zünden, die mehr Energie freisetzte als zu ihrer Erzeugung nötig war, so reifte die Erkenntnis, dass ohne die Möglichkeit, dieses für einen längeren Zeitraum eingeschlossen zu halten, ein funktionstüchtiges Kraftwerk noch lange nicht absehbar war. Auch die zu erwartenden materialwis-

201 *Life,* „She used to think science was for men only“, 24. März 1958.

202 Vgl. Bromberg, *Fusion,* 91.

senschaftlichen Probleme, die sich aus der enormen Strahlenbelastung der Reaktorhülle in einem solchen Kraftwerk ergäben, bremsten die Erwartungen. „These and other difficulties are likely to make the released energy so costly that an economic exploitation of controlled thermonuclear reactions may not turn out to be possible before the end of the 20th century“[203], warnte sogar Edward Teller in einem Bericht für die AEC im Sommer 1958. „The stakes had been lowered; There was no obvious path leading to limitless energy, so there was no harm in international collaboration“[204], beschreibt Seife die Chance, die sich daraus für einen blockübergreifenden Wissensaustausch ergab.

So wurde die Kernfusionsforschung nach ihrem Aufsehen erregenden Debüt am Rande der ersten Genfer Atomkonferenz bei ihrer zweiten Episode im September 1958 schließlich das offizielle Hauptthema der Zusammenkunft – wenngleich mehr aus politischen denn aus wissenschaftlichen Gründen. War die Kernfusion zu Beginn der amerikanischen Planungen für die Konferenz nur als eines von mehreren Themen vorgesehen gewesen, identifizierte Bromberg den „Sputnik-Schock“ über die sowjetische Raumsonde, die ab dem 4. Oktober 1957 als erster künstlicher Flugkörper im All die Erde umkreiste, als Wendepunkt für die Entscheidung, die Konferenzausstellung auf die Kernfusionsforschung zu fokussieren.[205] „American scientific prestige was plummeting, and many government officials feared that other nations would question the technological capacity underlying US military and economic power.“[206] Um in Genf nicht ein weiteres mal hinter den Sowjets zurück stehen zu müssen, hatte sich der „in besonderem Maße von nationalem Rivalitätsdenken geprägte[n]“[207] AEC-Vorsitzende Lewis Strauss[208] gegen den Widerstand seiner Wissenschaftler, die einen präsen-

203 Teller, „Peaceful Uses of Fusion“, 9.

204 Seife, *Sun in a Bottle,* 107.

205 Vgl. Bromberg, *Fusion,* 77–78.

206 Ebd., 77.

207 Susan Boenke, *Entstehung und Entwicklung des Max-Planck-Instituts für Plasmaphysik 1955 - 1971* (Frankfurt am Main u.a.: Campus, 1991), 79.

208 Zum Zeitpunkt der Konferenz leitete Strauss zwar noch die 572 Personen umfassende amerikanische Delegation in seiner Funktion als Präsident Eisenhowers Special Advisor on Atomic Affairs, seine Amtszeit als Vorsitzender der AEC war jedoch bereits wenige Wochen vorher abgelaufen. Seine Wiederer-

tablen Durchbruch so schnell nicht mehr für realistisch hielten, mit seiner Vision einer möglichst Aufsehen erregenden Leistungsschau der amerikanischen Kernfusionsforschung durchgesetzt.

Das folgende Crash-Programm brachte zwar trotz einer abermaligen Ausweitung von Personal und finanzieller Ausstattung in der verbliebenen Zeit bis zur Konferenz keine revolutionären Neuerungen mehr hervor, propagandistisch war die auf die Kernfusion konzentrierte Ausstellung mit Blick auf ihr Medienecho jedoch durchaus erfolgreich. „The exhibit fulfilled brilliantly commission desires to enhance the prestige of US atomic science and technology."[209] Wie bei einem Sport-Turnier berichtete die Presse schon Wochen vor dem Ereignis über die Vorbereitungen[210] und beschwor eine Stimmung der „friendly rivalry"[211] unter den Wissenschaftlern, die gespannt den Wettbewerb ihrer Ideen erwarteten.

Am Vorabend der Konferenz lüfteten Amerikaner und Briten endlich offiziell den Schleier über ihrer jeweiligen zivilen Kernfusionsforschung und verkündeten das Ende der diesbezüglichen Geheimhaltung. Die Sowjetunion, die mit Igor Kurchatows legendärem Vortrag im britischen Harwell schon 1956 zur Offenlegung aufgefordert hatte, folgte der Initiative. „[T]he harnessing of the hydrogen bomb", wie es damals auf der Titelseite der *New York Times* hieß, wurde als „international project"[212] zum Gegenstand der Zusammenarbeit von Ost und West. Parallel dazu begannen erste blockübergreifende Gespräche zwischen den damaligen Atommächten USA, Großbritannien und der Sowjetunion über ein mögliches Moratorium weiterer Kernwaffentests. Beide Ereignisse, wissenschaftlich wie politisch, wurden in der Berichterstattung miteinander verknüpft und allgemein als „strides toward nuclear cooperation" interpretiert.[213]

---

nennung durch Präsident Eisenhower hatte Strauss aus Sorge, dass die Berufung am Widerstand des Senats scheitern würde, abgelehnt. Sein Nachfolger seit dem 14. Juli 1958 war John A. McCone.

209 Bromberg, *Fusion,* 87.

210 Vgl. *The New York Times,* „U.S. Show on Peaceful Atoms", 3. August 1958.

211 *The New York Times,* „U.S. Atom Exhibits Vying in Geneva", 28. August 1958.

212 John W. Finney, „Atomic Freedom Hailed At Geneva: East and West Make Start in Exchanging Data on Harnessing H-Bomb", in: *The New York Times,* 3. September 1958.

213 Vgl. *Daily Boston Globe,* „U.S. Lifts Secrecy on H-Power", 31. August 1958.

Als die Konferenz dann am 1. September 1958 eröffnete, durften Fusionsforscher, vor allem aus den USA, Großbritannien und der Sowjetunion, so erstmals offen über ihre Arbeit sprechen. Das Interesse war riesig: 5000 Wissenschaftler aus 67 Nationen, 900 akkreditierte Journalisten, über 3600 Industrievertreter und eine noch größere Zahl interessierter Laien bildeten das Publikum der „Monster Conference“[214]. Allein in der amerikanischen Fusionsausstellung bestaunten bis zum 13. September insgesamt 100.000 Besucher zehn originalgetreue bzw. originale Fusionsexperimente, welche samt Personal eigens aus Princeton, Berkeley, Oak Ridge und Los Alamos nach Genf verfrachtet worden waren.

Ironischerweise befand sich dabei unter den Exponaten nun auch ein Apparat, Scylla aus Los Alamos, der anders als ZETA erstmals tatsächlich kontrollierte Kernfusion erreichen konnte. Da man aber den darauf hindeutenden Messergebnissen unter dem Eindruck der britischen Blamage zunächst noch nicht glauben wollte, unterließ man öffentlichkeitswirksame Verlautbarungen. Man beschränkte sich vielmehr auf vorsichtige Andeutungen, die versteckt in der umfangreichen wissenschaftlichen Begleitliteratur zur amerikanischen Ausstellung, für die Dauer der Konferenz zunächst keine große Beachtung fanden. „Scylla had done, for real, what ZETA had falsely claimed to do, but this time the world scarcely noticed.“[215]

Inhaltlich brachte die Konferenz für die Kernfusionsforschung in den USA sowohl Erleichterung als auch Ernüchterung.[216] Erleichterung deshalb, da die Öffnung der Forschung und das Ende der Geheimhaltung endlich Gewissheit über den eigenen Forschungsstand im Verhältnis zu den internationalen Mitbewerbern brachten und bange Spekulationen über einen sowjetischen Vorsprung beendeten. Ernüchterung, weil sich angesichts der immer klarer zu Tage tretenden Schwierigkeiten und großen Lücken im theoretischen Verständnis der Plasmaphysik die letzten Hoffnungen zerstreuten, kontrollierte Kernfusion in absehbarer Zeit in den Griff zu bekommen. Die Zeiten, als ehrgeizige Optimisten wie Strauss noch meinten, schnelle Erfolge in Crash-Programmen mit Tüftelei und Trial-and-Error erzwingen zu können, waren vorerst zu Ende. Er selbst musste in einem gemeinsamen Statement mit John Cockroft, dem Leiter der britischen Delega-

214 „Monster Conference“, in: *Time* 72, Nr. 11 (1958).

215 Seife, *Sun in a Bottle,* 103.

216 Vgl. Bromberg, *Fusion,* 92.

tion, eingestehen: „Considerable progress has been made, but the attainment of useful power from controlled fusion reactions still may require many years of sustained effort.“[217] Der Horizont hatte sich verschoben.

Ein im Auftrag der AEC produzierter viertelstündiger Dokumentar-Film über die Konferenz beschreibt die umfangreiche amerikanische Fusionsausstellung so:

> „Just before the opening of the conference, the United States and Great Britain jointly announced the declassification of their thermonuclear research programs. And the United States unveiled its most promising experimental devices. [...] These represent the various paths being explored in the quest for a new source of power. All of the machines are still in the experimental stage, but from one of these research channels may come the elusive secret of cheap plentyful power. A secret, which certainly will be unlocked the sooner as a result of international cooperation.“

Der Film endet mit den Worten: „At Geneva the United States clearly demonstrated once more, by the variety and quality of its participation, its determination that atomic energy shall be transformed from an instrument of war into a servant of all mankind.“[218]

Hier wird abermals die zivile Kernfusionsforschung mit der militärischen Bedrohung durch Wasserstoffbomben im Kalten Krieg verknüpft. Diese Verbindung erklärt, weshalb die Konfernez – trotz der eigentlich eher ernüchterneden Einsicht, dass die Kernfusionsforschung international noch in den Kindernschuhen steckte und „that the age of plentitude from atomic energy was still a hope, not an imminent reality“[219] – öffentlich so positiv wahrgenommen wurde. Die Entspannungssignale im Ost-West-Konflikt, die von der vereinbarten internationalen Kooperation und den parallel zur Konferenz laufenden Verhandlungen über ein Moratorium bei Kernwaffenversuchen ausgingen, überstrahlten ihr wissenschaftliches Ergebnis. Immerhin waren Energie- und Ressourcenknappheit in den USA Ende der

217 Vgl. *Daily Boston Globe*, „U.S. Lifts Secrecy on H-Power“, 31. August 1958.

218 U.S. Atomic Energy Commission, *Atoms For Peace: Geneva, 1958* (Washington, D.C.: U.S. Atomic Energy Commission, 1958).

219 *The New York Times*, „Cheap Atom Power Not Just Around Corner: Geneva Scientists See Obstacles Delaying Fulfillment of Promise“, 7. September 1958.

1950er Jahre kurz- und mittelfristig noch keine drängenden Probleme, die den Alltag der Menschen beeinträchtigten. Die Angst vor einem Atomkrieg, präsent gehalten nicht zuletzt durch die „Duck and Cover“ Drills des Zivilschutzes, war es schon. Unter dem Damoklesschwert der nuklearen Apokalypse war die Energieversorgung der Zukunft von zweitrangiger Bedeutung. Wichtiger als die sich langsam entwickelnde zivile Kernkraft[220], gab der erklärte Wille zur blockübergreifenden Zusammenarbeit Hoffnung nicht nur auf billigen Strom, sondern mittelbar auch auf Frieden[221]. Eine mit „The Role of Atomic Energy in the Promotion of International Collaboration“[222] betitelte Rede des amerikanischen Physik-Nobelpreisträgers und Vizepräsidenten der Konferenz Isidor Isaac Rabi lässt deren Thema gar bloß noch als Mittel zu diesem eigentlichen Zweck erscheinen.

Dennoch gab es auch Kritik von Kernenergie-Enthusiasten außerhalb der eigentlichen Forschungscommunity, welche die Entwicklung weiterhin im Endspurt wähnten. Ihnen galten schon die wenigen Monate vermeintlichen Zeitverlusts durch die Konferenz als Verschwendung. „Nucleonics magazine, Mc-Graw-Hills [U.S Schulbuch- und Bildungsverlag] publication devoted to nuclear energy, criticizes the Geneva conference in its current issue for taking too many scientists away from vital projects for too long a time.“[223] Die Entgegenung von Alvin M. Weinberg, dem damaligen Direktor des Oak Ridge National Laboratory, wird anschließend so wiedergegeben: „Dr. Weinberg asked for comment on this, said that he can not agree. ‚I'd rather see the countries of the world work off their energies at scientific shows such as this than by tossing hydrogen bombs at each other‘, he remarked.“[224]

220 Vgl. *The New York Times,* „Atom Power Race Is Moving Slowly: In 17 Years Nuclear Age Has Produced Energy Enough for Only One City“, 3. September 1958.

221 Vgl. John W. Finney, „Atom Talks End on Hopeful Note: Scientists in Geneva See Cooperation on Nuclear Power for Peaceful Use“, in: *The New York Times,* 14. September 1958.

222 Isodor Isaac Rabi, „The Role of Atomic Energy in the Promotion of International Collaboration“ (1958).

223 Dick Smyser, „Just-Returned ORNL Director Evaluate Geneva Conference“, in: *The Oak Ridger,* 24. September 1958.

224 Ebd.

Hinzu kommt, dass anders als in der Wissenschaft nach den Kategorien des Kalten Kriegs absoluter Erfolg im internationalen Wettbewerb nicht entscheidend ist. Was zählt, ist vor allem das relativ bessere Abschneiden im Verhältnis zum Gegner. Obwohl die Leistungen der sowjetischen Wissenschaftler vor allem unter den Experten innerhalb der AEC höchsten Respekt genossen und von vielen als mindestens gleichwertig angesehen wurden, gelang es der amerikanischen Ausstellung gegenüber der heimischen Öffentlichkeit schon durch ihre schiere Größe wissenschaftliche und wirtschaftliche Dominanz zu behaupten. „While other nations displayed only models and charts, the U.S. set up a $4.5 million exhibit that featured two fully operating atomic reactors and more than a dozen experimental fusion devices“[225], prahlt dementsprechend ein Artikel im *Life* Magazin und stichelt weiterhin in unfairer Ignoranz gegenüber ihren durchaus interessanten Beiträgen zur Fusionsforschung in Richtung Sowjetunion: „The only russian exhibit to get much attention was a model of completely nonatomic Sputnik III.“[226]

225 *Life,* „U.S. Steals Atomic Show“, 22. September 1958, 94.

226 Ebd.

3 Janusköpfige Kernfusion – Thermonukleare Angst und Hoffnung

KERNFUSIONSFORSCHUNG UNTER RECHTFERTIGUNGSDRUCK

Nach der zweiten Genfer Atomkonferenz begann mit Strauss' Nachfolger als Vorsitzenden der Atomic Energy Commission, John A. McCone, eine neue Phase in der Geschichte der amerikanischen Erforschung der kontrollierten Kernfusion. „[U]nlike Strauss, who had been passionately engaged with CTR [Controlled Thermonuclear Research], McCone had no special interest in fusion."[1] Unter McCone verlor die Kernfusionsforschung nicht nur innerhalb der AEC an Gewicht, als sich die Wissenschaftler des Project Sherwood statt auf visionäre Reaktorentwicklung zunächst wieder auf Grundlagenforschung besinnen mussten, auch der politische Rückhalt begann zu bröckeln.

> „The enthusiasm of the 1950s had brought a downpour of funding from Congress. Since Project Sherwood's inception, its budgethad skyrocketed from almost nothing to $30 million a year by the time of the 1958 UN conference. As the Stellerator began to choke, losing its plasma rapidly, a skeptical Congress began to wonder whether fusion reactors were possible at all, much less economically feasible. It didn't help that the scientists, in their optimism, had consistently oversold their machines. They had promised Congress they would be

1 Bromberg, *Fusion,* 89.

building prototype reactors by the early 1960s, and the machines were nowhere near that stage."[2]

Gelder, die ursprünglich für die schnelle Entwicklung einer neuen Energiequelle gedacht waren, wurden nun für Grundlagenforschung in der Plasmaphysik ausgegeben und politisch in Frage gestellt.[3] Project Sherwood, das nach seiner Deklassifizierung fortan nüchtern als Controlled Thermonuclear Research Program firmierte, war in der Prioritätenliste nach unten gerutscht, seine Weiterentwicklung kein Selbstläufer mehr.[4] Mehr als bisher musste sich die Kernfusionsforschung fortan erklären und für ihre Vorhaben werben. Zusätzlich zu den halbjärlichen und jährlichen Reports der AEC an die Budgetverantwortlichen im U.S.-Kongress und dem Einsatz für eine wohlwollende Berichterstattung in der Presse richtete man sich dafür mit professioneller Öffentlichkeitsarbeit unter Verwendung von Filmen, Pamphleten und populären Sachbüchern für unterschiedliche Zielgruppen vermehrt auch direkt an die derzeitigen und künftigen Steuerzahler.

Reasonable Hope?

Im Nachgang der Genfer Konferenz und ihrer Enthüllungen über den amerikanischen und internationalen Wissensstand erschien 1958 eine erste umfassende Geschichte der bisherigen zivilen U.S.-Kernfusionsforschung seit 1951. Hierfür hatte die Atomic Energy Commission mit dem Kernphysiker Amasa S. Bishop einen ehemaligen Direktor (1953-1956) des Project Sherwood beauftragt, dessen Darstellungen sich nach eigenem Bekunden vor allem an Laien richten sollten, „who have little or no familiarity with the subject, but who would like to become acquainted with this new and important field".[5] Ihnen sollte das Buch einen Einblick in die Hintergründe der amerikanischen Kernfusionsforschung geben: ihre grundlegenden Probleme und die verschiedenen Lösungsansätze, deren Schwierigkeiten und gegenwärtige Situation sowie ihre Aussicht auf letztendlichen Erfolg. Mehr

2 Seife, *Sun in a Bottle,* 112.

3 Vgl. Clery, *A Piece of the Sun,* 101.

4 Vgl. Hewlett und Holl, *Atoms for Peace and War, 1953 - 1961,* 527.

5 Bishop, *Project Sherwood,* V.

als die ausführliche Erläuterung der verschiedenen Experimente unter Project Sherwood, ist Letzteres nach der neuen Erkenntniss der vorausgegangenen Monate, „that the end is not yet in sight“[6], besonders interessant.

Bishop bemüht sich sehr um eine positive Darstelllung. Zwar betont er in seinem Ausblick, dass der Weg zu einem Strom produzierenden Fusionskraftwerk noch weit sei und nennt gewissenhaft alle Rückschläge und Probleme, man habe aber bisher noch kein Hindernis entdeckt, dass einen eventuellen Erfolg auschließen würde. „Because of the enormity of the problems involved, progress may be expected to be slow and halting. Up to the time of this writing, however, no basic obstacle has been discovered which would prevent the attainment of the final goal.“[7] Etwas widersprüchlich ist seine Darstellung der in den vergangenen sieben Jahren Forschung an kontrollierter Kernfusion ereichten Fortschritte, sowohl was das wissenschaftiche Verständniss als auch die technische Leisungsfähigkeit der verschiedenen Experimente betrifft. Einerseits sei klar, „that very substantial progress has been made to date“[8], und er hebt als Beispiel vor allem die im Vergleich zu vor Project Sherwood enorm gestiegenen Plasmatemperaturen hervor. Dass dies allerdings andererseits keinen Selbstzweck darstellen sollte und die einzelnen Experimente trotz ihrer oft bewundernswerten technischen Ingenuität letztlich sämtlich weit hinter den eigenen Erwartungen zurückblieben, ist für ihn kein Grund zur Kritik. Stattdessen wendet er den diesen Enttäuschungen zu Grunde liegenden Mangel eines tieferen Verständnisses der relevanten Physik positiv und zieht Optimismus aus der relativen Unkenntnis der Materie. „Fortunately, the field is new and still fluid. New ideas can, almost overnight, cause a major shift in emphasis and outlook.“[9]

Mit diesem Argument lehnten Bishop und seine noch aktiven Kollegen es auch als verfrüht ab, zur Kostensenkung die Anzahl der bisher verfolgten Forschungsansätze zu reduzieren, wie McCone es zu Beginn seiner Amtszeit gefordert hatte. Damit konnten sich die Fürsprecher des Controlled Thermonuclear Research Program schließlich auch gegen den neuen AEC-Vorsitzenden durchsetzen und sie mussten statt einer Einstellung einzelner

6 Ebd., 169.

7 Ebd., 170.

8 Ebd., 169.

9 Ebd., 170.

Experimente für ihre nunmehr bloß als Grundlagenforschung verstandene Arbeit nur eine vorübergehende zehnprozentige Kürzung des Gesamtbudgets akzeptierten.[10] Wie sich dieses Budget vorher zu großen Teilen wegen „Strauss's intensive effort for the Geneva exhibit“[11] von Jahr zu Jahr vervielfacht hatte, ist in Bishops Buch grafisch anschaulich dargestellt.

Bishops Fazit, was von der Kernfusion zu erwarten und zu halten sei, erscheint vor diesem Hintergrund erstaunlich aktuell und wird inhaltlich seitens der Kernforschungs-Community im Wesentlichen bis heute so vertreten. Trotz oder gerade wegen des eingestandener Weise rudimentären Wissensstands und der zuvor anerkannten Notwendigkeit weiterer Grundlagenforschung, liefert Bishop darin zudem ein frühes Beispiel der immer noch vielzitierten und vielgescholtenen Kernfusionskonstante, wonach ein Strom produzierendes Kernfusionskraftwerk in zehn bis zwanzig Jahren möglich sein könnte. Auch die nach wie vor offene Frage der wirtschaftlichen Wettbewerbsfähigkeit der Kernfusion und ihrer wahrscheinlichen Rolle in einem zukünftigen Energie-Mix wird bereits gestellt. Doch am Ende überwiegt für Bishop das theoretische Potential der Kernfusion alle Zweifel. So rechtfertigt „the prospect of an essentially unlimited source of energy“ [12] noch die höchsten Ausgaben für ein bis heute ebenso unbegrenztes Forschungsprojekt.

> „With ingenuity, hard work, and a sprinkling of good luck, it even seems reasonable to hope that a fullscale power-producing thermonuclear device may be built within the next decade or two. Whether the process of controlled fusion can ever be made economically competitive with such other sources of energy as coal, oil, and fission reactors is anyone's guess. It is, however, reasonable to expect that, if successful, this new source of energy will not displace the others, but rather will supplement them during this era of rapidly expanding power requirements. Unquestionably, it is a program of rare importance, offering man kind for the first time in history the prospect of an essentially unlimited source of energy.“[13]

10 Vgl. Hewlett und Holl, *Atoms for Peace and War, 1953 - 1961,* 527.

11 Ebd.

12 Ebd., 170–171.

13 Ebd.

PROJECT SHERWOOD

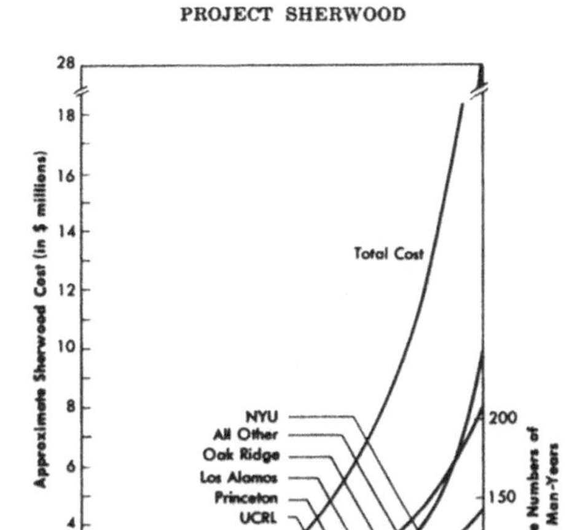

FIG. 19–1. APPROXIMATE SHERWOOD COSTS. This graph shows roughly the annual rate of expenditures at the various Sherwood installations. The scale at the right shows the approximate number of scientific man-years devoted to the program.

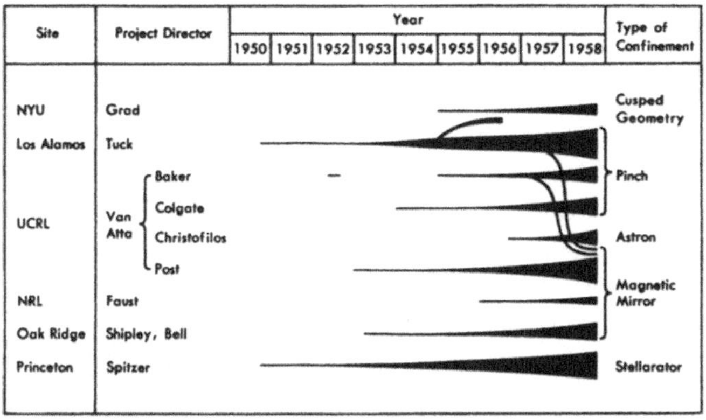

Site	Project Director	Year									Type of Confinement
		1950	1951	1952	1953	1954	1955	1956	1957	1958	
NYU	Grad										Cusped Geometry
Los Alamos	Tuck										Pinch
UCRL	Van Atta – Baker										Pinch
	Van Atta – Colgate										Pinch
	Van Atta – Christofilos										Astron
	Van Atta – Post										Magnetic Mirror
NRL	Faust										Magnetic Mirror
Oak Ridge	Shipley, Bell										Magnetic Mirror
Princeton	Spitzer										Stellarator

FIG. 19–2. CHRONOLOGY OF THE SHERWOOD PROGRAM, showing methods of plasma confinement in experiments to date.

Abb. 12: Kostensteigerung und zeitliche Entwicklung von Project Sherwood und seinen einzelnen Forschungszweigen an verschiedenen Standorten.[14]

14 Bishop, *Project Sherwood,* 162.

Dem späteren Physik-Nobelpreisträger William A. Fowler war diese Darstellung Bishops zu unkritisch und seine Objektivität zweifelhaft. „The book was prepared at the request of the U.S. Atomic Energy Commission's Division of Information Services, so it would not be expected to be a critical appraisal – and indeed it is not."[15] Fowler, der als wissenschaftlicher Berater das Sherwood Steering Committee 1959 nach eigener Darstellung zusammen mit anderen „‚civilian' members" wegen „policy disagreements" im Streit verlassen hatte, urteilt in einem Review-Artikel in der Zeitschrift des California Institute of Technology *Engineering and Science* voller Sarkasmus über Bishops Buch und Project Sherwood:

> „It is a story of failure. The ups and downs, the hopes and frustrations, the alarums and excursions are all here, and it all makes interesting reading. [...] The dim view of our prospects held by the reviewer and his colleagues cannot becloud the devoted and ceaseless labor of those down the line whose story is told by Bishop. After all, the Russians and the British haven't been able to do it either! Why be downhearted; another 100 million dollars and we may still be able to do it without a good idea! Hope springs eternal; even a good idea may come along!"[16]

Andere Schriften der Zeit zitierten dankbar aus Bishops offizieller Geschichte der amerikanischen Kernfusionsforschung. Sie fanden darin Bestätigung für ihren eigenen Fortschrittsoptimismus und spannen seine Spekulationen hinsichtlich ihrer Implikationen für das alltägliche Leben in den Vereinigten Staaten der Zukunft fort. Es entstanden erste Spuren einer sich in den 1960er Jahren neu entwickelnden Disziplin, der Futurologie, die sich ab der Mitte des Jahrzehnts etwa in der von der American Academy of Arts and Sciences initiierten Commission on the Year 2000 institutionalisierte und deren Autoren in den folgenden zwei Jahrzehnten mit populären Sachbüchern ein Millionenpublikum erreichen sollten.[17] Ihre Thesen waren vielfältig in den Medien präsent, „zum einen als Deutungsangebote für

---

15 Wiliam A. Fowler, „Review: Project Sherwood – The U. S. Program in Controlled Fusion. Engineering and Science by Amasa S. Bishop", in: *Engineering and Science* 23, Nr. 6 (1960), 4.

16 Ebd.

17 Vgl. Elke Seefried, *Zukünfte: Aufstieg und Krise der Zukunftsforschung 1945 - 1980* (Berlin: De Gruyter, 2015).

verunsicherte Leser, zum anderen aber auch und gleichzeitig als Verunsicherung selbst, die zu politischer Aktion anregen sollte“[18].

Fusion or else ...

In einer populärwissenschaftlichen Vorausschau zweier Ökonomen aus der Schule des Harvard-Professors Georges Doriot von 1960 zeichnen die Autoren auf der Basis von Bishops Geschichte des Project Sherwood eingangs „the major roads that United States scientists have followed over the past number of years“[19] nach und schlussfolgern noch zuversichtlicher: „From one of these efforts, undoubtedly, the realization of this force will soon be heralded.“[20] Anhand dreier ökonomischer Fallstudien für die Aluminium-Industrie, die Region Süd-Kalifornien und verschiedene Staaten der Welt, vor allem die Staatengemeinschaft West-Europas, stellt ihr Buch, das weder „a ‚history‘ of the future“[21], noch „a work of science fiction“[22] sei, die möglichen Auswirkungen der „imminent revolution“[23] dar, welche die kontrollierte Kernfusion für „all elements of society“[24] bedeutete. Dem folgen eher soziologisch interessierte „guesstimates“[25] über ihre weiteren Implikationen für den Alltag amerikanischer Bürger und schließlich in einem letzten inhaltlichen Kapitel Klischee gewordene Visionen aus der damaligen Science-Fiction Literatur, was sich alles mit der unendlichen Energie aus Kernfusion anfangen ließe. Das eklektische Spektrum der beschriebenen Möglichkeiten reicht von unter gigantischen Plastikkuppeln wetterunabhängigen, klimatisierten Städten mit automatisierten Wohnhäusern, in

18 Torsten Kathke, „Zukunftserwartungen im Rückblick: Vortrag auf dem Institutstag des Max-Planck-Instituts für Gesellschaftsforschung“. http://www.mpifg.de/aktuelles/Veranstaltungen/Videos/kathke.asp (letzter Zugriff: 26. Juli 2018).

19 Duncan Curry und Bertram R. Newman, *The Challenge of Fusion* (Princeton, NJ: Van Nostrand, 1960), 10.

20 Ebd.

21 Ebd., 4.

22 Ebd.

23 Ebd., VII.

24 Ebd.

25 Ebd., 4.

denen „[a] small central computer or controller could cook, clean, regulate climate, baby-sit, take messages and generally free the housewife for other pursuits“[26] und ganzjährig beschneiten Wintersportgebieten bis hin zu der Kolonisierung des Weltalls, der Transmutation chemischer Elemente und „antigravity machines“[27]. Der Zweck des Buches sei es schließlich, seine Leser dazu zu provozieren, „to understand and plan for this new era“[28].

Die imaginierte Zukunft der Kernfusion strahlt bei all dem umso heller und erscheint umso zwingender, je geringer das Zutrauen in die Weiterentwicklung bestehender Technologien ist. So wird in den Fallstudien im Kapitel zur Vergangenheit und Zukunft des amerikanischen Energiemarktes über die abflauenden Effizienzsteigerungen von Kohlekraftwerken spekuliert: „[T]echnology may have squeezed just about all it can from a lump of fossil fuel.“[29] Als Konsequenz eines historisch wachsenden Energiebedarfs und der Endlichkeit der meisten anderen Energiequellen außer Kernfusion, muss das enorme Wachstum zuerst in den westlichen Nachkriegsgesellschaften, welches das Buch in vielerlei Dimensionen beschreibt, also eher früher als später an Grenzen stoßen und so problematisch werden. Die Kernfusion wird als letzte Hoffnung und ultimative Lösung präsentiert, Fortschritt in der eingeschlagenen Richtung fortsetzen zu können. Zwar werde sie sich wegen ihrer anfänglich in den meisten Fällen kaum wettbewerbsfähigen Kosten nicht überall sofort durchsetzen können, angesichts der unersehnlichen Alternativen, die das Buch beschreibt – Rückschritt, Niedergang und sogar Zivilisationszerfall – wird letzlich aber jeder Preis akzeptabel.

> „In a society commited to an increasing consumption of power, the dwindling of energy reserves poses a threat to the security of that society. Such threats have contributed to wars, and in the future could lead to a struggle for energy sources not unlike that of starving men scrambling for the last scraps of food. Even if this struggle were avoided, the diminuition of energy sources would lead to an agonizing erosion of civilization as we know it today.“[30]

---

26 Ebd., 167.

27 Ebd., 162.

28 Ebd., 4.

29 Ebd., 89.

30 Ebd., 136.

Bishops Argument der sich angesichts ihres Potentials relativierenden Kosten der Kernfusion, begegnet dem Leser hier apokalyptisch gewendet als Drohung wieder. Nicht die Hoffung auf neue technologische Annehmlichkeiten oder größeren Wohlstand mit ihr oder wie sonst oft ein Friedensversprechen mit Verweis auf die Bedrohung durch Wasserstoffbomben sollen also zur Unterstützung der Kernfusion motivieren, sondern die ökonomisch begründete Angst vor einem Ende des Wachstums ohne sie, das nach kapitalistischer Lehre einen Zusammenbruch des Systems nach sich zöge.[31]

> „The first great implication of the fusion process is, therefore, a negative one – the threat of what would happen if the process were not perfected. But we believe this is not likely to happen. There is no conceptual reason why the process will not work. The only real hindrance might be economic, but when the energy available from other sources begins to fade, the cost of fusion power will be cheap at any price.“[32]

Die entschlossene Bejahung der Kernfusionsforschung war in der Argumentation der Autoren von einem Luxusproblem zu einer überlebenswichtigen Frage der nationalen Sicherheit geworden. Um die katastrophalen Risiken einer Welt ohne Kernfusionskraftwerke noch abzuwenden, gelte es nun, zögerliche Politiker und eine indifferente Bevölkerung wach zu rütteln und für die Aussicht auf kontrollierte Kernfusion zu begeistern.

> „To the public, the prospect of achieving a new source of energy may seem dull and uninteresting. Those who do see the implications of developing power from thermonuclear sources, and are aware of the possible loss of economic and political strength from not developing it, must face the problem of telling the story of fusion to those who are not as perspicacious. The enlightenment of these people

---

31 Hier sei auf die Parallele zur Diskussion über den Sinn oder Unsinn von Wasserstoffbomben verwiesen. Auch diese galten ihren Befürwortern weniger ob ihrer neuen militärischen Möglichkeiten als erstrebenswert als ob der vermeintlichen Gefahren, die es in der Logik des Kalten Kriegs bedeutet hätte, sie nicht zu besitzen. Vgl. York, *The Advisors*.

32 Curry und Newman, *The Challenge of Fusion,* 136.

> is essential, for the commercialization of fusion power will require money – lots of it – and much of the funds must come from the public.“[33]

Viele populäre Medien handelten in diesem Sinne. Wie ein launiger Artikel in der Jubiläumsausgabe zum 25-jährigen Erscheinen des *Life* Magazins vom 26. Dezember 1960 über die verückten Moden der vergangenen Jahre im Ausblick auf die kommende Periode zeigt, gehörte die Kernfusion dabei genau wie Raumfahrt und immer bessere Elektronik bereits fest zum Inventar damaliger Zukunftserwartung. „With no more than a slightly raised eyebrow we will have no trouble coping with such possibilities as electronic education of embryos, a hit song about nuclear fusion or even second-hand lots for used rockets.“[34] Diese Zukunftserwartung wurde befeuert durch die in einem anderen – mit der Pilzwolke des Ivy Mike Test bebilderten – Artikel derselben *Life*-Ausgabe so bezeichnete „Explosion of Science“[35] im angebrochenen Atomzeitalter, dessen künftige Forschritte assoziativ in Analogie zur Luft- und Raumfahrtgeschichte aus den positiven Entwicklungen der Vergangenheit extrapoliert werden.

> „In half a century man has climbed from the sand dunes of Kittyhawk[36] to the threshold of space. In less than 20 years of the Atomic Age he has progressed from a crude experiment in a Chicago athletic field to power generators fed by the fire of fissioning atoms. What awesome changes the future holds if this rate of progress continues unabated!“[37]

33 Ebd., 153.

34 Elliott Chaze, „March of Mad Fads“, in: *Life,* 26. Dezember 1960, 122.

35 *Life,* „The Explosion of Science“, 26. Dezember 1960.

36 Nahe der U.S.-amerikanischen Kleinstadt Kitty Hawk hoben die Gebrüder Wright am 17. Dezember 1903 zum ersten motorisierten Flug der Menschheitsgeschichte ab.

37 Curry und Newman, *The Challenge of Fusion,* 2.

DIE ÖFFENTLICHKEITSARBEIT VON INDUSTRIE UND ATOMIC ENERGY COMMISSION

Eingedenk des mit ihrem Budget gestiegenen politischen Rechtfertigungsdrucks und der Notwendigkeit, mehr Unterstützung in der Bevölkerung zu generieren, wurde ab den 1960er Jahren auch die eigene Öffentlichkeitsarbeit der Atomic Energy Commission selbst weiter intensiviert. Ein Gesamtverzeichnis ihres für Bildungseinrichtungen, die interessierte Öffentlichkeit und Fernsehsender zur Verfügung stehenden Bestands von Lehrfilmen über Kernenergie listet bis 1972 allein 232 in der Regel gratis entleihbare Filme.[38] Ergänzend waren in vielen Fällen für den Einsatz im Klassenzimmer noch passend abgestimmte Informationsbroschüren der zusammen 75 Titel umfassenden Reihen *Understanding the Atom* und *The World of the Atom* erhältlich. Als Autoren ihrer umfangreichen Informationsmaterialien griff die AEC dabei nicht nur auf assoziierte Wissenschaftler zurück, sondern beschäftigte zur Wissensvermittlung neben Lehrern auch professionelle Geschichtenerzähler, wie den berühmten Science-Fiction-Schriftsteller Isaac Asimov. Während manche Bücher sich mit einem allgemeinen Überblick eher an Einsteiger in das Thema Kernenergie wandten, behandelten andere in größerer Tiefe spezifische Probleme einzelner Forschungs- und Anwendungsfelder. Ihnen allen waren folgende einführende Worte vorangestellt:

> „Nuclear energy is playing a vital role in the life of every man, woman, and child in the United States today. In the years ahead it will affect increasingly all the peoples of the earth. It is essential that all Americans gain an understanding of this vital force if they are to discharge thoughtfully their responsibilities as citizens and if they are to realize fully the myriad benefits that nuclear energy offers them. The United States Atomic Energy Commission provides this booklet to help you achieve such understanding."

Ein Beispiel eines solchen Büchleins, welches als allgemein gehaltene Überblicksdarstellung auch ein kurzes Kapitel zur Kernfusion enthält, ist

---

38 Vgl. U.S. Atomic Energy Commission, „Combined Film Catalog" (U.S. Atomic Energy Commission, 1972).

„Our Atomic World“[39] von 1963. Die einzelnen Kapitel sind jeweils mit klaren aufeinander beziehbaren Kernaussagen überschrieben. Der Titel des Fusionsabschnitts „Fusion Has Potential“ folgt demnach logisch der Feststellung über die künftige Entwicklung des Energiebedarfs „Nuclear Energy Is Needed for the Future“. Die Abfolge der Fotografien, die das Kapitel zu Kernfusion illustrieren, ist für den kommunikativen Zweck der AEC, ihre Kernfusionsforschung zivil zu bemänteln, demgegeüber weniger vorteilhaft. Sie zeigen nacheinander die Oberfläche der Sonne – „Project Sherwood, the U. S. program in controlled fusion, is devoted to research on fusion reactions similar to those from which the sun derives its energy“[40], die Pilzwolke einer thermonuklearen Explosion – „The first large-scale application of thermonuclear energy was the so-called hydrogen bomb, or ‚H-bomb‘“[41] – und den mit einer Hochgeschwindigkeitskamera aufgenommenen Plasmaring in einem Experiment des amerikanischen Rüstungsunternehmens General Dynamics – „The greatest problem encountered to date is the extreme instability of the plasma and the corresponding difficulty of maintaining it at the proper temperature longer than a few millionths of a second“[42]. Dieser Dreischritt war ebenso naheliegend wie problematisch, beschrieb er doch eine Realität, in der die einzig verfügbare Anwendung thermonuklearer Energie jenseits der Sonne Wasserstoffbomben waren und ihre Kontrolle die Wissenschaft vor so gigantische Probleme stellte, dass „[m]any physicists now think that the successful exploitation of thermonuclear energy will not occur for many years“[43]. An dieser unbefriedigenden Situation hatte sich auch fast ein Jahrzehnt später nichts Wesentliches geändert, als Isaac Asimov sich in seiner 1972 erschienenen dreibändigen „Story of Nuclear Energy“ mit dem Titel „Worlds Within Worlds“[44] der Kernfusion widmete. Seine Zwischenüberschriften sind „The Energy of

39 C. Jackson Craven, *Our Atomic World* (Oak Ridge, TN: U.S. Atomic Energy Commission, 1963).

40 Ebd., 27.

41 Ebd.

42 Ebd., 29.

43 Ebd.

44 Isaac Asimov, *Worlds Within Worlds: The Story of Nuclear Energy* (Oak Ridge, TN: U.S. Atomic Energy Commission, 1972).

the Sun", „Thermonuclear Bombs" und zuletzt „Controlled Fusion"[45]. Bemüht um einen positiven Ausblick führt Asimov zum Schluss des Kapitels noch einen vielversprechenden Forschungserfolg der sowjetischen Konkurrenz an, deren Tokamak der internationalen Kernfusionsforschung seit Ende der 1960er Jahre neue Impulse gab.

> „All through the 1950s and 1960s, physicists have been slowly inching toward their goal, reaching higher and higher temperatures and holding them for longer and longer periods in denser and denser gases. In 1969 the Soviet Union used a device called ‚Tokamak-3' (a Russian abbreviation for their phrase for ‚electric-magnetic') to keep a supply of hydrogen-2, a millionth as dense as air, in place while heating it to tens of millions of degrees for a hundredth of a second. A little denser, a little hotter, a little longer – and controlled fusion might become possible."[46]

In der anscheinenden Unmöglichkeit über Kernfusion zu schreiben ohne ihre einzig verfügbare Anwendung als Waffentechnologie zu erwähnen, offenbart sich ein Haupthindernis der AEC bei ihrem Bemühen um einen friedlichen Anschein für ihre Arbeit – die enge gedankliche Verknüpfung mit Kernwaffen im Allgemeinen und Wasserstoffbomben im Speziellen. So beschwerte sich Glenn T. Seaborg[47], McCones Nachfolger als AEC-Vorsitzender, 1970 im Vorwort eines AEC-Sammelbandes mit Reden von ihm über die Unausgewogenheit der öffentlichen Wahrnehmung der Kernenergie, in der die militärischen Aspekte ihr ziviles Potential überschatteten:

> „It is now a quarter of a century since nuclear energy was introduced to the public. Its introduction was made in the most dramatic, but unfortunately in the most destructive way – through the use of a nuclear weapon. Since that intro-

---

45 Vgl. Isaac Asimov, *The Story of Nuclear Energy: Nuclear Fission. Nuclear Fusion. Beyond Fusion* (U.S. Atomic Energy Commission, 1972), 146–157.

46 Ebd., 157.

47 Glenn T. Seaborg, Mitunterzeichner des Franck Reports, der sich im Juni 1945 gegen den Einsatz der Atombombe gegen Japan aussprach, und Träger des Chemie-Nobelpreises 1951, war von 1961-1971 Vorsitzender der U.S. AEC und wissenschaftlicher Berater von insgesamt zehn U.S.-Präsidenten von Franklin D. Roosevelt zu George H. W. Bush.

> duction enormous strides have been made in developing the peaceful applications of this great and versatile force. Because these strides have always been overshadowed by the focusing of public attention on the military side of the atom, the public has never fully understood or appreciated the gains and status of the peaceful atom. This booklet is an attempt to correct, in some measure, this imbalance in public information and attitude.“[48]

Als eine Ursache des hier diagnostizierten Wahrnehmungsproblems auf Seiten der Öffentlichkeit macht Seaborg in manchen der hiernach abgedruckten Reden die seinem Empfinden nach so negative Berichterstattung in den Massenmedien aus. Unter dem Titel „Man and the atom – by the year 2000“ klang das vor Studenten der privaten Fairleigh Dickinson University in New Jersey im Jahr 1968 zum Beispiel so: „Sometimes I think it is unfortunate that our newspapers, magazines, and TV and radio networks do not emphasize more of the good news of the day, the positive and promising things that are going on, and the programs that are making progress.“[49] Dazu passt, dass er sich in der abgedruckten Rede über Kernfusion auf einem jährlichen Kongress von Wissenschaftsjournalisten 1969 in Berkeley, Kalifornien, direkt an die aus seiner Sicht problematisch gewordenen Medien- und Meinungsmacher dieser Zunft wandte. Nach einer bemerkenswert weitsichtigen Schilderung des Potentials kontrollierter Kernfusion, die Energieversorgung der Menschheit nicht nur für Tausende sondern gar Millionen Jahre sicherstellen zu können[50], beschwört er sie darin als Partner der Wissenschaft und „scientific community“[51]. Die Rolle der Wissenschaftsjournalisten sei es demnach weniger die Wissenschaft zu kontrollieren, als vielmehr die Öffentlichkeit in ihrem Interesse – also dem der Wissenschaft – zu manipulieren.

---

48 Glenn T. Seaborg, „Peaceful Uses of Nuclear Energy: A Collection of Speeches“ (U.S. Atomic Energy Commission, 1970), 1.

49 Ebd., 144.

50 Vgl. ebd., 17.

51 Ebd., 26.

Zurückführen kann man diese Argumentation auf das sogenannte Defizit-Modell[52] der Wissenschaftskommunikation, wonach Akzeptanzprobleme von Wissenschaft in der Öffentlichkeit primär auf mangelndem Verständnis von Wissenschaft in der Öffentlichkeit beruhten. Dies unterstellt ein hierarchisches Verhältnis von Wissenden und Unwissenden, das einseitig die Kriterien und Kategorien der Wissenschaft gegenüber allen anderen begünstigt. Sie definiert allein, welches Wissen erforderlich ist, um eine informierte Entscheidung treffen zu können. Ein etwaiges Defizit liegt dabei immer auf der anderen Seite vor.[53] Werden wissenschaftlich unbegründete Wert- und Zielvorstellungen gänzlich ausgeklammert, kann daraus in letzter Konsequenz die problematische Erwartung erwachsen, dass auf kontroverse Fragen bei allseits genügendem Wissensstand nur noch eine mögliche Antwort gelten kann. Sollte die Öffentlichkeit in dieser Logik einmal den Argumenten der Wissenschaft nicht folgen wollen, liegt dem dann nicht notwendigerweise deren mangelnde Überzeugungskraft zu Grunde, sondern vielmehr die magelnde Vernunft und Ignoranz der Verweigerer. Das lässt es dann aus der Perspektive der Wissenschaft als legitim erscheinen, deren Haltung nicht ernst zu nehmen und sich stattdessen nötigenfalls listig darüber hinweg zu setzen. Wie Eltern also, die bisweilen wohlmeinend im Interesse ihrer Kinder gegen deren erklärten Willen handeln, müssten Wissenschaftler und Wissenschaftsjournalisten demnach zusammenarbeiten, um den ignoranten Widerstand und die widerständige Ignoranz der Öffentlichkeit überwinden zu können.

> „Much of the progress that we will make in these fields in the years ahead will depend on public understanding and support. You as interpreters to the public of our activities are a vital link between the scientific and technical community and that public. You bear a tremendous responsibility in forging that link with the utmost integrity. All the new horizons that can be envisioned at these annual

52 Zur Genese und Kritik des Defizit-Modells in der Wissenschaftskommunikation, vgl. Marc-Denis Weitze und Wolfgang M. Heckl, *Wissenschaftskommunikation: Schlüsselideen, Akteure, Fallbeispiele* (Berlin: Springer, 2016), 10–16.

53 Bei entsprechend spezialiserten Wissenschaftsfeldern kann so selbst die Kritik anderer Wissenschaftler mit Verweis auf deren vermeintliche Ignoranz abgetan werden. Die ab Seite 52 in dieser Arbeit skizzierte Kontroverse um die radiologischen Risiken von Kernwaffentests ist dafür ein Beispiel.

> briefings will become realities only if there is the public will to pursue them. To a great extent you help shape and increase that will. We in the scientific community hope you will continue to recognize the important trust your profession bestows on you and, especially today when so much more understanding is necessary and a more positive public outlook is needed, that you will raise the standards of science journalism to an even higher level than we enjoy at this time.“[54]

The Atom and Eve

Fortschritt war das zentrale Versprechen dieser Ära, das nicht nur im Zusammenhang mit der Kerntechnik allgegenwärtig beschworen wurde.[55] Die nähere Betrachtung zeitgenössischer Werbematerialen von staatlichen Stellen und der Atomindustrie im Hinblick auf ihre sozialen Implikationen legt jedoch die Vermutung nahe, dass Veränderung und Modernität[56] im Sinne einer „emancipation from the fetters of traditional political and cultural authority“[57] von den Profiteuren des gesellschaftlichen Status Quo keineswegs in allen Belangen gewünscht waren. So ausgefallen und phantastisch die Visionen künftiger Gesellschaften in einer atomgetriebenen Zukunft bei den Jetsons[58], in unterirdischen Städten oder außerirdischen Kolonien er-

---

54 Seaborg, „Peaceful Uses of Nuclear Energy“, 26.

55 Vgl. das offizielle Motto der Weltausstellung in Brüssel 1958 mit ihrem ikonisch gewordenen Atomium-Gebäude: „Technik im Dienste des Menschen. Fortschritt der Menschheit durch Fortschritt der Technik.“

56 Zur Vielschichtigkeit des Modernitätsbegriffs, vgl. Shmuel N. Eisenstadt, „Muliple Modernities“, in: *Daedalus* 129, Nr. 1 (2000).

57 Ebd., 5.

58 „The Jetsons“ war der Titel einer Zeichentrickserie, die 1962/63 von den Machern der „Familie Feuerstein“ (Originaltitel: „The Flintstones“) produziert wurde und deren Erfolgsrezept in ursprünglich nur 24 Episoden von der Steinzeit ins 21. Jahrhundert übertrug. Die Hauptfiguren sind eine vierköpfige Familie mit Hund, in der die Mutter den weitgehend automatisierten Haushalt führt und in ihrer Freizeit im Einkaufszentrum das Geld ihres alleinverdienenden Mannes ausgibt. Wiederholungen der Serie liefen über Jahrzehnte allwöchent-

scheinen, Geschlechterrollen – „boys in labcoats [...] gals in housecoats“[59] – und besonders Frauenbilder anders als die der 50er und 60er Jahre, lagen für die meisten Autoren offenbar jenseits ihrer Vorstellungskraft oder galten als nicht erstrebenswert. Stattdessen dienten scheinbar revolutionäre technische Neuerungen oft reaktionärem gesellschaftspolitischem Beharren.

> „The future that emerges from American popular and corporate culture in the last hundred years has assumed many shapes, but rarely one of significant political change. In this scenario, technology becomes the only arena where change occurs. The material landscape may be radically different – as in Futurama[60] – but the social and political landscape is unaltered. The history oft he American future, as the images here attest, is essentially a history of people attempting to project the values of past and present into an idealized future. It is a history of conservative actions in the guise of newness.“[61]

Ein Beispiel für die Fortschreibung damaliger Genderklischees in eine Zukunft, in der amerikanische Jungen Wissenschaftler und Astronauten, Mädchen aber weiterhin vor allem Hausfrauen und Mütter werden sollten, ist *The Atom and Eve* aus dem Jahr 1966. Dieser 15-minütige Werbefilm eines Konsortiums von Energieversorgern aus Neuengland, der Connecticut Yankee Atomic Power Company, wurde unter anderem von der Atomic Energy Commission als Unterrichtsmaterial für Schulen vertrieben und er zeigt „[...] the great potential of economic nuclear power – and although New England is used as the example, the facts apply generally to the rest of the United States“[62]. Dazu tanzt eine junge Frau lasziv durch eine mit elektrischen Haushaltsgeräten reich ausgestattete Küche.

---

lich im U.S.-Fernsehen. Im Zuge eines neuen Retro-Futurismus-Trends entstanden von 1985 bis 1987 noch zusätzliche Episoden und 1990 auch ein Kinofilm.

59 *Life*, „She used to think science was for men only“, 24. März 1958.

60 „Futurama“ war der Titel zweier Attraktionen von General Motors auf den Weltausstellungen in New York 1939/40 und 1964/65, die Miniaturmodelle künftiger Stadtlandschaften und ihrer Verkehrslösungen zeigten.

61 Corn, Horrigan und Chambers, *Yesterday's Tomorrows*, 135.

62 U.S. Atomic Energy Commission, „Combined Film Catalog“, 22.

> „Fully grown and draped in a flowing, low cut evening gown, Eve twirls from one nuclear-generated electrical appliance to another, lovingly embracing the refrigerator and the electric range, lying supine against the smooth expanse of the electric washer-dryer.“[63]

Während dessen referiert ein Erzähler den exponentiell steigenden Energiebedarf der vergangenen Jahrzehnte und projektiert ihn in die Zukunft der 1980er Jahre, „when power demands are expected to increase to more than three times what they are today“. Kernenergie und fortgesetzte Forschung an den „most modern concepts of the day“ garantieren jedoch auch in Zukunft reichlich günstigen Strom für Eve und ihre Kinder. „So that Eves of every age can live their lives fruitfully in their electrical garden of eden.“ Der heutige Rechteinhaber beschreibt den Film treffend als „[...] in essence, a cinematic marriage between the desire to fill every kitchen with electric appliances, and to then lock women in.“[64]

Progressland auf der New York World's Fair 1964/65

Über die Zusammenarbeit mit Massenmedien hinaus, ist die Weltausstellung in New York 1964/65 beispielhaft für die zur Propagierung der Kernfusion in den 1960er Jahren so öffentlichkeitswirksame Verschränkung von staatlicher Big Science, Privatwirtschaft und Kulturindustrie. Ganz im Sinne der allgemeinen Privatisierungstendenzen in der Atomindustrie[65] und der seit dem Bekanntwerden der Kernfusionsforschung forcierten Einbindung nichtstaatlicher Akteure[66], trat anders als etwa bei den früheren „Atoms for

63 Michael Smith, „Advertising the Atom“, in: Michael James Lacey, Hg., *Government and Environmental Politics: Essays on Historical Developments Since World War II* (Washington, D.C.: Woodrow Wilson Center Press, 1992), 246.

64 „The Atom and Eve: Sex and the atom: How the nuclear industry sold itself“. http://www.gmpfilms.com/atom&eve.html (letzter Zugriff: 15. Mai 2018).

65 1964 unterzeichnete Präsident Johnson mit parteiübergreifender Unterstützung im Kongress ein Gesetz, das Kernkraftwerksbetreibern Privateigentum an bestimmten nuklearen Materialen als Kernbrennstoff erlaubte.

66 Vgl. Hewlett und Holl, *Atoms for Peace and War, 1953-1961,* 527.

Peace"-Ausstellungen als Veranstalter diesmal keine Regierungsorganisation, sondern der Technologiekonzern General Electric auf. GE war damals neben dem Rüstungskonzern General Atomics eines von nur zwei amerikanischen Unternehmen, die in nenneswertem Umfang auch privat finanzierte Kernfusionsforschung betrieben.[67] In seinem Pavillion, einer architektonisch beeindruckenden Kuppelkonstruktion ähnlich den damals visionären Entwürfen des Architekten Richard Buckminter Fuller, zeigte GE eine von „master showman"[68] Walt Disney selbst gestaltete Ausstellung über Kernfusion. Im offiziellen Führer zur Weltausstellung ist sie als Teil einer „Progressland" genannte Attraktion so beschrieben:

> „Under a huge, gleaming dome suspended from spiraling pipes, the GE exhibit, called ‚Progressland', depicts the history of electricity, from its beginning to the mighty bang of nuclear fusion. The multipart show, produced by Walt Disney, uses a unique theater. Here the seated audience is carried past a number of stages; there are reflecting mirrors, startling visual and sound projections, and in the climax, neutron counters and other instruments to document graphically the demonstration of controlled thermonuclear fusion."[69]

Bei freiem Eintritt konnten im Vierminutentakt jeweils 250 Menschen die fast einstündige Show durchlaufen. Mittels lebensgroßer animierter Puppen in historisierenden Kulissen, wie sie bis heute zum klassischen Inventar der Freizeitparks von Walt Disney gehören, wurde darin die wachsende Bedeutung von Elektrizität für das alltägliche Leben einer typischen amerikanischen Familien dramatisiert. Von den 1890er Jahren, als das Unternehmen

---

67 Vgl. „Brochure: Facts About General Electric's Nuclear Fusion Demonstration". http://www.nywf64.com/genele18.shtml (letzter Zugriff: 12. Oktober 2018). Auf der im Folgenden mehrfach zitierten Website http://www.nywf64.com betreibt Bill Young, ein amerikanischer Sammler und neben Bill Cotter Co-Autor des Buches, Bill Cotter und Bill Young, *The 1964-1965 New York World's Fair* (Charleston, SC: Arcadia, 2004)., eine Web-Ausstellung über die Weltausstellung in New York 1964/65 mit zahlreichen Dokumenten zu den einzelnen Pavillions.

68 General Electric, „The Souvenir Booklet: Progressland". http://www.nywf64.com/genele08.shtml (letzter Zugriff: 7. Mai 2018).

69 *Official Guide: New York World's Fair 1964/1965* (New York, NY: Time Inc., 1964), 90.

General Electric gegründet wurde, bis in die Gegenwart zeigten vier aufeinanderfolgenden Szenen im „Carousel of Progress", wie immer mehr elektrische Energie im Allgemeinen und natürlich auch immer mehr Produkte von GE im Besonderen einen beispiellos beschleinigten technologischen Fortschritt und quasi universellen Zuwachs an Wohlstand, Komfort und Lebensqualität bedeuteten. Gemäß seinem damaligen Slogan und der dominanten Terminologie der Ausstellung, standen dabei jedoch nicht konkrete Maschinen und Apparate aus dem Portfolio des Technologieunternehmens im Vordergrund. Stattdessen bewarb Disneys Ausstellung für General Electric den Fortschritt selbst als dessen wichtigstes Produkt.[70]

Abb. 13: Ronald Reagan vor dem Slogan „Progress Is Our Most Important Product" in der Fernsehshow General Electric Theater. Der Schauspieler und spätere U.S.-Präsident fungierte von 1954 bis 1962 als Gastgeber dieser in über 200 Episoden auf dem Kanal CBS ausgestrahlten Werbesendung, die zu ihren Hochzeiten als eines der beliebtesten Programme im amerikanischen Fernsehen wöchentlich über 25 Millionen Zuschauer erreichte.[71]

70 Diese Schwerpunktsetzung erlaubte es Disney auch, nach dem Ende der Weltausstellung in New York große Teile der aufwendigen Installationen des GE-Pavillions für seinen eigenen Freizeitpark in Kalifornien wiederzuverwerten. Gesponsert von General Electric wurde so das „Carousel of Progress" 1967 in Disneylands modernisierter „Tomorrowland"-Abteilung wiedereröffent.
Vgl. Eric Paddon, „Beyond the Fair: the Carousel of Progress' Beautiful Tomorrow". http://www.nywf64.com/genele21.shtml (letzter Zugriff: 22. März 2018).

71 Vgl. Thomas Kellner, „Lights, Electricity, Action: When Ronald Reagan Hosted ‚General Electric Theater'". https://www.ge.com/reports/ronald-reagan-ge/ (letzter Zugriff: 2. Mai 2018).

Nachdem die Besucher so im „Carousel of Progress“ die technologische Entwicklung im Haushalt aus Sicht der Konsumenten erfahren hatten, rückten hiernach die Wissenschaftler und Ingenieure in den Laboren von General Electric als Erzeuger des Fortschritts in den Blick. „Visitors pass through a hall in which giant photos of General Electric scientists and engineers – at work on laser rays[72], space technology, nuclear experiments and low-temperature research – are reflected and re-reflected in mirrors until it seems that whole armies of scientists are present.“[73] Es folgten Projektionen von natürlicher Elektrizität in Blitzen, loderndem Sonnenfeuer und tausenden herumwirbelnden Atomen während derer „[a] narrator describes man's historic search to harness energy and introduces the fusion experiment to follow“[74]. Schließlich blicken die Besucher auf einen Apparat, den die damaligen Werbematerialien vollmundig als „man-made sun“[75] beschrieben, „the first demonstration of controlled thermonuclear fusion to be witnessed by a large general audience“[76]. Angaben von General Electric zufolge, hörten so über 7,4 Milionen Menschen allein im ersten Jahr den Countdown bis zu dem lauten Knall, als sich die Hochspannungskondensatoren entluden und helle Lichtblitze anzeigten, dass ihre gespeicherte Energie das Deuterium Gas in der Kuppel darüber für winzige Bruchteile von Sekunden auf mehrere Millionen Grad Celsius erhitze und in dem entstandenen Plasma eine Kernfusionsreaktion zustande kam.

Ein Begleitheft zur Ausstellung erklärte den Besuchern, dass Kernfusion wie in diesem Experiment „[...] may someday provide all the energy we'll ever need“, und obwohl es im nächsten Satz einschränkte, dass „much new knowledge, many new skills, are needed before sustained fusion power

72 Parallel zu ihrer Nebenrolle auf der Weltausstellung machte die neue Lasertechnik auch im Kino ihren ersten popkulturellen Eindruck auf ein internationales Massenpublikum: Im Kassenerfolg *Golfinger* (1964) drohte der auf eine Metallplatte gefesselte Agent 007 in einer der bekanntesten Szenen der James Bond-Filmreihe von einem Laserstrahl zweigeteilt und dadurch getötet zu werden, lange bevor eine solche Anwendung auch in der Realität möglich wurde.

73 *Official Guide,* 90.

74 Ebd.

75 „Advertisement“, in, *Official Guide: New York World's Fair 1964/1965* (New York, NY: Time Inc., 1964).

76 *Official Guide,* 90.

can be relized on a large scale“, war die Botschaft der Ausstellung klar: Kernfusion – „the greatest challenge of all […] … man’s dream of duplicating that huge thermonuclear furnace we call the sun“[77] – ist als Energiequelle der Zukunft „on the horizon for tomorrow“[78] und „scientists in government and industry have taken the first steps“[79]!

Zu der Frage, wann der beschriebene Traum von der Kernfusion als ultimative Energiequelle für die Menschheit in Erfüllung gehen sollte, vermeiden die verschiedenen Broschüren und Texte über das Experiment zwar eine konkrete Aussage. Die chronologische Taktung der in der Zeitreise durch amerikanische Haushalte – Jahrhundertwende, 1920er, 1940er, Gegenwart – bis zum futuristischen Kernfusionsexperiment in Progressland erzählten Geschichte sugeriert jedoch qua Projektion einen Endzeitpunkt in etwa 20 Jahren Entfernung, von dem die meisten Messebesucher in freudiger Erwartung hoffen konnten, ihn noch zu erleben.

Hinter den Kulissen wuchsen beim Management von General Electric derweil ernste Zweifel bezüglich der Erfolgsaussichten ihrer hauseignen Kernfusionsforschung. Eine interne Beurteilung kam 1965 schließlich zu dem Schluss, dass die Wahrscheinlichkeit wirtschaftlicher Stromerzeugung durch Kernfusion auf absehbare Zeit zu gering wäre, um eine fortgesetzte private Erforschung zu rechtfertigen. „GE proposed that the AEC finance its research through a joint effort, but the AEC refused and GE phased out its fusion program.“[80]

77 General Electric, „The Souvenir Booklet“.

78 „Brochure: Your Tour of Progressland“. http://www.nywf64.com/genele09.shtml (letzter Zugriff: 12. Oktober 2018).

79 „Transcript of the Skydome Spectacular Show“. http://www.nywf64.com/genele13.shtml (letzter Zugriff: 7. Mai 2018).

80 U.S. Congress | Office of Technology Assessment, *Starpower: The U.S. and the International Quest for Fusion Energy* (Washington, D.C.: Government Printing Office, 1987), 44.

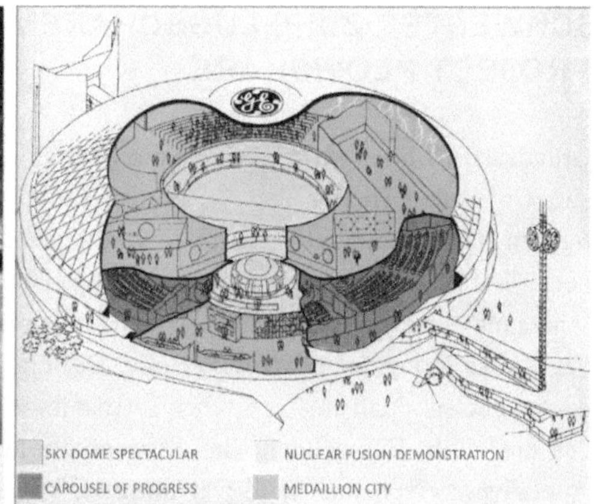

Abb. 14: Eine Kernfusions-Demonstration war der dramatische Abschluss und Höhepunkt im Zentrum der von Walt Disney gestalteten Energie-Ausstellung im „Progressland"-Pavillion von General Electric auf der Weltausstellung in New York 1964/65.

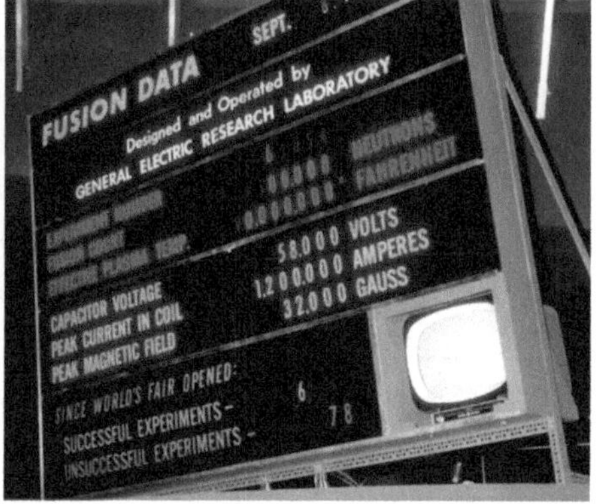

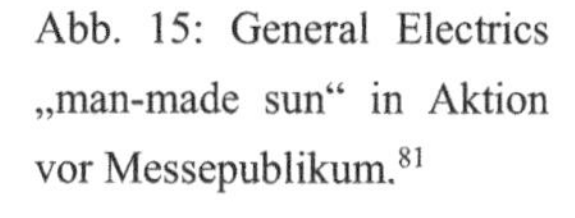

Abb. 15: General Electrics „man-made sun“ in Aktion vor Messepublikum.[81]

Abb. 16: Solche Anzeigetafeln informierten die Besucher über die Resultate des gezeigten Fusionsexperiments.[82]

81 Vgl. Jeffrey Stanton, „Showcasing Technology at the 1964-1965 New York World's Fair“. https://www.westland.net/ny64fair/map-docs/technology.htm (letzter Zugriff: 4. Mai 2018).

82 Robert Arnoux, „When fusion was almost there“. https://www.iter.org/newsline/-/1897 (letzter Zugriff: 12. Oktober 2018).

SCHWERTER ZU PFLUGSCHAREN – PROJECT PLOWSHARE

Grundsätzlich blieb in der amerikanischen Öffentlichkeit die Zustimmung zum Controlled Thermonuclear Research Program trotz aller Kritik an gestigenen Kosten und enttäuschten Erwartungen auch in den 1960er Jahren hoch. Wie schon seit den Anfängen der allgemeinen Kernenergiedebatte ein Jahrzehnt vorher, spielte auch diesmal das Framing der Debatte im Kontext des Kalten Kriegs eine wichtige Rolle. Der bis in die 1970er Jahre dominante „nuclear dualism“[83] zwischen „atoms for war“ und „atoms for peace“, der die zivile Entwicklung der Kernenergie als einzige Alternative zur Apokalypse erscheinen ließ, war umso wirkmächtiger, als zu Beginn der 1960er Jahre nach einer kurzen Phase der Entspannung der Kontrast zwischen diesen beiden vermeintlichen Polen durch neuerliche Eskalationen des Ost-West-Konflikts wieder stärker zu Tage trat.[84] Januskköpfig changierte die Kernfusion in der öffentlichen Wahrnehmung so zwischen Hoffnung und Horror, der kooperativen Internationalisierung der zivilen Forschung auf der einen Seite und thermonuklearem Säbelrasseln andererseits.

Eine sehr spezielle Synthese des „nuclear dualism“ im Zusammenhang mit der Entwicklung kontrollierter Kernfusion propagierte der sogenannte Vater der amerikanischen Wasserstoffbombe, Edward Teller. Statt den furchteinflösenden Waffen einzig die Hoffnung auf kontrollierte Kernfusion in einem Reaktor entgegenzusetzen, schlug er vor, die Wasserstoffbomben selbst zu einer produktiven Kraft für friedliche Zwecke umzuwid-

83 Vgl. Gamson und Modigliani, „Media Discourse and Public Opinion on Nuclear Power“, 13.

84 Nachdem sich die USA und die UdSSR bereits auf eine vorübergehende Einstellung ihrer Atomtests geeinigt hatten war 1960 ein Teststoppabkommen beinahe unterschriftsreif. Als dann jedoch die Sowjetunion ein U.S.-Spionageflugzeug über ihrem Land abschoss, kam danach vorerst keine Einigung mehr zu stande. Stattdessen verschärfte sich in der Folgezeit die Situation im Kalten Krieg und die Spannungen, vor allem im Zusammenhang mit Berlin und Kuba, nahmen wieder zu. 1961 setzten schließlich beide Parteien ihr Atomtest-Moratorium aus, und noch im Oktober dieses Jahres zündeten die Sowjets die stärkste jemals getestete Wasserstoffbombe mit einer Sprengkraft von 50 Megatonnen TNT-Äquivalent.

men. Unter dem treffenden Titel Plowshare, der auf ein Bibelzitat und die Devise der Friedensbewegung „Schwerter zu Pflugscharen" anspielte, warb Teller 1958 in einem Bericht des von ihm geleiteten Radiation Laboratory an der University of California in Livermore an die Atomic Energy Commission für die Idee kontrollierter Atomexplosionen.

> „This survey should not be concluded without mentioning another way in which thermonuclear energy can be made to serve peaceful and constructive purposes. Our recent investigations have led increasingly to the expectation that thermonuclear explosions can be brought sufficiently under control to be of help in earth-moving jobs, in mining, and conceivably even in the production of energy."[85]

Der Einsatz thermonuklearer Explosionen sei dabei vor allem zur Erdbewegung gegenüber konventionellen Atombomben aus zweierlei Günden vorteilhaft: Zum einen sei das Fusionsmaterial, dessen Menge die fast beliebig skalierbare Mächtigkeit der Explosion bestimmt, vergleichsweise günstig. Zum anderen würde bei entsprechender Planung im Vergleich zu Fissionsexplosionen weitaus weniger gefährliche Radioaktivität freigesetzt.[86] „It will be noticed that both the cheapness of the fuel and the reduction of radioactive contamination are the same factors which also play an important role in our future expectations concerning controlled fusion reactions."[87]

---

85 Teller, „Peaceful Uses of Fusion", 9.

86 Abhängig von den verwendeten Materialien lässt sich das Verhältnis von Explosionswirkung – primär Hitze und Druck – zu Strahlenwirkung, ihrer Dauer und Intensität, in Wasserstoffbomben gezielt beeinflussen. Diese Eigenschaft lässt sich außer zur Strahlungsreduktion auch zum gegenteiligen Effekt einsetzten. So entwickelten die USA zur selben Zeit auch Enhanced Radiation Weapons, sogenannte Neutronenbomben, zum Einsatz gegen sowjetische Panzer auf europäischen Schlachtfeldern. Diese Waffen sollten durch starke aber kurzlebige Radioaktivität alles Leben in ihrem Umkreis vernichten, jedoch Gebäude, Infrastruktur und sonstiges Gerät bestmöglich schonen. Sie wurden deshalb später als unmoralisch und kapitalistisch kritisiert.

87 Ebd., 10.

Erste entsprechende Überlegungen hatte es bereits ab Ende 1956 unter Tellers Vorgänger Herbert York gegeben[88], doch erst ab 1958 machte die AEC das Project Plowshare öffentlich und es erlangte als eigenes Forschungsprogramm gegen den Trend zu weniger Kernwaffentests größere Bedeutung. Neben ihren vielfältigen Einsatzmöglichkeiten versprachen die friedlichen Explosionen für die AEC mittelbar auch einen propagandistischen Nutzen: zunächst die Demonstration technologischen Fortschritts und in Zeiten einer international wirkenden Kampagne für nukleare Abrüstung wichtiger noch die Gewöhnung der Öffentlichkeit an und Versöhnung mit Kernwaffen und deren Erprobung. „Commission interest in Plowshare grew rapidly in 1958, not only in terms of its potential peaceful applications but also as an opportunity to put a better light on weapon development."[89] Auch ein erster Artikel über Project Plowshare in der *New York Times* erkannte dessen potentielle Wirkung auf die öffentliche Akzeptanz von Kernwaffentests und spekulierte, „[a]tomic explosions up to ten times the power of the World War II Hiroshima bomb may be within a couple years an every-day occurrence almost anywhere in the country"[90]. Ein Vollzug der bereits geplanten Atomtests unterlieb jedoch vorerst mit Rücksicht auf das im Rahmen der 1958 begonnenen Verhandlungen über ein Teststoppabkommen mit der Sowjetunion vereinbarte Moratorium. Dieses sollte bis September 1961 fast drei Jahre Bestand haben, in denen beide Seiten keine nuklearen Explosionen mehr testeten.[91] Erst nach dem Scheitern der Verhandlungen wurden in Project Plowshare ab Dezember 1961 schließlich bei 27 Tests – größtenteils in Nevada – insgesamt 35 nukleare Explosionen durchgeführt.

Die möglichen Funktionsweisen der untersuchten Anwendungen erklärte Teller unter anderem in einem weiteren Bericht von 1963, in welchem er nochmals die bereits erwähnten Vorzüge von Fusions- gegenüber Fissionsexplosionen betonte. „The best tool for Plowshare is the thermonuclear

---

88 Vgl. Harold Brown und Gerald W. Johnson, „Non-Military Uses of Nuclear Explosives", in: *Scientific American* 199, Nr. 6 (1958).

89 Hewlett und Holl, *Atoms for Peace and War, 1953-1961,* 529.

90 Gladwin Hill, „A.E.C. Considers Deep A-Blasting for Oil and Ore", in: *The New York Times,* 14. März 1958.

91 Vgl. Hewlett und Holl, *Atoms for Peace and War, 1953 - 1961,* 530.

explosion."[92] Nur sie erlaube es, die beiden großen Hindernisse bezüglich der Praktikabilität und Akzeptanz der vorgeschlagenen Plowshare-Projekte zu überwinden, Kosten und Strahlung. Noch bevor die wenigen bis dahin installierten konventionellen Kernkraftwerke in den USA – von Kernfusionskraftwerken ganz zu schweigen – im großen Stil Energie in das Stromnetz speisten, hoffte Teller weiterhin: „Thus the thermonuclear explosives which were once considered as an instrument of ultimate terror might become thc means by which the first large-scale peaceful use of atomic energy will become practically feasible."[93] Während der Einsatz thermonuklearer Explosionen zur Erdbewegung im wesentlichen den bekannten Verfahren mit Dynamit gleicht – nur in anderem Maßstab, ist sein Konzept zur Stromerzeugung weniger selbsterklärend und schon allein deshalb bemerkenswert, weil es auf Basis damals verfügbarer Technologie bis heute die einzig praktikable Methode darstellt, mittels kontrollierter Kernfusion tatsächlich elektrische Energie zu gewinnen. Teller beschreibt es neben anderen Ideen zu Meerwasserentsalzung, Bergbau und Erdölförderung – „The strange possibility of using the nuclear car to move the fossil horse is in the long run a promising one."[94] – unter der Überschrift „Dreams"[95] ähnlich einem Geothermiekraftwerk mit künstlicher Intervallheizung. Eine unterirdische, thermonuklare Explosion könnte in einer geeigneten geologischen Formation – wichtig sind wie bei der Endlagersuche für radioaktive Abfälle vor allem seismische Stabilität und Abgeschlossenheit gegenüber der Umwelt – gespeichertes Wasser verdampfen. Dieser Wasserdampf triebe dann in einem darüberliegenden Kraftwerk direkt oder indirekt Turbinen zur Stromerzeugung an und würde anschließend zurück in die Höhle geleitet. Sobald aller Dampf wieder zu Wasser kondensiert wäre, würde der Prozess von vorne beginnen. Alternativ ließe sich statt gespeichertes Wasser im Salz zu verdampfen auch das (Salz-)Gestein selbst durch eine thermo nukleare Explosion erhitzen und die gespeicherte Energie durch geeignete Flüssigkeiten in einem Wärmetauscher abführen.[96] „If steam power from

92 Edward Teller, „Plowshare" (University of California Radiation Laboratory, 1963), 4.

93 Ebd., 5.

94 Ebd., 17.

95 Ebd., 12.

96 Ein Test für dieses Verfahren war 1971 geplant aber nie durchgeführt worden.

such blast cavities should prove practical, this method may turn out to be a much cheaper and safer way of harnessing atomic energy than building complex nuclear reactors“[97], spekulierte das *Life* Magazin in einem Artikel über die erste atomare Testexplosion im Rahmen von Project Plowshare, welche als Operation Gnome am 10. Dezember 1961 in Nevada stattgefunden hatte. Leider sind beide Varianten selbstzerstörerisch – nicht nur wegen der Explosionen. Das technische Haupthindernis, woran die Realisierung dieses theoretisch wohl funktionstüchtigen Konzeptes praktisch doch scheitert, erscheint verblüffend banal: Rost. Wie sich bei der späteren Analyse von Operation Gnome, die unter anderem die Möglichkeit erforschen sollte, mittels der explosiv erzeugten Hitze im Salz Wasser für die Stromerzeugung zu verdampfen, herausstellte, wäre der so entstandene Dampf zu salzig um nicht die Turbinen und Leitungen im Kraftwerk anzugreifen und korrodieren zu lassen. Dass bei dem Test darüber hinaus an allen Barrieren vorbei über einen der Schächte an der Oberfläche auch unkontrolliert radioaktiver Dampf freigesetzt wurde, der dort die Filme in den zahlreichen installierten Kameras beschädigte, wird in *Life* zwar noch als „mishap“[98] abgetan, es verweist aber bereits auf den „lingering, and ultimately fatal, flaw in the Plowshare program“[99].

> „There is little doubt that in a repeated explosion the water vapor could become confined underground. However, when we dug into the Gnome cavity and made observations it was found that the water vapor entrained some of the salt. Due to the corrosive nature of this vapor, grave practical problems arise. It might be possible at some future time to deposit, by megaton explosions, enough heat underground so as to drive a big hydroelectric plant for a month. It is even possible to show that the expense of the nuclear explosives is small enough to make such an operation attractive. However in a steady operation the nuclear explosions would have to be repeated approximately once a month. The cost of maintaining

Vgl. U.S. Department of Energy | Office of Scientific and Technical Information, „Plowshare Program“. https://www.osti.gov/opennet/reports/plowshar.pdf (letzter Zugriff: 12. Oktober 2018), 16.

97 *Life,* „An A-Blast Harnessed for Peaceful Test“, 5. Januar 1962, 34.

98 Ebd.

99 Scott C. Zeman, „‚To See … Things Dangerous to Come to‘: Life Magazine and the Atomic Age in the United States, 1945-1965“, 67.

> the equipment under such conditions makes this possibility look most unattractive."[100]

Trotz dieser trüben Aussichten sollte es noch zwölf weitere Jahre dauern, in denen das Konzept unter dem Namen Pacer in Los Alamos weiterentwickelt wurde, bis der Energy Research and Devolopment Administration (ERDA) – neben der Nuclear Regulatory Commission (NRC) eine der beiden 1974 gegründeten Nachfollgeorganisation der AEC – ab 1975 zuerst die Geduld des Kongresses und schließlich die entsprechende Finanzierung ausging. Das internationale Wissenschaftsmagazin *New Scientist* kommentierte das Ende von Pacer im August 1975 folgendermaßen:

> „One of the more exotic solutions to the energy crisis has died before it even got off the drawing board. The Pacer programme is dead because the Energy Research and Devolopment Administration cannot find any money to continue the work. […] [T]he US is showing some signs that it will not continue to throw money after every mad energy R & D notion that comes along."[101]

1958 hatte sich Teller das freilich noch ganz anders vorgestellt, als er kontrollierte thermonukleare Explosionen quasi als kurzfristig verfügbare Brückentechnologie zur kontrollierten Kernfusion nach den bisher in Project Sherwood erforschten Methoden bewarb. Damals hatte er über die Möglichkeit auf diesem Weg elektrische Energie zu erzeugen geschrieben:

> „There is no difficulty of principle in the release of large amounts of fusion energy underground; in the conversion of this energy into high pressure steam and in the use of this steam for the production of electricity. […] It is not unreasonable to expect that explosive fusion energy can be harnessed for the production of electricity before the same feat can be accomplished in the controlled fusion process. "[102]

Doch selbst wenn es in naher Zukunft gelänge, das Verfahren durch eine kostengünstige Methode zur sicheren Eindämmung der Explosionsenergie

---

100 Teller, „Plowshare", 14.

101 Michael Kenward, „Paced Out", in: *New Scientist* 67, Nr. 963 (1975).

102 Teller, „Peaceful Uses of Fusion", 10.

auch als wirtschaftlich gewinnbringend zu perfektionieren, rechnete Teller damit, dass sich langfristig eher die kontrollierte Kernfusion als beste Option zur Stromerzeugung durchsetzen würde.

> „In any case, I am convinced that the extraordinary and abundant power of fusion energy can be used in peaceful pursuits for the benefit of mankind. When this will be accomplished, it may well turn out to be one of the most important advances of our age."[103]

Wie bei anderen Projecten gab die Atomic Energy Commission ab Anfang der 1960er Jahre auch für Project Plowshare eine Reihe von Informations- und Werbematerialien, Pamphleten, Sachbüchern und Filmen heraus. Die enttäuschte Hoffnung auf Stromerzeugung durch nukleare Explosionen wurde darin jedoch nicht mehr explizit erwähnt. Das Hauptaugenmerk galt stattdessen den Anwendungsmöglichkeiten in den Bereichen „geographical engineering" zur Beseitigung natürlicher Hindernisse für Straßen, Schiff-fahrts-Kanäle oder Häfen und der Erschließung unterirdischer Ressourcen durch das Aufbrechen von Gestein, ähnlich dem sogenannten Fracking. Beide Bereiche des betont zivilen Programms, welches die Vereinigten Staaten „for the benefit of all nations" verfolgten, wurden dabei in enger Zusammenarbeit „hand in hand" mit Industriepartnern aus der Privatwirtschaft erforscht.[104] Diese sollten ihren Bedürfnissen entsprechend in die Lage versetzt werden, im Rahmen gesetzlicher Regelungen für Gesundheits- und Umweltschutz künftig selbstständig nukleare Explosionen für kommerzielle Zwecke planen und durchführen zu könnnen. Nur die Sprengkörper würden, so das beispielsweise im AEC-Propagandafilm „Plowshare" von 1965 beschriebene Ideal, unter staatlicher Kontrolle verbleiben. „Eventually the badges of national government will give way – except for the explosives – to the hard hats of industry and public works personal, using this new power tool for their own applications under establised safety regulations."[105]

103 Ebd.

104 Vgl. U.S. Atomic Energy Commission, *Plowshare* (San Francisco, CA: U.S. Atomic Energy Commission San Francisco Operations Office, 1965).

105 Ebd.

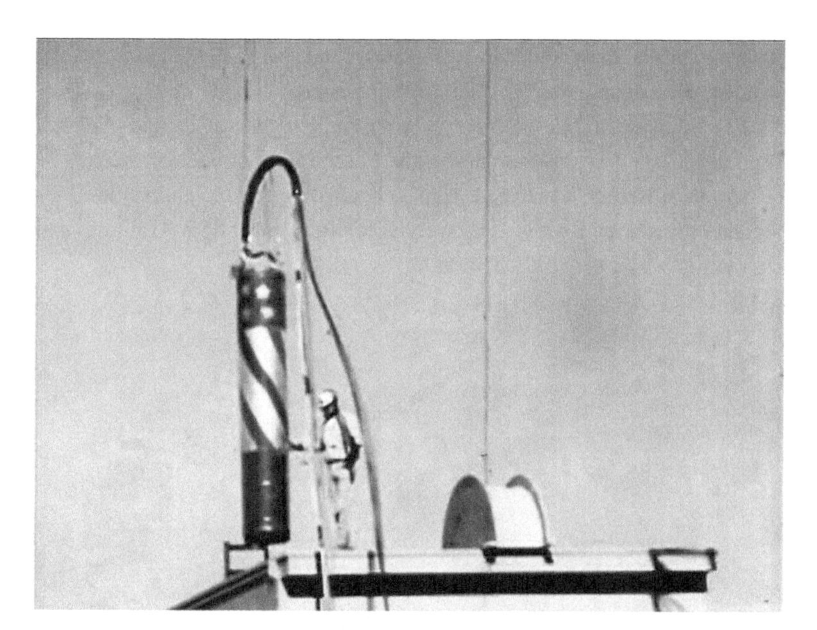

Abb. 17: Ein mit Stars and Stripes bemalter Nuklearsprengkörper wird in ein Bohrloch eingeführt. „Today this scene of preparation for a peaceful nuclear explosion is at an experimental site. Tomorrow, when the potential of nuclear explosives is fulfilled, this scene will move to the site for a new harbor, canal or mountainpass, a mine, oil field, gas reservoir or water storage basin, or perhaps a new underground laboratory."[106]

Es bestehe jedoch kein Zweifel, so der Film weiter, dass die meisten Anwendungen nuklearer Erdarbeiten nicht in den Vereinigten Staaten, sondern anderswo in der Welt stattfinden würden. Das prominenteste Beispiel für eine soche Anwendung, das auch in *Plowshare* thematisiert und dessen enormes Medienecho darin durch einen Stapel Tageszeitungen illustriert wird, ist ein neuer schleusenloser „Panatomic Canal", der auf Meeresniveau durch den Isthmus von Mittelamerika führen und den bisherigen Panamakanal ergänzen oder ersetzen sollte. Neben der mangelnden Kapazität und den hohen Betriebskosten des bestehenden Schleusenkanals, hatten vom Januar 1964 an der sogenannte Flaggenstreit zwischen den Vereinigten Staaten und Panama, als bei antiamerikanischen Demonstrationen und Aus-

106 Ebd.

schreitungen in der Kanalzone 22 Panamaer und vier U.S.-Soldaten getötet wurden, die Debatte um eine Alternative befeuert.

Ein Editorial in *Life* sah die Zeit dafür endlich gekommen und plädierte für den Einsatz der „fantastic new shovel in the form of nuclear energy“[107], mit deren Hilfe der Kanal zu einem Zehntel der mit konventionellen Methoden erwartbaren Kosten „relatively cheap (upwards of $500 million) and easy to dig“[108] zu verwirklichen sei.

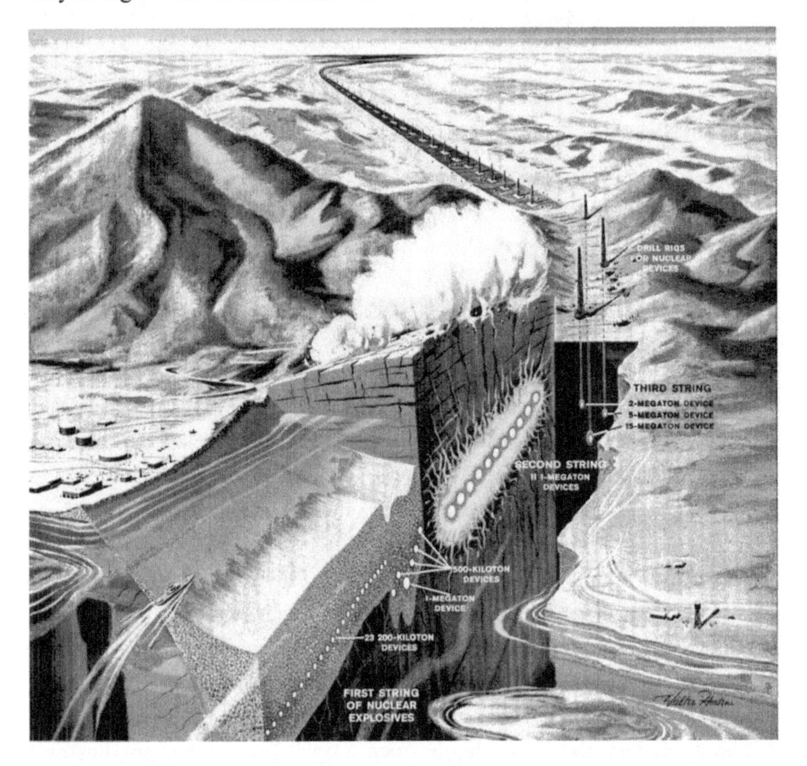

Abb. 18: Drei Reihen von insgesamt 300 unterirdischen Nuklearsprenkörpern verschiedener Mächtigkeit sollten die Landenge so zerschneiden, dass die Explosionen einen Graben bilden würden, in dem sich der Großteil der radioaktiven Erdmassen (rot markiert) am Grunde des neu entstandenen Flussbetts selbst einschließen würde.[109]

107 *Life,* „The Good Case for a New Canal“, 6. März 1964.

108 Ebd.

109 *Life,* „Bang-up Way to Dig a New Canal“, 6. März 1964.

Neben dem politischen Hindernis einer nötigen Ergänzung des 1963 auch unter dem Eindruck der nuklearen Beinahe-Eskalation der Kuba-Krise vom Oktober 1962 doch noch in Kraft getretenen Partial Test Ban Treaty (PTBT), der Kernwaffenversuche und andere Kernexplosionen in der Atmosphäre, im Weltraum und unter Wasser – sowie hier relevant Explosionen, in deren Folge radioaktiver Fallout außerhalb der Grenzen des Landes gelangt, das die Explosion durchführt – verbietet, und einigen ungeklärten technischen Fragen identifiziert der Artikel die Ortswahl als größtes Problem. So müssten je nach dem, welche der untersuchten Routen durch Mexiko, Nicaragua und Costa Rica, Panama oder Kolumbien gewählt würde, in einem bis zu 120 Kilometer breiten Streifen um den Kanal wegen des radioaktiven Fallouts mindestens 25.000 Menschen für bis zu zwei Jahre evakuiert oder dauerhaft umgesiedelt werden. Die war zumindest die optimistische Schätzung auf Basis eines optimalen Projektverlaufs unter bestmöglichen Bedingugen und der Annahme, dass der Ablauf und die Konsequenzen mehrer hundert Kernexplosionen mit einer kombinierten Sprengkraft von über 100 Megatonnen TNT-Äquivalent überhaupt vollständig überblickt werden könnten. Wie jedoch ein kontroverses Paper[110] des damaligen Leiters der Biomedical Research Division am Lawrence Livermore National Laboratory, John Gofman, beim dritten Plowshare Symposium „Engineering with Nuclear Explosives“ der AEC, das mit über 700 Besuchern im April 1964 an der University of California in Davis stattfand und laut dem Vorwort der gesammelten Beiträge „world-wide attention“[111] erregte, zeigt, waren nicht alle beteiligten Wissenschaftler so zuversichtlich. So stellte Gofman fest, dass man bei weitem zu wenig über die Gefahren der Radioaktivität wüsste, um Näheres über den Verlust an Menschenleben in dieser oder in zukünftigen Generationen aussage zu können; wie sie durch die Ausbreitung von Radioaktivität bei Projekten wie der Aushebung eines interozeanischen Kanals entstehen würden.[112] „[T]he conclusion is part of a broad dilemma facing society today. This dilemma arises from the fact that

110 John W. Gofman, „Hazards to Man From Radioactivity“, in: U.S. Atomic Energy Commission, Hg., *Engineering with Nuclear Explosives: Proceedings of the Third Plowshare Symposium, April 21-23, 1964.*

111 „Foreword“, in: *Engineering with Nuclear Explosives,* III.

112 Vgl. Arthur R. Tamplin und John W. Gofman, *Kernspaltung – Ende der Zukunft?* (Hameln: Sponholtz, 1982), 87.

technological advances in the physical and engineering sciences have made a variety od projects feasible, while the biological and medical knowledge requisite to assess ‚biological cost‘ is far from adequate.“[113]

Mit dem zunehmenden Bewusstsein um die Gefahren durch Radioaktivität aus Kernexplosionen, nahmen das kurzlebige öffentliche Interesse und die Faszination bezüglich ihrer friedlichen Anwendungen wieder ab. Während Experten abseits der Öffentlichkeit weiter über ihre Einsatzmöglichkeiten grübelten und dabei auf immer mehr Probleme hinsichtlich Praktikabilität, Wirtschaftlichkeit und Akzeptanz stießen, ist Plowshare als Thema aus den Massenmedien weitgehend verschwunden.

> „Never extensively covered in the magazines, by the mid-1960s, Plowshare all but disappeared from their pages. By the mid-1960s, the vision of an atomic-powered utopia would be largely eclipsed by its inverse, the technological dystopia. Nuclear weapons increasingly came to be seen as the ultimate expression of humankind's drive towards its own destruction. A key development in the change in attitude was the growing attention to the increasingly haunting spectre of radiation and radioactive fallout from decades of atmospheric testing.“[114]

Eine im April 1965 dann von Präsident Lyndon B. Johnson eingesetzte Atlantic-Pacific Interoceanic Canal Study Commission kam in ihrem Abschlussbericht, den sie im Dezember 1970 an Johnsons Nachfolger Richard Nixon übergab, schließlich zu dem abschlägigen Ergebnis, dass ein mittels nuklearer Explosionen ausgehobener Panatomic Canal unter anderem mangels öffentlicher Akzeptanz nicht zu realisieren sei.

> „Unfortunately, neither the technical feasibility nor the international acceptability of such an application of nuclear excavation technology has been established at this date. [...] Hence, although we are confident that someday nuclear explosions will be used in a wide variety of massive earth-moving projects, no

113 Gofman, „Hazards to Man From Radioactivity“, in: *Engineering with Nuclear Explosives,* 161.

114 Scott C. Zeman, „‚To See ... Things Dangerous to Come to‘: Life Magazine and the Atomic Age in the United States, 1945-1965“, 67–68.

> current decision on United States canal policy should be made in the expectation that nuclear excavation technology will be available for canal construction.“[115]

Das Projekt berge unkalkulierbare Risiken und rechnete man nur die Kosten zur Herstellung der fehlenden Akzeptanz – bei den betroffenen Menschen in Mittelamerika, in der heimischen Öffentlichkeit und Weltweit – durch Kompensationszahlungen oder entsprechende Informations- und Werbekamagnen sowie den erwartbaren politischen Ansehensverlust in die Kosten-Nutzen-Analyse des Projektes mit ein, könnte sich der wirtschaftliche Vorteil gegenüber konventionellen Kanalbaumethoden schnell ins Gegenteil verkehren.

> „Many people throughout the world, including some scientists, may remain convinced that the levels of radioactivity expected to be released to the environment would not be acceptable. [...] The problems of public acceptance of nuclear canal excavation probably could be solved through diplomacy, public education, and compensating payments. However, the political and financial costs to the United States in obtaining such acceptance could offset any potential saving in construction costs and gains in intangible benefits. [...] Although pioneering in such a massive nuclear excavation project would certainly add to the scientific and engineering stature of the United States, proceeding with nuclear construction against extensive minority opposition would detract from that prestige.“[116]

Das Kanal-Projekt wurde schließlich genau wie die anderen geplanten Großprojekte zum friedlichen Einsatz kontrollierter Atomexplosionen nie realisiert und Operation Plowshare 1977 aufgrund wachsenden öffentlichen Widerstands ganz aufgegeben. Auch mit seinen propagandistischen Zielen ist das Programm letzlich auf ganzer Linie gescheitert. Statt wie erhofft, am Beispiel produktiver Explosionen die öffentliche Akzeptanz von Kernwaffen zu erhöhen, bildeten sich im Widerstand gegen seine Projekte die Keimzellen einer noch viel umfassenderen Anti-Atomkraft- und neuen Umweltbewegung. Bedeutsam ist Operation Plowshare demnach bis heute

---

115 Atlantic-Pacific Interoceanic Canal Study Commission, „Interoceanic Canal Studies 1970“ (U.S. Government Printing Office, 1971).

116 Ebd., 44–45.

nicht nur als kurioser Irrweg nuklearer Machbarkeitsgläubigkeit, sondern wie Joachim Radkau feststellte, vor allem als Bindeglied für den Übergang der Protestbewegung gegen Atomwaffentests zum Protest auch gegen zivile Kernenergie.[117]

117 Vgl. Radkau, *Die Ära der Ökologie,* 217.

4 Krise als Chance – Umweltbewegung, Ölkrise und die goldenen Jahre der Kernfusionsforschung

Die Proteste gegen Atomwaffen und die neu entstandene Umweltbewegung, welche auch die radiologischen Risiken der zivilen Kernenergienutzung thematisierten, waren für die Kernfusionsforschung in den 1970er Jahren letzlich Fluch und Segen zugleich. War die Kernfusion in Gestalt der Wasserstoffbombe zunächst Gegenstand der Kampagne für nukleare Abrüstung gewesen, entzündeten sich die Proteste gegen die zivile Kernenergienutzung vor allem an den Problemen mit der Kernspaltung. Einen am 19. Januar 1970 im *Time* Magazin erschienener Artikel „The Peaceful Atom: Friend or Foe?" ist folgende Zusammenfassung der Ausgangslage zu entnehmen:

> „With every new demand for electricity, U.S. generating plants belch more smoke into the nation's dirty skies. In theory, the cure is nuclear power – a vision of clean, cheap electricity and smog-free air. Now that vision is being challenged by a growing coalition of conservationists, laymen and legislators who raise disturbing questions about the dangers of the peaceful atom. The critics are vocal and active – and they are getting results. […] Meanwhile, the U.S. demand for electricity is expected to double every ten years. Generating that much power with fossil fuels (oil, coal) could turn the already polluted skies black with smog. Since the obvious need is a clean source of energy, the arguments for atomic power are persuasive – but not exclusive. One alternative approach being explored by scientists in Britain, Russia and the U.S. is the

> development of a fusion reactor fueled by a hydrogen isotope found in common water; it would produce no radioactive byproducts."[1]

So büßte einerseits die Erforschung kontrollierter thermonuklearer Explosionen in Project Plowshare wegen ihrer Verknüpfung mit Atombomben dermaßen viel gesellschaftlichen und leztlich auch politischen Rückhalt ein, dass dieses schließlich 1977 eingestellt wurde. Andererseits konnte sich die Kernfusionsforschung zur Stromerzeugung in Reaktoren gegenüber den problematisch gewordenen Atomkraftwerken mit Kernspaltung als sichere und saubere Alternative profilieren. Zusätzlich gaben neue technologische Ansätze, wie das russische Tokamak-Design und die sogenannte Trägheits-Fusion mittels Laserstrahlen, nach vielen Enttäuschungen frische Zuversicht.

Als Edward Teller im Mai 1972 in einem Gastbeitrag für die Jubiläumsausgabe[2] zum einhundertjährigen Bestehen des populären Wissenschafts- und Technikmagazins *Popular Science* die Frage beantworten sollte, „Can We Harness Nuclear Fusion in the '70s?"[3], fand das einst von ihm als als kurzfristig verfügbare Brückentechnologie zur kontrollierten Kernfusion beworbene Project Plowshare bereits keine Erwähnung mehr. Stattdessen gibt Teller darin einen Überblick von der Entdeckung der Kernfusion als Energiequelle der Sonne und ihren physikalischen Funktionsprinzipien – „In principle, the problem is simple and is well understood"[4] – über die Wurzeln der amerikanischen Kernfusionsforschunug im Manhattan-Projekt, bis hin zu aktuellen Versuchsaufbauten und ihren Problemen, die Bedingungen für eine selbsterhaltende Fusionsreaktion vom Vorbild der Sonne auf die Erde zu übertragen. Er skizziert die historische Entwicklung der

---

1 „The Peaceful Atom: Friend or Foe?", in: *Time* 95, Nr. 3 (1970).

2 Für seine Jubiläumsausgabe war es *Popular Science* gelungen, eine Reihe außergewöhnlich prominenter Gastautoren zu gewinnen. Neben Edward Teller als eine der herasuragendsten Persönlichkeiten des Atomzeitalters steuerten auch der Architekt Richard Buckminter Fuller, der Laserpionier Joseph Weber, der Reketeningenieur Wernher von Braun und weitere Berühmtheiten der amerikanischen Wissenschafts und Technikgeschichte Artikel bei.

3 Edward Teller, „Can We Harness Nuclear Fusion in the '70s?", in: *Popular Science* 200, Nr. 5 (1972).

4 Ebd., 88.

wichtigsten Methoden magnetischen Plasmaeinschlusses und beschreibt ihre verschiedenen Unzulänglichkeiten ebenso wie die Fortschritte im anhaltenden Bemühen diese zu überwinden. Die titelgebende Frage nach der Perspektive für die 1970er Jahre beantwortet Teller differenziert. So könne man optimistisch zwar hoffen, dass Kernfusionsexperimente in wenigen Jahren mehr Energie freisetzen würden als vorher eingebracht werden musste, womit zuerst die prinzipielle Machbarkeit Strom produzierender Kraftwerke bewiesen wäre, aber noch nicht – und das würde wichtiger sein – deren wirtschaftliche Wettbewerbsfähigkeit.

> „From the point of view of engineering and capital investment, no early success can be expected. Controlled fusion will require much more delicate and sophisticated operation than we encounter in today's nuclear reactors. It would be most surprising if economic feasibilty along any of the lines mentioned could be established before the last decade of our century. But if we do succeed, there is a big advantage to be gained: Fusion reactors are apt to be safe and clean. There is good chance that controlled fusion will become *the* standard energy source – one that will be plentiful and consistent with all the requirements of a clean environment.“[5]

Hier hatte die Erfahrung mit den bisher erichteten Kernkraftwerken gelehrt, dass die Investitionskosten für komplexe Nuklearanlagen nicht zu unterschätzen waren und ihre Stromproduktion unabhängig von niedrigen Brennstoffkosten in der Praxis alles andere war als „too cheap to meter“[6]. Kommerzielle Fusionsreaktoren seien deshalb nicht vor den 1990er Jahren

---

5 Ebd., 176.

6 Elektrizität „too cheap to meter“ ist eine vielzitierte Hoffnung aus der Frühzeit des Atomzeitalters und dient Kritikern der Kernenergie bis heute als Beispiel für dessen überzogene und uneingelösteVersprechungen. Ursprünglich als Erwartung für das Leben ihrer Kinder geäussert, entstammt der Ausdruck einer Rede des damaligen Vorsitzenden der Atomic Energy Commission Lewis L. Strauss vor Wissenschaftsjournalisten in New York 1954.
Lewis L. Strauss, „Remarks Prepared by Lewis L. Strauss, Chairman, United States Atomic Energy Commission, For Delivery At the Founders' Day Dinner, National Association of Science Writers, On September 16, 1954, New York, New York“, 9.

zu erwarten. Dann aber könnten sie aufgrund ihrer Vorteile zur neuen Standard-Stromquelle werden. Die genannten Vorteile unterscheiden sich dann stark von den Vorstellungen früherer Jahre. Statt utopischer Fortschrittsversprechen und Allmachtsphantasien durch unbegrenzte Energie referenzierte Teller ein drängendes Thema aus der Gegenwart seiner Zeitgenossen – ihr wachsendes Umweltbewusstsein. Implizit adressierte er sogar die keimende Kritik an den Risiken konventioneller Atomkraftwerke. Indem er als die besondere neue Qualität von Fusionsreaktoren hervorhebt, dass diese „safe and clean" seien, würdigt er gewissermaßen die Krtik der aufkommenden Anti-Atomkraft-Bewegung und sugeriert bewusst oder unbewusst auch, dass es hinsichtlich der Sicherheit und Sauberkeit bestehender Kraftwerkstypen durchaus noch Defizite gab.

Neben seiner Darstellung der damals wichtigsten Methoden magnetischen Plasmaeinschlusses – Mirror Machine, Tokamak und Magnetic Pinch – erwähnt Teller in seinem Gastbeitrag auch einen vielversprechenden neuen Ansatz der Kernfusionsforschung: die sogennante Laser- oder Trägheitsfusion (Englisch: Inertial Confinement Fusion). Dabei wird ein kleines kugelförmiges Pellet Fusionsbrennstoff, meist aus den Wasserstoffisotopen Deuterium und Tritium, direkt oder indirekt so von allen Seiten mit starken Laserstrahlen beschossen, dass es sich durch Kompression auf die zur Kernfusion nötigen hohen Temperaturen erhitzt und wie in einer Wasserstoffbombe schließlich explosionsartig Energie freisetzt. Im Unterschied zu den kontrollierten thermonuklearen Explosionen wie in Project Plowshare, die zu ihrer Zündung jeweils noch eine vorgeschaltete Fissions-Atombombe benötigten, deren Mächtigkeit physikalisch bedingt nicht unter ein sehr hohes Maß reduziert werden kann, machte es der Einsatz von Laserstrahlen nun möglich, thermonukleare Explosionen auf handhabbare Größe zu miniaturisieren. Diese könnten dann bei entsprechend hochfrequenter Wiederholung ähnlich wie in einem Verbrennungsmotor als Energiequelle dienen.

> „This would be in principle a scaled down version of what was first accomplished in 1952. As in an internal combustion engine, an explosion might indeed be tolerable if it is only small enough. It may be practical if it is repeated with sufficient frequency. This approach has recently received a lot of attention and

while it was started much later than the confinement by magnetic fields, it may yet turn out to be more effective in the long run."[7]

Weil die bei der Laserfusion auftretenden thermonuklearen Mini-Explosionen Rückschlüsse auf die genauere Funktionsweise tatsächlicher Wasserstoffbomben zulassen könnten[8], waren die bald nach der Erfindung des Lasers Anfang der 1960er Jahre an Tellers Lawrence Livermore National Laboratory begonnenen Voruntersuchungen in dieser Angelegenheit[9], anders als die militärisch weniger relevanten Fusionsexperimente in Project Sherwood, zunächst weiter geheim geblieben und in Einzelheiten erst kürzlich gelüftet worden. Eine detaillierte wissenschaftliche Darstellung des Verfahrens wurde erstmals im September 1972 im Fachjournal *Nature* veröffentlicht und verhieß: „This scheme [...] makes feasible fusion power reactors using practical lasers."[10]

Geeignete Laser, die stark genug wären, den Fusionsbrennstoff zu zünden und so die Theorie in die Praxis zu überführen, befanden sich in Entwicklung. Diese sollten künftig jedoch nicht nur Fusionsenergie freisetzen und helfen, Wassertoffbombentests zu simulieren, sondern nach den Vorstellungen des U.S.-Militärs auch unmittelbar als Strahlenwaffen einsetzbar werden. Ein Artikel im *Time* Magazin – „Now, the Death Ray?"[11], ebenfalls vom September 1972 – beschreibt die futuristisch anmutenden An-

7 Teller, „Can We Harness Nuclear Fusion in the '70s?", 176.

8 Bis heute dienen die am Lawrence Livermore National Laboratory immer größer gewordenen Anlagen zur Laserfusion primär der Simulation von Kernwaffenexplosionen. Damit soll die Funktionssicherheit des amerikanischen Arsenals trotz der seit dem Partial Test Ban Treaty von 1963 eingeschränkten Testmöglichkeiten weiterhin gewährleistet werden.

9 Die genaue Chronologie der Anfänge des zur Laserfusion offiziell 1962 begonenen Programms und seine Ursprünge in Überlegungen zur Miniaturisierung thermonuklearer Explosionen für Project Plowshare erinnert der damals leitende Wissenschaftler John Nuckolls in einem informellen Report.
Vgl. John Nuckolls, „Early Steps Toward Inertial Fusion Energy (IFE) (1952 to 1962)" (Lawrence Livermore National Laboratory, 12.06.1998).

10 John Nuckolls et al., „Laser Compression of Matter to Super-High Densities: Thermonuclear (CTR) Applications", in: *Nature* 239 (1972), 139.

11 „Now, the Death Ray?", in: *Time* 100, Nr. 10 (1972).

wendungsmöglichkeiten und nimmt dabei nicht nur die späteren Pläne für das sogenannte Star Wars Raketenschild von Präsident Ronald Reagans Strategic Defense Initiative SDI vorweg, sondern auch Laserkanonen für Schiffe, wie sie 2014 von der U.S. Navy erstmals tatsächlich als einsatzfähig präsentiert wurden. Die Laserfusion zur Stromerzeugung wird nur in einer Fußnote als „[a]nother reason for the intensified research into high-energy lasers in both the U.S. and U.S.S.R."[12] erwähnt.

Hatte man das Konzept in Livermore ursprünglich, als Experten noch an die baldige Vollendung von Fusionskraftwerken mit magnetischem Plasmaeinschluss glaubten, für so unrentabel gehalten, dass – „Fortunately, ICF [Inertial Confinement Fusion] has weapons physics applications"[13] – nur das Waffenforschungs-Programm Geld dafür geben wollte, verfolgte inzwischen selbst ein privates Unternehmen, KMS Fusion, diesen Ansatz und trug mit seinem Drängen wesentlich zum schnellen Ausbau des Laserfusions-Programms der AEC bei. Binnen weniger Jahre positionierten sich die USA sodann mit einer Reihe innovativer Laser-Anlagen an der Weltspitze dieses neuen Foschungsfeldes.

> „Livermore's early steps toward IFE [Inertial Fusion Energy] — concepts, calculations, and experiments — positioned the Laboratory to launch the world's leading laser fusion program when the major opportunity arose in the early 1970s. This opportunity was driven by many forces, including the rise of KMS Fusion, advances in solid state and CO_2 lasers, development of the electron implosion and declassification of optimistic calculations, the global energy crisis, and reports of aggressive Russian laser fusion programs. The aggressive new Livermore program made rapid progress including the construction of the world's most powerful lasers (SHIVA then NOVA) […]."[14]

12 Ebd.

13 Nuckolls, „Early Steps Toward Inertial Fusion Energy (IFE) (1952 to 1962)", 5.

14 Ebd., 6.

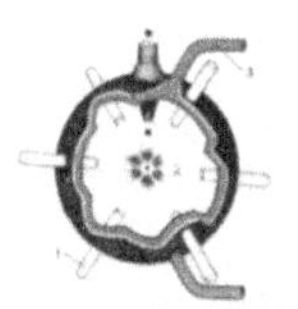

Abb. 19: „To achieve fusion in a future laser reactor (diagram left), scientists will train an array of beams (1) at a common point, then rhythmically drop pellets of frozen heavy hydrogen through the synchronized crossfire (2). The beams' fierce energy turns the pellets to plasma at solar temperatures and densities, causing fusion. The released heat transfers to a jacket of molten lithium, which is carried off (3) to produce steam for generating electricity.“[15]

Die Zeitschrift *National Geographic* stellte seinen Lesern das Verfahren in einer reich bebilderten Reportage über „The Search for Tomorrow's Power“[16] dar. Weit mehr als Geo- und Solarthermie, Photovoltaik, Brutreaktoren, geostationären Satelliten, die Solarenergie aus dem Weltraum als gerichteten Mikrowellenstrahl auf die Erde übertragen,[17] und anderen neuen wie alten Technologien zur Energieerzeugung, widmet der Artikel zehn Seiten allein der Kernfusion. die den meisten Experten damals zumindest langfristig als beste Antwort auf den grassierenden Energiehunger galt.[18] Doch

---

15 Kenneth F. Weaver, „The Search for Tomorrow's Power: A world ever hungrier for energy, yet wary of pollution's peril, reaches for new, clean ways to fuel the future“, in: *National Geographic* 142, Nr. 5 (November 1972), 670.

16 Ebd.

17 Die Idee der sogennnaten Space-Based Solar Power (SBSP) geht zurück auf eine Kurzgeschichte des Science-Fiction-Schriftsteller Isaac Asimov aus dem Jahr 1941 und wurde 1968 im wissenschaftlichen Fachjournal *Science* näher beschrieben. SBSP wurde seither unter anderem in jahrelangen Studien der NASA weiter ausgearbeitet und eine mögliche Realisierung wird verschiedentlich bis heute erwogen.
Vgl. Jeff Womack, „Pipe Dreams for Powering Paradise: Solar Power Satellites and the Energy Crisis“, in: Robert Lifset, Hg., *American Energy Policy in the 1970s* (Norman, OK: University of Oklahoma Press, 2014).

18 Vgl. „The Energy Crisis: Time for Action“, in: *Time* 101, Nr. 19 (1973).

wenige Jahre nach „Progressland" ist daran wie schon in Tellers Gastbeitrg für *Popular Science* kein Fortschrittsversprechen mehr geknüpft. Ausgangspunkte der Erzählung sind stattdessen düstere Gegenwartsbeschreibungen, die geprägt sind von Stromausfällen, Energieknappheit und Umweltverschmutzung.

Die USA hatten gerade zum ersten Mal einen signifikanten Rückgang der heimischen Ölproduktion verzeichnen müssen und während amerikanische Verbraucher bereits unter gestiegenen Energiepreisen litten – die eigentliche Ölkrise nach dem Embargo der OPEC-Staaten 1973 hatte da noch gar nicht begonnen – prognostizierten Experten eine weiter steigende Energienachfrage bei knapper werdendem Angebot. Wirtschaftliches Wachstum, neue elektrische Produkte und steigender Energieverbrauch – den der amerikanische Anthropologe Leslie White 1943 in einer lange sehr einflussreichen Theorie noch als Gradmesser des evolutionären Entwicklungsstandes menschlicher Zivilisation angenommen hatte[19] – wurden nicht länger nur positiv mit Fortschritt und steigender Lebensqualität assoziiert, sondern zunehmend auch mit ihren negativen Auswirkungen auf die Umwelt. Bezugnehmend auf die wenige Monate zuvor erschienene kontroverse Studie „Limits to Growth"[20] der internationalen Gelehrtenvereinigung Club of Rome, schließt der Artikel sodann mit einem vormals ketzerischen Gedanken, der das dominante Wachstumsparadigma kapitalistischer Gesellschaften in Frage stellte:

> „Do we actually need all that energy? The question is increasingly asked by those who care about the environment and who believe that unlimited growth is not neccessarily a good thing."[21]

Die in diesem Zitat ausgedrückten Zweifel an der bisherigen Richtung des Fortschritts korrelieren in Zeiten schwerwiegender Krisen wie Vietnam und Watergate mit einer wachsenden Verunsicherung über den Kurs der amerikanischen Gesellschaft im Allgemeinen. Die ausreichende Verfügbarkeit billiger Energie, an die sich die Amerikaner in den vergangenen Jahrzehn-

---

19 Vgl. Leslie White, „Energy and the Evolution of Culture", in: *American Anthropologist* 45, Nr. 3 (1943).

20 Meadows, Meadows und Randers, *The Limits to Growth.*

21 Weaver, „The Search for Tomorrow's Power", 681.

ten so sehr gewöhnt hatten, dass viele sie als selbstverständlich betrachteten[22], wurde just dann problematisch, „when many Americans were loosing faith in key institutions of society, including their political leaders.“[23]

DIE POLITISIERUNG DER KERNFUSIONSFORSCHUNG – ÖLKRISE, UMWELTBEWEGUNG UND LIMITS TO GROWTH?

Die Ambivalenz, die das neue Bewusstseins um mögliche Grenzen des Wachstums und seiner Umweltverträglichkeit in der amerikanischen Öffentlichkeit für die Befürworter der Kernenergie bedeutete, brachte Glenn T. Seaborg als Vorsitzender der Atomic Energy Commission schon 1969 bei einer Anhörung über die Umweltauswirkungen elektrischer Energieerzeugung vor dem Joint Committe on Atomic Energy des U.S. Congress auf den Punkt. So begrüßte er zwar das gestiegene Bewusstsein um die Endlichkeit und Umweltschädlichkeit fossiler Brennstoffe als Chance für den entschlossenen Ausbau der atomaren Stromerzeugung.

> „One would have to be totally cut off from civilization these days – or both blind and deaf – not to be fully aware of the public's concern with what has been broadly termed *The Environment*. There is hardly a day in the week, or an hour in the day, when one does not see a newspaper or magazine article, hear a radio program or view a TV show in which the subject of pollution […] is brought up in some way.“[24]

Gleichzeitig ließ er aber auch sein Unbehagen mit Teilen der von ihm bisweilen als hysterisch empfunden Umweltbewegung erkennen, deren igno-

---

22 Vgl. David E. Nye, *Consuming Power: A Social History of American Energies* (Cambridge, MA: MIT Press, 1998).

23 Robert Lifset, „Introduction“, in: Robert Lifset, Hg., *American Energy Policy in the 1970s* (Norman, OK: University of Oklahoma Press, 2014), 6.

24 Nach: Glenn T. Seaborg, „Environmental Effects of Producing Electrical Power“, in: James W. Feldman, Hg., *Nuclear Reactions: Documenting American Encounters with Nuclear Energy* (Seattle: University of Washington Press, 2017), 165–166.

rante Fortschritts- und Technologiefeindlicheit die von ihm propagierte nukleare Lösung der allseits anerkannten Umweltprobleme zu behindern drohte.

> „Perhaps the most disturbing thing about the current reaction to environmental problems is the attitude it is engendering – a fear that is making many look backwards. There are some people whose only reaction to the possibility of future power shortages [...] should we fail to plan and build now to meet our future needs, is that we should reduce our use of electricit y, turn out our lights.“[25]

Indem statt positiver Zukunftserwartungen zunehmend negative Gegenwartserfahrungen als Beweggründe für die Kernfusionsforschung angeführt wurden, hatte sich der Modus ihrer Motivation quasi von Ziehen zu Schieben gewandelt. Die Kernfusion galt nicht länger als Mittel eine bessere Zukunft zu erreichen, sondern eher einer problematischen Gegenwart zu entkommen. Die daraus resultierende argumentative Verbindung der Kernfusionsforschung mit aktuellen äußeren Entwicklungen und ihrer Interpretation führte zu einer Politisierung der Wissenschaft, deren Wert fortan zunehmend daran gemessen wurde, welchen Beitrag sie zur Lösung politisch definierter Probleme leisten könnte.

Als die Organisation erdölexportierender Länder OPEC im Herbst 1973 als Reaktion auf die U.S.-Unterstützung Israels, das im Jom-Kippur-Krieg von Ägypten, Syrien und weiteren arabischen Staaten angegriffen worden war, ein Öl-Embargo gegen die USA verhängte, wurde die prekär gewordene Abhängigkeit der Vereinigten Staaten von ausländischen Öl-Importen für seine Energieversorgung offenbar. Explodierende Kraftstoffpreise, Rationierungen und Stromausfälle waren nur einige der unmittelbar erfahrbaren Konsequenzen für Millionen Konsumenten. Neben anderen Faktoren wirkte sich das Embargo zusätzlich negativ auf die damalige Wirtschaftskrise, Rezession und Inflation aus.

Die Antwort der Regierung unter Präsident Nixon umfasste einerseits verschiedene Energiesparmaßnahmen, um die Nachfrage zu senken, und andererseits eine Reihe von Vorhaben, die heimische Energieproduktion, etwa durch die Erschließung schwer zugänglicher Öl-Vorkommen oder den beschleunigten Ausbau der Kernenergie, zu erhöhen. Das Ziel war die

25 Nach: ebd., 170.

nationale Autarkie der USA im Energiebereich bis zum Jahr 1980 und technologische Fortschritte sollten helfen, dieses Ziel zu erreichen. Ein wichtiger Bestandteil dieses sogenannten Project Independence, das Nixon der Nation in einer Fernseh-Ansprache am 7. November 1973 vorstellte, war demnach auch ein ehrgeiziges Forschungsprogramm mit einem vorgesehenen Volumen von zehn Milliarden Dollar innerhalb der nächsten fünf Jahre. Als nationale Kraftanstrengung von großer Bedeutung stellte er dieses in eine Reihe mit dem Manhattan-Projekt zum Bau der ersten Atombombe und dem erst im Vorjahr beendeten Apollo Programm zur amerikanischen Mondlandung.[26]

> „Let us unite in committing the resources of this Nation to a major new endeavor, an endeavor that in this Bicentennial Era we can appropriately call ‚Project Independence'. Let us set as our national goal, in the spirit of Apollo, with the determination of the Manhattan Project, that by the end of this decade we will have developed the potential to meet our own energy needs without depending on any foreign energy sources."[27]

Schnell entwarf eine Arbeitsgruppe unter der Leitung der damaligen AEC-Vorsitzenden Dixy Lee Ray einen Plan für „The Nation's Energy Future"[28], der Vorschläge machte, wie die projektierten Gelder am besten einzusetzen wären. Nixons kurzfristiger – und von den meisten Experten als unrealistisch kritisierter[29] – Vorgabe gemäß, die Selbstversorgungsfahigkeit schon bis zum Ende des Jahrzehnts zu erreichen, standen dabei zwar zunächst die Weiterentwicklung und der Ausbau bestehender Technologien im Vorder-

---

26 Zum Vergleich: Die Gesamtkosten des Apollo Programms summierten sich über die gesamte gut zehnjähirge Laufzeit von 1961 bis 1972 auf rund 20 Milliarden Dollar.
Vgl. Deborah D. Stine, „The Manhattan Project, the Apollo Program, and Federal Energy Technology R&D Programs: A Comparative Analysis" (Congressional Research Service, Juni 2009).

27 Richard Nixon, „Address to the Nation About Policies To Deal With the Energy Shortages" (07.11.1973).

28 Dixy Lee Ray, „The Nation's Energy Future: A Report to Richard M. Nixon, President of the United States" (U.S. Atomic Energy Commission, 01.12.1973).

29 Vgl. „Alternatives to Oil", in: *Time* 102, Nr. 24 (1973).

gund. Für die langfristige Lösung des Energieproblems betonte der Report jedoch die herausragende Bedeutung der Kernfusionsforschung und empfahl eine schrittweise Vervierfachung ihres Budgets bis 1979. Erste Kraftwerke sollten dann bis zur Jahrtausendwende in Betrib gehen, damit „[f]usion power reactors could eventually become the primary source of electrical power for the United States.“[30] Die tatsächlichen Budgetsteigerungen haben diesen Plan übererfüllt. Inflationsbereinigt summierten sich die Ausgaben für die U.S.-Forschung an den verschiedenen Methoden zur Kernfusion mit magnetischem Einschluss und der Laserfusion bis zum Ende des Jahrzehnts auf circa eine Milliarde Dollar jährlich.[31] Rückblickend gelten die 1970er Jahre deshalb als goldenes Zeitalter der Kernfusionsforschung.[32]

> „Between 1972 and 1979, the fusion program's budget increased more than tenfold. Three forces spurred this growth. First, uncertainty over long-range energy supply mobilized public concern for finding new energy technologies. Second, fusion energy, with its potentially inexhaustible fuel supply, looked especially attractive. Third, the growth of the environmental movement and increasing opposition to nuclear fission technology drew public attention to fusion as an energy technology that might prove more environmentally acceptable. The fusion program capitalized on this public support.“[33]

Die Expansion der Kernfusionsforschung ging derweil mit zwei grundlegenden Reformen ihrer institutionellen Rahmenbedingungen einher. So wurde die Atomic Energy Commission 1974 aufgelöst und ihre beiden konfligierenden Hauptaufgaben, die Entwicklung der Kernenergie in all ihren Facetten gleichzeitig zu befördern und zu kontrollieren, auf zwei neue Behörden, die Nuclear Regulatory Commission (NRC) und die Energy Research and Development Administration (ERDA), aufgeteilt. Letztere übernahm gemäß Nixons Plan das Managment sämtlicher staatlicher

---

30 Ray, „The Nation's Energy Future“, 113.

31 Vgl. Fusion Power Associates, „U.S. Fusion Program Budget History“. http://aries.ucsd.edu/FPA/OFESbudget.shtml (letzter Zugriff: 8. Juni 2018).

32 Vgl. Stephen O. Dean, „Historical Perspective on the United States Fusion Program“, in: *Fusion Science and Technology* 47, Nr. 3 (2005).

33 U.S. Congress | Office of Technology Assessment, *Starpower,* 46.

Energieforschungsbemühungen inklusive der Kernfusionsforschung und fasste sie zum Zeck einer „focused leadership“[34] organisatorisch zusammen. Diese Struktur währte jedoch nur bis 1977, als Nixons Nach-Nachfolger im Präsidentenamt Jimmy Carter die ERDA zusammen mit der ebenfalls erst seit 1974 existenten Federal Energy Administration (FEA) zum neuen Department of Energy (DOE) vereinte.

Die organisatorischen Reformen der Kernfusionsforschung änderten derweil nichts an ihrer Abhängigkeit von öffentlicher und politischer Unterstützung und sehr zum Nachteil einer geordneten Entwicklung schien letztere bisweilen mit dem Ölpreis zu schwanken. Wechselnde Regierungen nach Nixons schmachvollem Rücktritt taten ihr Übriges, den Rechtfertigungsdruck für das enorm verteuerte Programm hoch zu halten, dessen interner und externer Anspruch fortdauernd zwischen anwendungsorientierter Energietechnikentwicklung und langfristiger Grundlagenforschung fluktuiert. So hielten die Präsidenten Ford und Carter zwar grundsätzlich am Ziel größerer Autarkie im Energiebereich fest, welche Rolle aber beispielsweise die Kernenergie dabei spielen sollte, beurteilten sie jeweils ganz anders. Im Präsidentschaftswahlkampf 1976 machten beide Parteien ihre jeweilige Haltung zur Kernenergie in der Oktoberausgabe der Zeitschrift *Bulletin of the Atomic Scientist* deutlich. Hatte Nixon noch den Neubau hunderter Kernkraftwerke, weniger Regulierung und schnelleren Genehmigungsverfahren gefordert, sprachen sich seine Nachfolger darin beide dagegen aus größere Energiesicherheit durch die Inkaufnahme eines höheren Proliferationsrisikos zu erkaufen und plädierten im Gegenteil für mehr Regulierung. Während Amtsinhaber Gerald Ford einen kontrollierten Ausbau der Kernenergie dabei grundsätzlich weiter befürwortete, wollte der spätere Wahlgewinner und ehemalige Kerntechnikingenieur Jimmy Carter die Abhängigkeit von der Kernenergie in den USA und international auf ein Minimum reduzieren und fragte: „Is it really necessary for the welfare of our countries to become dependent on a nuclear energy economy?“[35]

Obwohl die politische Elite die Kernenergie in Summe dabei weiterhin als notwendig – oder wie Carter zumindest als notwendiges Übel – betrach-

34 Nixon, „Address to the Nation About Policies To Deal With the Energy Shortages“.

35 Jimmy Carter, „Three Steps Towards Nuclear Responsibility“, in: *Bulletin of the Atomic Scientist* 32, Nr. 8 (1976), 10.

tete, wurde jedoch eine wachsende Anzahl engagierter Bürger aus der typischerweise gutverdienenenden, akademisch gebildeten Mittelschicht in ihrer Ablehnung der Kernenergie immer grundsätzlicher.

> „The issues surrounding the safety, necessity, and reliability of nuclear power had erupted into a full-fledged national controversy by the mid-1970s. […] ‚The result has been a flood of advertising and pamphlets', observed reporter Joanne Omang in the *Washington Post*, ‚either scaring us about the horrors of [a] nuclear holocaust or scaring us about the horrors of ina dequate electricity'."[36]

Der polemische Kommentar eines Kernkraftbefürworters über „The Irrational Fight Against Nuclear Power" im *Time* Magazin zeichnet ein Bild der Kernkraftgegner als Maschinen stürmende Ludditen[37] und verrät anhand seiner Zuschreibungen hinsichtlich ihrer Hintergründe und Motive dabei viel über die tieferliegenden Konfliktlinien zwischen beiden Lagern: ihre Haltungen zu neuen Technologien, Atomwaffen, der Konzentration von Macht bei Big Science, Wirtschaftsunternehmen oder Regierungen und zu den Grenzen des Wachstums.

> „Some of it stems from an uneasiness about anything new or different and resembles the passionate, unthinking hostility that greeted powered looms, steam engines, railroads, automobiles and other technological advances. Much of the antipathy is emotional, the product of a ‚Hiroshima mentality' that equates nuclear power with bombs and seeks to ban both. Since the U.S. withdrew from Viet Nam, resistance to nuclear power has become the new crusade for many members of a society that otherwise lacks compelling causes. Nuclear power is an inviting target for those who revolt against bigness – big science and

36 J. Samuel Walker, „The Nuclear Power Debate of the 1970s", in: Robert Lifset, Hg., *American Energy Policy in the 1970s* (Norman, OK: University of Oklahoma Press, 2014), 241.

37 Die Ludditen waren englische Textilarbeiter, die Anfang des 19. Jahrhunderts gegen die Verschlechterung ihrer Lebensbedingungen durch die Industrialisierung kämpften und dabei auch gezielt Maschinen zerstörten. Die nach ihrem fiktiven Anführer und kollektivem Pseudonym Ned Ludd benannte Bewegung wurde 1814 militärisch niedergeschlagen. Zahlreiche Beteiligte wurden hingerichtet oder nach Australien deportiert.

> technology, big industry that must build and manage reactors, big government that must safeguard and regulate them. [...] The opposition reflects a doubt that growth, once the watchword of the can-do American philosophy, is good."[38]

Gerade Letzteres wurde mit Blick auf die sozial benachteiligten der U.S.-Gesellschaft sogar als Bedrohung für den Fortbestand der amerikanischen Demokratie aufgefasst, „in which the social and economic inequalities of the free system are made tolerable by the hope of improvement"[39]. Die Bedeutung, welche das Wachstumsversprechen auch international als Argument für die Kernfusionsforschung hatte, wird in einer Episode der seit 1974 bis heute von dem Fernsehsender PBS (Public Broadcasting Service) ausgestrahlten populären Wissenschaftssendung *Nova* mit dem Titel „The End of the Rainbow – Nuclear Fusion" aus dem Jahr 1979 deutlich. Als mögliche Antworten auf den künftigen Energiebedarf werden darin auch Alternativen zur Kernfusion vorgestellt, bevor der Film einige ketzerische Fragen aufwirft: „Yet, is the choice of how to produce more and more energy the only question? Shouldn't we also be examining wether there really is an energy crisis? Could conservation and simple localized existing energy sources completely eliminate the need for large scale fusion or fission breeder power altogether?" Der Physiker und Umweltaktivist Amory Lovins, ein Vertreter der Organisation Friends of the Earth, bejaht letztere Frage und plädiert statt Kernfusion für sogenannte „soft technologies", sprich verschiedene erneuerbare Energiequellen und Maßnahmen zur Verbrauchssenkung. Diese „soft technologies" basierten auf einer realistischen Einschätzung der menschlichen Natur, berücksitigten seine Schwächen, Fehlbarkeit sowie mögliche Bosheit und müssten dementsprechend beherrschbar und relativ ungefährlich sein. Die Kernfusion hält er vor diesem Hintergrund für gefährlich, „because our track record in responsibly managing big sources of concentrated energy is not really very good."[40] Das letzte Wort zu diesem Thema hat der damals schon 71-jährige Edward Teller, der auf diese Einwände gegen die Kernfusion als erstrebenswerte

38 Peter Stoler, „The Irrational Fight Against Nuclear Power", in: *Time* 112, Nr. 13 (1978).

39 Ebd.

40 Brian Kaufmann, *The End of the Rainbow – Nuclear Fusion.* Nova S6E7 (01.03.1979).

Energietechnologie für die Zukunft mit bemerkenswerter Schärfe reagiert, die Kritiker als ignorante und egoistische Eliten angreift und der Begründung der Kernfusionsforschung mit Verweis auf das Elend der sogenannten Dritten Welt einen altruistischen Dreh gibt.

> „This advocacy comes from soft heads. It comes from people, who have forgotten about the poor billions. It comes from elitists, who want their own little dreams come true and many of whom are scared of nuclear energy without any good reason whatsoever. The people who suffer are those in India, in Africa, in South America. Billions of people of whom these anti-nuclear advocates never think."[41]

Wurde die Kernfusion in der Debatte um das Für und Wider der Kernkraft anfangs unter anderem ob ihrer Assoziation mit Solar-Energie[42] noch als eine begüßenswerte mögliche alternative Energiequelle ohne die Umwelt- und Sicherheitsrisiken konventioneller Atomkraftwerke gesehen, war sie zum Ende der 1970er Jahre so zumindest mittelbar doch auch von der Anti-Atomkraft-Bewegung betroffen, je mehr diese neben den Gefahren der Radioaktivität zusätzlich Kritik an den Institutionen des sogenannten „Atomstaats"[43] und Big Science geltend machte.

Ein Beispiel für diese Ausweitung der Angriffsfläche ist die Koinzidenz des Kinofilms *The China Syndrome* von 1979 mit dem schweren Reaktorstörfall samt partieller Kernschmelze im Atomkraftwerk Three Mile Island (T.M.I.) bei Harrisburg in Pennsylvania. Durch bloßen Zufall trafen im März dieses Jahres zwei Ereignisse zusammen, die für sich alleine wohl kaum jemals dieselbe Bedeutung erlangt hätten, in ihrer Kombination aber heute als Wendepunkt in der Geschichte der Kernenergie in Amerika gesehen werden können.

---

41 Brian Kaufmann, *The End of the Rainbow – Nuclear Fusion.* Nova S6E7 (01.03.1979).

42 Vgl. Spencer R. Weart, *Nuclear Fear: A History of Images* (Cambridge, MA: Harvard University Press, 1988), 329.

43 Vgl. Robert Jungk, *Der Atom-Staat: Vom Fortschritt in die Unmenschlichkeit* (München: Kindler, 1977).

> „Coming only two weeks after the release of the film *The China Syndrome*, which depicted safety problems in the nuclear industry, the T.M.I. accident sent residents of the area fleeing for safety. […] The accident also caught both the industry and the NRC unprepared. No one knew exactly how to solve the problem. ‚What shook the public the most', said [NRC Commissioner Victor] Gilinsky, ‚was seeing the men in the white lab coats standing around and scratching their heads because they didn't know what to do. The result was that accidents were taken seriously in a way they never had been before.'"[44]

Der Vetrauensverlust in die „men in the white lab coats" war auch Gegenstand von *The China Syndrome* gewesen, der durch die zeitliche wie inhaltliche Nähe zum realen Störfall in T.M.I. dessen öffentliche Wahrnehmung wesentlich beeinflusste. Der Film handelt von einer Beinahe-Kernschmelze in einem fiktiven kalifornischen Kernkraftwerk und den skrupellosen Versuchen der Kraftwerksbetreiber den Störfall sowie die Sicherheitsmängel des Kraftwerks zu vertuschen. Anstelle einer tatsächlichen Katastrophe, atomarer Zerstörung oder verstrahlter Mutanten, wie in früheren Beispielen der „atomic culture", lag der Fokus von *The China Syndrome* damit eher auf Missmanagment, Korruption und den undurchsichtigen politischen Machenschaften der amerikanischen Atomindustrie.[45]

Die in *The China Syndrome* problematisierte Verbindung einer unschuldigen Wissenschaft, die vor den Augen einer verführbaren oder überforderten Politik von verantwortungslosen Konzernen ausgebeutet und missbraucht wird, ist als romantisch-nostalgisches Gegenstück zur amerikanischen Fortschrittsideologie traditionell ein vielzitiertes Thema in der kulturellen Darstellung neuer Technologien.[46] Die Art und Weise, wie die Kernenergie vor diesem Hintergrund als Produkt einer verantwortungs- und in jeder Beziehung rücksichtslosen Industrie dargestellt wird, spiegelt diesbezüglich weitverbreitete Vorbehalte in der amerikanischen Öffentlichkeit wider, wonach solche Großtechnologien und die mit ihnen verbundene Zentralisierung von Herrschaft im Gegensatz zu den Interessen der Gesell-

---

44 Peter Stoler, Jay Branegan und Nash, J. Madeleine, „Pulling the Nuclear Plug", in: *Time* 123, Nr. 7 (1984).

45 Vgl. John Wills, „Celluloid Chain Reactions: The China Syndrome and Three Mile Island", in: *European Journal of American Culture* 25, Nr. 2 (2006), 111.

46 Vgl. Goldman, „Images of Technology in Popular Films".

schaft stehen können. „Power“ – im Sinne von Energie ebenso wie von Macht und Herrschaft – und ihr Missbrauch waren demnach die Kernthemen des Films.

> „The images of science and technology in films reflect consistent public anxiety over the linkage between science, technology, and corporate power; the complacency of government agencies and scientists towards new knowledge and artifacts; the insensitivity of scientists towards the moral implications of their research and its applications; and the co-option of technical knowledge by vested corporate and government interests.“[47]

Abseits des Blockbuster-Kinos findet sich die kritische Verknüpfung der Kernfusion und der Anti-Atomkraft-Bewegung auch in einem zeitgenössichen Brettspiel zur Kernenergie-Kontroverse bestätigt. *Containment*[48] wurde 1979 von dem kleinen Spieleverlag Shamus Gamus der Brüder James und Patrick O'Bryon mit einer Auflage von lediglich 5000 Schachteln herausgegeben. Als Quelle ist *Containment* deshalb weniger durch seinen popkulturellen Einfluss, denn als Spiegel für die damlige Beziehung der Anti-Atomkraft-Bewegung zur Kernfusion interessant. Doch trotz der relativ geringen Stückzahl, die sich in Konkurrenz zu den neu aufkommenden Videospielen noch dazu nur schleppend verkaufte, erfuhr das Spiel mit dem Slogans „Explore the Excitement of the Nuclear Energy Controversy, Crisis and Confrontation!“ und „Take a Stand for or Against Nuclear Energy Development and Wrestle with the Uuncertainties of Contemporary Technology and Human Error!“ ob seiner Aktualität nach

47 Ebd., 275.

48 *Containment* (Stockton, CA: Shamus Gamus, 1979).
Das Brettspiel *Containment* war im Vorfeld der Sonderausstellung „Willkommen im Anthropozän“, die von Dezember 2014 bis September 2016 im Deutschen Museum in München zu sehen war, Teil eines im November 2014 vom Rachel Carson Center, KTH Stockholm und der University of Wisconsin-Madison dort ausgerichteten Workshops „The Anthropocene Slam: A Cabinet of Curiosities“.
Vgl. Caroline Peyton, „The Anthropocene Slam: A Cabinet of Curiosities: Containment Board Game“. http://nelson.wisc.edu/che/anthroslam/objects/peyton.php (letzter Zugriff: 2. Apri 2019).

The China Syndrome und T.M.I. überproportional viel mediale Aufmerksamkeit. Das Spielprinzip wurde in der Washington Post beschrieben:

> „Players decide at the outset whether they're pro- or anti-nuke, and their goal, accordingly, is either to crank up the reactor in the center of the board, or shut it down. Moving plastic containment towers around the board, they grapple with arguments for and against nuclear energy, with each assigned certain point-values. If an argument runs against them, they can counter it with a card."[49]

Obwohl es folglich um den fortdauernden Betrieb oder die Stilllegung eines konventionellen Spaltungsreaktors geht, spielt die Kernfusion als Argument auf Seiten der „pro-nuke"-Fraktion eine nach Punkten gewichtige Rolle. So verheißt ein Spielfeld in der Ecke, wo sich relativ zum Start bei einem Monopoly-Spiel das Gefängnis befinden würde, „[n]ew advances towards safe nuclear fusion" und gewährt „6 free control rod spaces for nuclear proponents when landing here". In der Logik des Spiels stabilisieren Fortschritte bei der Kerfusionsforschung demnach die Macht der Atomindustrie und behindern die Anti-Atomkraft-Bewegung auf ihrem Weg hin zu einem Umstieg auf alternative Formen umweltfreundlicher Energiegewinnung. Das gegenüberliegendes Spielfeld mit dem Hinweis auf Fortschritte in der Photovoltaik hat den umgekehrten Effekt zugunsten der Opposition. Die in diesem Beispiel impliziete Kritik der Kernfusionsforschung und ihrer Fortschrittsversprechen als reaktionäre Stützen des Status Quo ist bis heute relevant.

Doch gleichgültig ob die Kernfusionsforschung nun von der Anti-Atomkraft-Bewegung mittelbar betroffen war oder bisweilen sogar von ihr profitierte, musste die Geschwindigkeit mit der es dieser gelang, die öffentliche Meinung in ihrem Sinne maßgeblich zu beeinflussen, auch den Programmverantwortlichen der Kernfusionsforschung zu denken geben, die langfristig noch auf viel öffentliches Geld und Wohlwollen angewiesen sein würde. In Anbetracht der wackeligen politischen Basis für die Expansion der Kernfusionsforschung, die zur kurzfristigen Lösung der akuten Energiekrise nichts beitragen konnte, entwarf die ERDA 1976 zur besseren Voraussagbarkeit und vertrauensbildenden Erfolgskontrolle auf dem Weg zu ihrem Ziel eines Demonstrationskraftwerks einen detaillierten

49 Lloyd Grove, „Games People Play", in: *The Washington Post,* 14. August 1981.

Forschungsplan, bis wann unter welchen Umständen und zu welchen Kosten mit welchen Erfolgen zu rechnen wäre. Neben den sogenannten „Technical Variables“ – sprich ihren physikalischen und ingenieurtechnischen Ergebnissen – identifizierte der Report drei „Policy Variables“ als entscheidend für die Geschwindigkeit des Fortschritts der amerikanischen Kernfusionsforschung. Ausgehend von unterschiedlichen Szenarien für „the perceived NEED for fusion power“, „the nations INTENT (what is expected by when? What priority does the program have?)“ und „FUNDING“ skizzierte der Plan fünf mögliche Programmverläufe, gennant „Logics“, wie ein Demonstrationskraftwerk schlechtestensfalls vielleicht nie, erst im 21. Jahrhundert oder optimalerweise bereits um 1990 vollendet werden könnte.[50]

In einem Film, den die ERDA 1977 über die Zukunftsperspektive der Kernusion – „The Ultimate Energy“[51] – herausgab, geht der damalige Direktor der diesbezüglichen amerikanischen Forschung, Robert L. Hirsch, nach einer Erläuterung ihrer wichtigsten potentiellen Vorteile vor dem Hintergrund der Energiekrise von einem mittleren, „agressive“[52] Plan für den Fortgang des Programms aus:

> „In the early 1980s we expect to create many thermal megawatts of fusion energy for the first time and in the late 1980s we are aimed at producing the first electrical power from fusion. After we operate a fusion demonstration plant in the mid to late 1990s fusion should then become a commercial reality, ready to begin to relieve our dependence on other energy sources as we start into the 21. century.“[53]

Leider wurde bis heute noch keines der genannten Ziele erreicht und als würde man die Kritik vorwegnehmen wollen, dass der Optimismus hinter

---

50 Vgl. Division of Magnetic Fusion Energy, „Fusion Power By Magnetic Confinement: Program Plan Volume 1 Summary“ (U.S. Energy Research and Development Administration, Juli 1976), 7–8.

51 Division of Controlled Thermonuclear Reserach, *The Ultimate Energy* (Washington, D.C.: Energy Research and Development Administration, 1977).

52 Vgl. Division of Magnetic Fusion Energy, „Fusion Power By Magnetic Confinement“, 8.

53 Division of Controlled Thermonuclear Reserach, *The Ultimate Energy*.

dieser Prognose in Anbetracht der an Enttäuschungen so reichen Geschichte der Kernfusionsforschung mit Vorsicht zu genießen sei, erklärt der altgediente Plasmaphysiker Harold Furth in dem Film auch den vermeintlichen Unterschied zwischen dem Enthusiasmus der 1950er und jenem der für die Kernfusionsforschung goldenen 1970er Jahre:

> „When I came into this project almost 20 years ago, there was a tremendous amount of enthusiasm. Everyone was confident of success and the reason, that mood then faltered for about a decade is that this enthusiasm was a kind of ignorant enthusiasm. [...] So after this initial enthusiasm then came a decade of caution and scepticism and now after 20 years we are back to enthusiasm. The important difference is that the present enthusiasm is based on information.“[54]

Zum Nachteil der Kernfusionsforschung war seine Fundiertheit jedoch nicht der einzige Unterschied zwischen dem Enthusiasmus damals und früher. Wie ein zeitgenössischer Artikel des Physikprofessors und späteren Beraters für Wissenschaft und Technologie von Präsident Barack Obama, John Holdren, im Fachjournal *Nature* nahelegt, wurde die Begeisterung für die Kernfusion auch nicht mehr im gleichen Umfang von fast allen geteilt. „Once almost everyone's candidate as the technological key to the long-term energy future, harnessing on Earth the process that powers the stars has lost at least the universality of it's allure.“[55]

So hielt – als die Kernfusionsforschung nach Auflösung der ERDA 1977 schließlich unter das Dach des von Präsident Carter neu gegründeten Department of Energy wechselte – der dortige Direktor des Office of Energy Research, John Deutch, ihr Budget angesichts nebulöser Aussichten für zu hoch.[56] Die obig zitierte PBS-Dokumentation „The End of the Rainbow – Nuclear Fusion“[57] legt nahe, dass während Kernfusionsforscher wie Furth noch Euphorie für ihre Arbeit zu verbreiten suchten, im Department of Energy stattdessen eher Argumente für die „Euthanasie“ der

54 Ebd.

55 J. P. Holdren, „Fusion Energy in Context: Its Fitness for the Long Term“, in: *Science* 200, Nr. 4338 (1978), 168.

56 Vgl. U.S. Congress | Office of Technology Assessment, *Starpower,* 48.

57 Brian Kaufmann, *The End of the Rainbow – Nuclear Fusion.* Nova S6E7 (01.03.1979).

Kernfusionsforschung zugunsten anderer Programme gesucht wurden. Ein unabhängiger Review[58] der Kernfusionsforschung, ihres Status und ihrer Perspektive, den Deutch 1978 von einem Ad-hoc-Komitee unter der Leitung des ehemaligen Direktors des Lawrence Livermore National Laboratory, John Foster Junior, anfertigen ließ, sollte demnach diese Argumente liefern. Doch der Review überaschte mit einer grundsätzlich positiven Bewertung und der Empfehlung, die Kernfusionsforschung mit geringfügigen Korrekturen fortzusetzen.[59] Die wichtigste Änderung betraf demnach eine Streckung des Zeitplans für die Entwicklung eines Demonstratioskraftwerks zu Gunsten einer gründlicheren Abwägung, welche der auf unterschiedlichen Pfaden konkurrierenden Methoden zur Kernfusion – Tokamak oder Mirror Machine für den magnetischen Plasmaeinschluss und Laser- oder Teilchenstrahlen für die Trägheitsfusion – die beste Grundlage dafür böte.

> „Mounting misgivings, it seems, prompted the Department of Energy in 1978 to reassess the whole fusion program. […] But was it the health of fusion research work or its euthanasia which they had in mind. Informed sources have said, that the Department of Energy was ready to transfer fusion money to other energy programs. They expected a negative report from the ad-hoc committee to back up that policy. They were taken by surprise. While somewhat critical of the programs emphases, the committee strongly endorsed fusion work and the department of energy made certain policy changes but kept funding at its present level."[60]

Im Unterschied zur ERDA betrachtete das Department of Energy die Kernfusionsforschung als weniger dringend und priorisierte statt eines Crash-Programs zur schnellen Demonstration ihrer Machbarkeit kurzfristig wirksame Maßnahmen zur Bewältigung der akuten Energiekrise. Doch auch diese Positionierung wurde bald wieder in Frage gestellt und nur zwei Jahre

58 Foster, John S. et al., „Final Report of the Ad Hoc Experts Group on Fusion" (U.S. Department of Energy, 07.06.1978).

59 Vgl. Craig B. Waff, „Foster Group Urges More Engineering, More Physics of Fusion", in: *Physics Today* 31, Nr. 9 (1978).

60 Brian Kaufmann, *The End of the Rainbow – Nuclear Fusion.* Nova S6E7 (01.03.1979).

später empfahl ein anderen Beratungsgremiun des U.S.-Energieministers, das Energy Research Advisory Board (ERAB), sogar eine abermalige Verdoppelung des Budgets für die Kernfusionsforschung mit magnetischem Plasmaeinschluss.[61] Diese Empfehlung mündete mit parteiübergreifender Unterstützung im Kongress ebenso wie im Senat schließlich in der Verabschiedung des „Magnetic Fusion Energy Engineering Act of 1980“, den Präsident Carter am 7. Oktober dieses Jahres unterzeichnete. Das Gesetz, welches die Ausrichtung der Kernfusionsforschung abermals von der Grundlagen- zur Anwendungsforschung zurückverschieben sollte, zielte auf die beschleunigte Entwicklung eines Demonstrationskraftwerks bis zur Jahrtausendwende. Doch es sollte alles ganz anders kommen.

DAS LAROUCHE MOVEMENT UND DIE FUSION ENERGY FOUNDATION

Die ursprünglichen Visionen der Kernfusion waren verdächtig geworden und wer sie nach Art der 1950er und 60er Jahre weiter vertrat, schadete ihrem Ansehen mehr als zu nützen. Ein Beispiel für die negative Wirkung allzu optimistischer Zukunftserwartungen in einer Gesellschaft, die gelernt hatte, technologischen Heilsversprechn mit Skepsis zu begegnen, ist das Wirken der sogenannten Fusion Energy Foundation des amerikanischen Polit-Aktivisten Lyndon LaRouche. Abseits des gesellschaftlichen und politischen Mainstreams setzte er große Hoffnungen in die Kernfusionsforschung und machte die Förderung der Kernfusion als Schlüsseltechnologie für seine utopischen Gesellschaftsmodelle zu einer Kernforderung des nach ihm benannten LaRouche Movement. Diese seit den 1970er Jahren aus zahlreichen Einzelinstitutionen bestehende international verbreitete „Polit-Sekte“[62], war in den USA zuvorderst als U.S Labor Party und ihrem assoziierten Think Tank, der Fusion Energy Foundation, aktiv. Die 1974

---

61 Vgl. U.S. Congress | Office of Technology Assessment, *Starpower,* 50.

62 So bezeichnet in einer Antwort der Bundesregierung auf eine kleine Anfrage im deutschen Bundestag mit Bezug auf ihren deutschen Ableger, die „Europäische Arbeiter-Partei“ (heute „Bürgerrechtsbewegung Solidarität“). Siehe Bundestags-Drucksache 13/4132 vom 15. März 1996: http://dipbt.bundestag.de/doc/btd/13/041/1304132.pdf (letzter Zugriff: 12. Oktober 2018).

gegründete, skandalträchtige Stiftung betrieb aggresives Lobbying für die Kernfusion, Weltraumkolonisation, Strahlenwaffen sowie andere Technologien aus dem Bereich der Science-Fiction und agitierte heftigst gegen Kernkraftkritiker, Vertreter der Umweltbewegung, liberale Politiker und andere vermeintliche Fortschrittsfeinde.

So wie es andere Organisationen des LaRouche Movement zur Verbreitung ihrer Thesen bis heute tun, gab auch die Fusion Energy Foundation eine Reihe von auflagenstarken und professionell erstellten Pamphleten und Zeitschriften für unterschiedliche Zielgruppen heraus. Ihr wichtigstes Organ: das von 1976 bis 1987 alle ein bis zwei Monate erschienene Magazin *Fusion*. In der Aufmachung eines Wissenschaftsmagazins für die interessierte Öffentlichkeit berichtete *Fusion* vor allem über Erfolgsmeldungen aus der internationalen Kernfusionsforschung und konnte in diesem Zusammenhang regelmäßig auch namhafte Vertreter seriöser Institutionen aus diesem Bereich für Interviews oder Gastbeiträge gewinnen. Die wichtigste Botschaft war im Wesentlichen immer dieselbe, dass die Kernfusion als unerschöpfliche Energiequelle eigentlich nur noch wenige Jahre vor ihrer Perfektionierung steht, aber von zaghaften Entscheidungsträgern oder gar feindlich gegen sie verschworenen Kräften in Politik und Gesellschaft zurückgehalten wird. Über ihre zehntausenden Mitglieder und Abonnenten von *Fusion* hinaus war die Fusion Energy Foundation einer breiteren Öffentlichkeit jedoch weniger durch ihre Publikationen selbst bekannt, als vielmehr durch deren aufdringliche Bewerbung im öffentlichen Raum. Vor allem Reisende an den Flughäfen der USA wurden dort mit dem missionarischen Eifer der sektenähnlich auftretenden Bewegung konfrontiert.

> „Millions of Americans who travel frequently through United States airports have seen at least one phase of the LaRouche operation. LaRouche supporters, under the aegis of the ‚Fusion Energy Foundation', solicit support for laserbeam weapons for national defense."[63]

Eine in geringen Abwandlungen seit Ende 1979 über Jahre hinweg wiederholt im Magazin *Fusion* geschaltete Anzeige für Stoßstangenaufkleber gibt einen Eindruck von den provokanten Slogans, die dabei zum Einsatz

---

63 John Dillin, „Lyndon LaRouche Has Got America's Attention Now!", in: *The Christian Science Monitor,* 27. März 1986.

kamen. Politiker wie Edward „Ted“ Kennedy, 1980 Anwärter auf die Präsidentschaftskandidatur der Demokratischen Partei, und die Schauspielerin Jane Fonda als Umweltaktivistin und Hauptdarstellerin von *The China Syndrome* wurden darin persönlich verunglimpft. Mitunter kam es sogar zu Handgreiflichkeiten, wenn LaRouche-Anhänger und ihre Gegener direkt aufeinandertrafen – prominente Beispiele sind Nancy Kissinger[64], die Frau des ehemaligen U.S.-Außenministers sowie der Schauspieler und Regisseur Peter Fonda.

> „When Peter Fonda saw a sign that said ‚Feed Jane Fonda to the Whales‘ in a Denver airport last July 24, he had an angry brotherly reaction – he ripped down the offending message. The 41-year-old actor was charged with disturbing the peace and destruction of private property because, witnesses said at the time, he tried to cut the name ‚Fonda‘ out of a sign taped to a booth operated by the Fusion Energy Foundation at Stapleton International Airport. The foundation promotes nuclear energy, of which Miss Fonda is a well-known opponent.“[65]

Mehrere Flughafenbetreiber, die in der Folge versuchten, die Vertreter der Fusion Energy Foundation gerichtlich von ihren reisenden Kunden fernzuhalten,[66] scheiterten jedoch vor Gericht an deren verfassungsmäßigem Recht auf freie Meinungsäußerung.[67]

---

64 Vgl. Joyce Wadler, „Nancy Kissinger Acquitted of Assault In ‚Throttling‘ of Woman at Airport“, in: *The Washington Post,* 11. Juni 1982.

65 Albin Krebs, „Notes on People: Charges Against Peter Fonda Dropped“, in: *The New York Times,* 28. Oktober 1981.

66 Vgl. Morris Levitt, „Science and the First Amendment: Who Is Trying to Silence the FEF“, in: *Fusion* 4, Nr. 4 (Februar 1981), 51.

67 Vgl. Herman, *Fusion,* 199.

Abb. 20: „Feed Jane Fonda to the Whales“ – Als Umweltaktivistin und Hauptdarstellerin von The China Syndrome wurde Jane Fonda für viele Anhänger der Fusion Energy Foundation zum Hassobjekt. Eine Anzeige im Magazin Fusion bewirbt Stoßstangenaufkleber mit sexualisierten Slogans und Beleidigungen wie „Don’t let Jane Fonda Pull Down Your Plants; Nuclear Plants are Built Better Than Jane Fonda“ oder „What Spreads Faster Than Radiation? Jane Fonda“.[68]

68 Vgl. „Bumper Stickers Designed to Let You Have Your Say“, in: *Fusion* 4, Nr. 10 (1981).

Bei all ihren – auch weniger militanten[69] – Aktivitäten präsentierte sich die Fusion Energy Foundation derweil als Stimme einer schweigenden Mehrheit in den Vereinigten Staaten, die entgegen dem von parteiischen Medien durch ihre Propaganda für die Umweltbewegung verzerrten Eindruck wie sie selbst weiterhin „protechnology and pronuclear"[70] sei. Abweichenden Meinungen und den von ihr als zu pessimistisch geschätzten offiziellen Sachstandsmeldungen und Plänen der U.S.-Kernfusionsforschung gegenüber berief sie sich auf angebliche Insider-Informationen. Einzelne Unterstützer aus dem Kreis der Forschungsbeteiligten und ihre regelmäßigen Beiträge in *Fusion* – manchmal als Privatmenschen, manchmal auch im Namen ihrer Institutionen – konnten diesem Anspruch in den Augen der geneigten Leserschaft einige Glaubwürdigkeit verleihen.

> „Since the Fusion Energy Foundation is in the middle of the fight for nuclear power and progress, we have an unusual insider's view of the politics of energy. From that vantage point we can anticipate that the press and a number of presidential candidates will attempt to offer the population the wrong set of choices on the energy issue. Now is the time to set the record straight. As the articles on fusion in this issue indicate, fusion energy is as near as a decade away once we begin a crash engineering effort to build a test reactor. [...] Compare this perspective to the choice now offered to the nation by the media: either a modest nuclear buildup as part of militarization of the economy, or a nuclear shutdown inspired by the environmentalists and zerogrowthers."[71]

Ungeachtet ihrer Ausschweifungen und oft unseriösen Methoden und Inhalte wirkten die Kampagnen der Fusion Energy Foundation bis weit in die Gesellschaft und das politische Establishment hinein. Immerhin bewahrte die Stiftung und ihr Magazin lange genug Reputation um etwa im Präsidentschaftswahlkampf 1980 so ernst genommen zu werden, dass bis auf Amtsinhaber Jimmy Carter, den späteren Wahlgewinner Ronald Reagan, der sich mit Verweis auf seine unabgeschlossene Positionierung in

---

69 Vgl. „Fusion Postcard Campaign: Put Fusion On Line by 1995!", in: *Fusion* 3, Nr. 3 (Dezember 1979).

70 „Fusion Postcard Campaign Begins to Make Impact", in: *Fusion* 3, Nr. 4 (Januar 1980), 14.

71 „Editorial: The Real Choice", in: *Fusion* 3, Nr. 1 (Oktober1979), 2.

Energiefragen entschuldigen ließ, und den beleidigten Ted Kennedy fast alle angefragten Bewerber in den Vorwahlen dessen energiepolitischen Fragebogen beantworteten, um den Lesern von *Fusion* sich und ihre jeweiligen Wahlprogramme zu präsentieren.[72]

> „The leafletting was perhaps the most visible and consistent public relations effort on behalf of fusion energy that the cause had ever seen. But the benefits to fusion's image were questionable."[73]

Neben den Kampagnen, in denen die Leser von *Fusion* ihre Abgeordneten etwa mit vorgedruckten Postkarten beeinflussen sollten, sahen sich manche Politiker, die mit der Erarbeitung des „Magnetic Fusion Energy Engineering Act of 1980" befasst waren, so auch der aggressiven Werbung der Fusion Energy Foundation am Flughafen ausgesetzt. Dass diese Art der Kernfusionspropaganda bei jenen statt Begeisterung jedoch einen gegenteiligen Effekt entfaltete und den offiziellen Vertretern der Kernfusionsforschung eher peinlich sein musste, geht aus dem Protokoll einer Anhörung von Experten vor dem Subcommitte on Energy Research and Development des Committe on Energy and Natural Ressources des U.S. Senates hervor. Darin musste sich der geladene Direktor der Fusionsabteilung der Westinghouse Electrical Corporation und Repräsentant des Atomic Industrial Forum, Zalman Shapiro, gegenüber dem Vositzenden Senator Paul Tsongas, einem Demokraten aus Massachusetts und neben dem Parteigenossen und Abgeordneten im Repräsentantenhaus Mike McCormack Hauptsponsor des Gesetzesanliegens, folgendermaßen von seinen vermeintlichen Unterstützern distanzieren:

> „SENATOR TSONGAS. The next witness will be Dr. Zalman Shapiro who will be representing the Atomic Industrial Forum – before we begin, since you represent industry, let me say that I assume that you have no contact with the thing that's called the Fusion Energy Foundation?
> VOICE. That's right.

72 Vgl. Marjorie Mazel Hecht, „Energy Scorecard for the 1980 Presidential Candidates", in: *Fusion* 3, Nr. 4 (Januar 1980).

73 Herman, *Fusion,* 199.

SENATOR TSONGAS. I was approached – I guess all of us have been at the airport – by this group and their materials. I must say that if there is anything that ever gave me pause in pursuing this issue, it's been that literature, which I find intellectually offensive and professionally quite poor. If we are ever going to get anywhere in this issue, there has to be a disassociation from those fringe elements that are at the airports and publishing materials. The one that I saw recently suggested a direct link between drugs and the antinuclear movement. I think the one before, if I read the letters to the editor correctly, also suggested the incidence of rock music was a high probability in that same movement. I would hope that at some point you and the others of the industry who are responsible will undertake some serious effort to make the public understand there is a difference between that kind of fringe group and a serious attempt to resolve a very serious problem. I am sure you are aware of all that.
VOICE. I think you will find, Senator Tsongas, that industry as a whole and others who are responsible have in fact disassociated themselves from that group completely.“[74]

Trotz dieser Distanzierung und ihrer negativen Wahrnehmung durch die Gesetzgeber verkaufte die Fusion Energy Foundation die Verabschiedung des „Magnetic Fusion Energy Engineering Act of 1980“ im Nachgang als ihren Erfolg.

„We're making progress! Literally. Because, as the Fusion Energy Foundation goes, so goes the nation. Think about it. Our rapid growth in 1980 meant that the McCormack fusion bill became law and made possible America's renewed commitment to scientific progress.“

Das *Fusion* Magazin feierte das Ereignis in einem „Fusion Extra“[75] und betonte darin den bedeutenden Beitrag, den ihr Lobbying zur Verabschiedung

74 „Magnetic Fusion Energy Engineering Act of 1980: Report to Accompany S. 2926: Hearings before the Subcommitte on Energy Research and Development of the Committe on Energy and Natural Ressources, United States Senate, Ninety-Sixth Congess, Second Session on S. 2926“. http://hdl.handle.net/2027/mdp.39015081187679 (letzter Zugriff: 12. Oktober 2018), 28.

75 „Fusion Extra“, in: *Fusion* 4, Nr. 3 (Januar 1981).

des Gesetzes geleistet habe. Gleichzeitig beklagte es das unangemessene Medienecho des „historischen“ Ereignisses in der nationalen Presse:

> „The McCormack fusion bill was termed ‚historic‘ by its sponsors and passed the House by a landslide vote yet the nation's media for the most part ignored it. Although a story was carried on the major news wires and the Fusion Energy Foundation released a full packet of press information nationally, the press chose not to report this potential solution to the nation's energy problems. The *Washington Post* [...] to this date has not reported on the House bill's passage. The *New York Times* ran a factual wire story in the ‚Science Times‘ supplement, but then featured a lengthy letter to the editor attacking the bill as a ‚boondoggle‘[76] for scientists and fusion as ‚unfeasible‘.“[77]

Zur Begründung der nur spärlichen Berichterstattung und skeptischen Kommentierung in den wichtigsten landesweit verbreiteten Tageszeitungen spekulierte *Fusion* später mit einem Seitenhieb auf die angeblichen Fortschrittsfeinde im Department of Energy:

> „As for the bad coverage, the source for such opinions is either gross misinformation [...] or zero-growth antiscience thinkers of the Schlesinger[78] variety who prefer the known energy source of conservation to what they term the ‚unproved‘ fusion.“[79]

Dass das Gesetz in der Öffentlichkeit keine größeren Wellen schlug, mag in einem Missverhältnis zu dessen Anspruch stehen, doch es sollte gut zu dessen tatsächlichen Auswirkungen passen. Denn die politische Unterstützung des in Kongress und Senat parteiübergreifend fast einmütig beschlossenen Plans „for a ‚$20 billion, 20-year‘ effort aimed at construction of a fusion Demonstration Power Plant around the end of the

76 Der Begriff „boondoggle“ bezeichnet ein Projekt, das – obschon als Zeit- und Geldverschwendung erkannt – aus politischen Gründen weiterbetrieben wird.

77 „Nat'l Press Ignore Fusion Bill“, in: *Fusion* 4, Nr. 2 (Dezember 1980), 73.

78 Gemeint ist James R. Schlesinger, von 1977 bis 1979 erster U.S.-Energieminister im Kabinett von Präsident Jimmy Carter.

79 „Fusion Press Coverage: Good News Is No News?“, in: *Fusion* 4, Nr. 3 (Januar 1981), 27.

century"[80] blieb halbherzig und der „Magnetic Fusion Energy Engineering Act of 1980" letzlich ohne richtungsweisende Konsequenzen; die in ihm vorgesehenen Budgetsteigerungen wurden nie bewilligt.[81]

> „The act recommended that funding levels for magnetic fusion double (in constant dollars) within 7 years. However, Congress did not appropriate these increases, and there was no follow-up. Actual appropriations in the 1980s ha ve not grown at the levels specified in the act; in fact, since 1977, they have continued to drop in constant dollars."[82]

Es endete so das „golden age of fusion"[83] seitens Politik und Gesellschaft wie das Atomzeitalter drei Jahrzehnte zuvor von Seiten der Wissenschaft begonnen hatte – mit uneingelösten Versprechungen.

---

80 Dean, „Historical Perspective on the United States Fusion Program", 291.

81 Tatsächlich wurden die Budgets für Forschung und Entwicklung im Department of Energy unter der Regierung von Präsident Ronald Reagan ab 1981 massiv gekürzt. „The Reagan Administration stated that development activity belonged in the private sector and that the government could encourage this activity most effectively by staying out of it. Acordingly, DOE research budgets for solar energy, fossil fuel technology, and energy conservation – those energy areas most heavily weighted towards development or demonstration, as opposed to research – were substantially reduced. In contrast, the Reagan Administration continued to support government funding for long term, high-risk programs – e.g. fusion research – that would not attract private investment. Therefore, although the fusion research budget has decreased in the 1980s, it has not been cut as severely as some of DOE's other energy R&D programs."
U.S. Congress | Office of Technology Assessment, *Starpower,* 51.

82 Ebd., 9.

83 Seife, *Sun in a Bottle,* 163.

5 Vergangene Zukunft – Kernfusion als Relikt?

Ob die Kernfusion als Antwort auf die Probleme der Kernspaltung taugen würde, wie es ein Artikel[1] in der *New York Times* nach der partiellen Kernschmelze im Atomkraftwerk Three Mile Island bei Harrisburg in Pennsylvania fragte, war zum Ende der 1970er Jahre nicht wirklich klarer geworden. Doch die Tatsache, dass nach der Beinahe-Katastrophe von Three Mile Island 1979 – als das zufällige Zusammentreffen des realen Unfalls mit der Darstellung eines „secretive and evil nuclear establishmen" in *The China Syndrome* die öffentliche Aufmerksamkeit potenziert und einen gefährlichen aber letztlich harmlosen Störfall zum Super-GAU für das Ansehen der gesamten Kerntechnik gemacht hatte[2] – in den USA bis heute kein einziges neues Atomkraftwerk mehr gebaut wurde, legt nahe, dass das Atomzeitalter damals bereits beendet war, bevor es wie bei der ersten Genfer Atomkonferenz erwartet, durch die Kernfusion vollendet werden konnte.

> „Though some [Researchers] have been working on the problem for 30 years, they admit that fusion is for the next generation – not this one. Tempering their optimism is an awareness of the history of today's atomic reactors. What a generation ago seemed a golden path to cheap, almost unlimited energy has proved to be a costly, rocky road, still far from its goal and beset by difficulties."[3]

---

1 Vgl. Walter Sullivan, „Fusion: The Answer to Fission?", in: *The New York Times,* 15. Mai 1979.

2 Vgl. Palfreman, „A Tale of two Fears", 26.

3 Sullivan, „Fusion: The Answer to Fission?".

Zusätzlich getrübt wurden die Aussichten durch die Gleichzeitigkeit der ebenfalls 1979 beginnenden zweiten Ölkrise nach der islamischen Revolution im Iran und die im selben Jahr in Genf stattfindene erste Weltklimakonferenz, bei der die Vereinten Nationen die globalen Risiken antropogener Treibhausgasemissionen durch fossile Brennstoffe anerkannten.[4] Ein Vergleich der Weltausstellungen 1964/65 in New York mit jener, die 1982 in Knoxville stattfand, macht den Grad der Ernüchterung in Bezug auf die kunftigen Möglichkeiten der Energieversorgung deutlich. Der optimistische Slogan „Energy Turns the World" der auf dem Höhepunkt der Energiekrise konzipierten Messe unter ihrem baulichen Wahrzeichen, dem Aussichtsturm Sunsphere, kann nicht darüber hinwegtäuschen, dass Energie ihren Besuchern hier weniger als Versprechen, denn als Problem begegnete. Unter vielen Lösungsansätzen fand auch die Kernfusion noch Erwähnung, doch statt Hoffnungen auf den technologischen Fortschritt zu schüren, dämpfte schon die im offiziellen Ausstellungsführer den Grußworten nachgestellte Einführung zum Thema Energie die Erwartungen an einfache Lösungen:

> „The era of abundant, cheap energy is past, and this imposes wrenching and often painful adjustments to our economy. The great ongoing debate about future energy is not about which source will be cheap (none will), but about which mix of resources and uses will be least costly and most acceptable. [...] All energy options can have adverse impact on the environment, and their wastes post potential dangers. This includes acid rain and sulfur from oil and coal, radioactive wastes from fission and fusion, large volumes of tailings from all low-concentration sources of fuels, strip-mine damage to our land, and huge land needs for solar collectors."[5]

---

4 Vgl. Frank Bösch, *Zeitenwende 1979: Als die Welt von heute begann* (München: Beck, 2019).

5 E. G. Silver, „Energy: Effective Force", in, *The 1982 World's Fair Official Guidebook* (Knoxville: Exposition Publishers, 1982).

RETRO-FUTURISMUS – ZURÜCK IN DIE ZUKUNFT

Nicht nur die Ära reichlicher, billiger Energie war Vergangenheit, auch der charakteristische Fortschrittsoptimismus des Atomzeitalters, der in Progressland einst so prächtige Blüten getrieben hatte, war verbraucht. „Moreover, a new generation accustomed to seeing the dark side of technology sometimes views nuclear power as the future that did not work."[6] Als nach der „Zeitenwende 1979"[7] durch Ereignisse wie die sowjetische Invasion Afghanistans und den NATO-Doppelbeschluss zur nuklearen Nachrüstung Europas auch die zwischenzeitliche Entspannungsphase im Kalten Krieg endete, war die Balance zwischen den Versprechungen ziviler Kerntechnologie und der Bedrohung durch Kernwaffen Anfang der 1980er Jahre von beiden Seiten gestört. Während sich dies in der amerikanischen Populärkultur einerseits etwa in Ridley Scotts dystopischem Science-Fiction Film-Noir *Blade Runner* (1982), wo Technologie im Los Angeles des Jahres 2019 nach einem Atomkrieg auf Kosten der Umwelt und zum Konsum geknechteter Massen nur skrupellosen Konzernbossen nutzt, oder dem eindrucksvollen Schreckensszenario eines nuklearen Schlagabtauschs im Fernsehfilm *The Day After*[8] (1983) niederschlug, weckte die Ernüchterung andereseits auch eine nostalgische Sehnsucht nach der im Rückblick naiven Zuversicht mit der das Atomic Age einst gestartet war.

Eine Wanderausstellung der Smithsonian Institution mit dem Titel Yesterday's Tomorrows: Past Visions of the American Future" bediente diese Sehnsucht 1984 mit einer amüsanten Rückschau „to the confidence – and, at times, naive faith – Americans have had in science and technology"[9] in den Bereichen Gesellschafts- und Stadtentwicklung, häusliches Leben, Verkehr und Kriegsführung sowie auf die Faszination, welche diesbezügliche Visionen als Inhalte amerikanischer Massenmedien im 20. Jahrhundert

6 Stoler, Branegan und Nash, J. Madeleine, „Pulling the Nuclear Plug".

7 Bösch, *Zeitenwende 1979*.

8 Der Film, dem eine umfangreiche Werbekampagne vorausging, erreichte bei seiner Erstausstrahlung durch den amerikanischen Fernsehsender ABC schätzungweise 100 Millionen Zuschauer und gilt damit bis heute als eine der reichweitenstärksten Fernsehproduktionen aller Zeiten.

9 Corn, Horrigan und Chambers, *Yesterday's Tomorrows,* Klappentext.

entfalteten. Im Katalog zur Ausstellung geben die Kuratoren eine Erklärung für das neue Interesse an den Zukünften von damals:

> „Behind this new interst in past ideas about the future lies a skepticism not only about the specific concept of technology as social panacea but also about the general notion of progress, which has animated social and intelectual history since the late nineteenth century. The continuing pattern of imperialism in the Third World perpetuated by economically advantaged countries, the prospects of global annihilation by nuclear weapons, and the increasing environmental damages from industrial pollutants have all but shattered the equation between technological innovation and positive social gain. Technological utopianism, a creed once widely held by historians and the general public alike, has been dealt a number of serious blows. It has become at once compelling as a topic of historical inquiry and problematic as a guide to public policy."[10]

Weitere Beispiele für den in den 1980er Jahren aufkommenden und schon damals als Retro-Futurismus bezeichneten Trend sind die Wiederaufnahme der auch in „Yesterday's Tomorrows" referenzierten und zuerst nur 1962 produzierten Zeichentrickserie *The Jetsons* von 1985 bis 1987 sowie der beachtliche Publikumserfolg einer ebenfalls 1985 startenden Kinofilm-Trilogie mit dem programmatischen Titel *Back to the Future*.

In letzterer Science-Fiction-Komödie über die Zeitreisen des jungen Marty McFly und des exzentrischen Wissenschaftlers Dr. Emmett Brown spielt sogar explizit auch die Kernfusion eine Rolle. Durch einen sogenannten „Mr. Fusion Home Energy Reactor" dient sie als Energiequelle der Zeitmaschine in Browns umgebautem DeLorean Sportwagen. Dabei läuft die im Film 1985 erstmals eingesetzte Zeitmaschine ursprünglich noch mit einem Plutonium-Fissionsreaktor, dessen mangelnde Brennstoff-Verfügbarkeit jedoch im Laufe der Handlung zum Problem wird. Auf einer Zeitreise in das Jahr 2015 stattet Brown den DeLorean schließlich stattdessen mit dem dann verfügbaren Fusionsreaktor aus, der sich als kompaktes Gerät für den Hausgebrauch deutlich von realen Konzepten unterscheidet. Es kann als ironischer Kommentar auf das seit Beginn der Kernfusionsforschung beschworene Mantra der grenzenlosen Verfügbarkeit billigen Fusionsbrennstoffs aus Meerwasser – „a fusion reactor's fuel supply is as inex-

---

10 Ebd., XIII.

haustible as the oceans"[11] – verstanden werden, dass der Kernfusionsreaktor im Film eine andere im Überfluss vorhandene Ressource nutzt: Müll.

Abb. 21: In der Schlussszene des ersten Teils von Back to the Future (1985) wirft Dr. Emmet Brown eine angebrochene Bierdose in den „Mr. Fusion Home Energy Reactor", bevor er mit Marty McFly und dessen Freundin Jennifer aus deren Gegenwart 1985 30 Jahre in die Zukunft zurück nach 2015 reist. In der Fortsetzung Back to the Future Part II (1989) erinnern kleinstädtisches Setting, fliegende Autos und andere Requisiten darin retro-futuristisch an die freundlichen Aussichten der 1950er und 1960er Jahre.

SUPER POWER POLITICS

Die ursprüngliche Hoffnung, dass wegen der geringen Brennstoffkosten auch die freigesetzte Energie aus Kernfusion billig zu haben sein würde, hatte sich in den 1980er Jahren tatsächlich längst verbraucht. Ihre Erforschung war bereits so teuer, dass in der Reagan Administration, die in der damaligen Wirtschaftskrise die Staatsausgaben reduzieren wollte, Beden-

11 „The Atomic Future", in: *Time* 66, Nr. 8 (1955), 67.

ken reiften, dass der Aufwand selbst die USA überfordern könnte. Wie der Präsident dem Kongress in einer Rede zur Wissenschaftspolitik im März 1982 mitteilte, wollten die USA in der Großforschung deshalb verstärkt mit internationalen Partnern kooperieren. Dabei sollte es nicht mehr länger nur um den Informationsaustausch unter Wissenschaftlern gehen, sondern auch um den gemeinsamen Bau und Bertieb ganzer Forschungsanlagen.

> „[F]iscal restraint in our agencies' programs is required if we are to restore our Nation's economic health. [...] There are areas of science, such as high energy physics and fusion research, where the cost of the next generation of facilities will be so high that international collaboration among the western industrialized nations may become a necessity."[12]

Über die Kollaboration mit westlichen Verbündeten hinaus, sei eine vertiefte wissenschaftliche Zusammenarbeit mit der Sowjetunion zwar vielversprechend – „Potentially, American scientific collaboration with the Soviet Union could be highly beneficial to the entire world." [13] – politisch unter den damaligen Umständen jedoch nicht oportun. So hatte die Reagan Administration seit der sowjetischen Invasion Afghanistans selbst bestehende Austauschprogramme stark zurückgefahren und stellte Bedingungen für eine erneute Annäherung. „Future cooperation with the Soviet Union depends on the steps they take to comply with recognized norms of peaceful intercourse among nations."[14] Als drei Jahre später schließlich mit Michail Gorbatschow ein Reformer in der Sowjetunion an die Macht kam, ging dieser auf die USA zu und unterbreitete Präsident Reagan beim ersten Treffen der beiden Regierungschefs auf der Genfer Gipfelkonferenz am 19. und 20. November 1985 einen Vorschlag, der das größte heute laufende Forschungsvorhaben zur Kernfusion begründen sollte: ein internationales Kooperationsprojekt zur gemeinsamen Entwicklung der Kernfusion als eine „source of energy, which is essentially inexhaustible, for the benefit for all

---

12 Ronald Reagan, „Message to the Congress Reporting on United States International Activities in Science and Technology" (22.03.1982).

13 Ebd.

14 Ebd.

mankind“[15]. Nach seiner Rückkehr aus Genf berichtete Präsident Reagan dem Kongress in einer landesweit übertragenen Ansprache: „[A]s a potential way of dealing with the energy needs of the world of the future, we have also advocated international cooperation to explore the feasibility of developing fusion energy.“[16] Mit Verweis auf die Budgetkürzungen seit dem Ende der Energiekrise, sah ein Kommentar in der *New York Times* darin die Chance auf eine Renaissance der in den USA zuletzt in Ungnade gefallenen Kernfusionsforschung.

> „A brief sentence in the joint Soviet-American statement issued after last week's summit meeting could give a new spur toward development of an exotic, potentially inexhaustible energy source that has fallen out of political and budgetary favor in recent years: controlled thermonuclear fusion. At first glance, the notion that President Reagan and Mikhail S. Gorbachev, the Soviet leader, would endorse an international effort to develop one particular form of energy, nuclear fusion, above all others might appear odd. But the proposed cooperative effort in fusion actually fits the needs and capabilities of both superpowers quite well. It is also consistent with an emerging recognition that enormously expensive, long-range technical projects virtually require some form of international cooperation.“[17]

Ein Jahr später im Oktober 1986 wurde beim nächsten Gipfeltreffen der beiden Staatsmänner in Reykjavík schließlich zusammen mit Japan und der Europäischen Atomgemeinschaft (EURATOM) eine konkrete Übereinkunft zum Planungsbeginn für ITER – das Akronym steht für „International Thermonuclear Experimental Reactor“ sowie das lateinische Wort für „der Weg“ – geschlossen.

Unabhängig von den eventuellen Fortschritten, die ITER auf dem Gebiet der Kernfusion einmal erreichen sollte, war das Projekt für die beiden

---

15 Ronald Reagan, „Joint Soviet-United States Statement on the Summit Meeting in Geneva“ (21.11.1985).

16 *The New York Times,* „Summit Finale: The Reaction on Capitol Hill: Transcript of Reagan Report to Congress on Geneva Meeting With Soviet“, 22. November 1985.

17 Philip M. Boffey, „Summit Statement Brings New Life to Fusion Effort“, in: *The New York Times,* 26. November 1985.

Supermächte im Kalten Krieg dabei als Vehikel zur öffentlichen Demonstration guten Willens und „part of a long-term effort to build a more stable relationship“[18] vom ersten Tag an bedeutsam. Wie Patrick McCray feststellt, war die Kernfusionsforschung für seine diplomatischen Zwecke „[a]s an arena for Cold War superpower collaboration“ aus mehrerlei Gründen besonders geeignet:

> „For one thing, an international research community and pathways for information exchange already existed. Second, clean energy via nuclear fusion offered the semblance of broad societal benefits. It also had the potential to put a more positive face on nuclear applications at a time when the superpowers' nuclear arsenals drew widespread global condemnation. Finally, while technically possible, practicable applications of fusion energy still remained many years off, making it a fairly safe arena for U.S.-Soviet collaboration in terms of technology sharing.“[19]

Neben den propagandistischen Aspekten, die an Eisenhowers „Atoms for Peace“-Kampagne erinnern, war die gemeinsame Kernfusionsforschung also nicht deshalb interessant, weil Amerikaner oder Sowjets an den baldigen Erfolg der Entwicklung glaubten, sondern vielmehr im Gegenteil, weil nützliche Ergebnisse der Forschung im Planungshorizont der Strategen auf absehbare Zeit so unwahrscheinlich erschienen. Immerhin wurde das fragile Gleichgewicht im Kalten Krieg wesentlich von der relativen Stabilität innerhalb beider Machtblöcke und der gegenseitigen Berechenbarkeit ihrer jeweiligen Interessen und Handlungen gestützt. Die schnelle Verwirklichung einer potentiell so disruptiven Technologie wie der Kernfusion, die geeignet wäre, globale Ressourcenströme und Abhängigkeiten fundamental zu verändern, war vor diesem Hintergrund nicht uneingeschränkt erstrebenswert. Immerhin hatte man sich in den bestehenden Verhältnissen einigermaßen gut eingerichtet und es glaubte damals noch kaum jemand daran, dass die Sowjetunion so bald zusammenbrechen und der Kalte Krieg damit friedlich zu Ende gehen würde.

---

18 *The New York Times,* „Summit Finale: The Reaction on Capitol Hill“, 22. November 1985.

19 W. Patrick McCray, „Globalization with Hardware: ITER's Fusion of Technology, Policy, and Politics“, in: *History and Technology* 26, Nr. 4 (2010), 293.

KERNFUSIONSFORSCHUNG SEIT DEM ENDE DES KALTEN KRIEGS

Heute, mehr als dreißig Jahre nach ITERs Beginn als diplomatische Geste, wird der Reaktor in Südfrankreich tatsächlich gebaut. Mit Beteiligung von inzwischen 35 Nationen – neben den USA, Russland, Japan und den Mitgliedsstaaten der Europäischen Union plus Schweiz nun auch China, Indien und Korea – soll dort nach heutigen Stand ab 2025 die „feasibility of fusion as a large-scale and carbon-free source of energy based on the same principle that powers our Sun and stars“[20] bewiesen werden. ITER soll damit die Grundlage schaffen, in einem nachfolgend geplanten Demonstrationskraftwerk DEMO ab etwa der Mitte des 21. Jahrhunderts erstmals elektrischen Strom aus Kernfusion zu erzeugen. Unbestreitbar zeugt das Projekt um den einmal weltgrösten Tokamak aber schon jetzt von den beeindruckenden wissenschaftlichen und ingenieurtechnischen Leistungen, die in internationaler Zusammenarbeit vollbracht werden können.

> „The experimental campaign that will be carried out at ITER is crucial to advancing fusion science and preparing the way for the fusion power plants of tomorrow. ITER will be the first fusion device to produce net energy. ITER will be the first fusion device to maintain fusion for long periods of time. And ITER will be the first fusion device to test the integrated technologies, materials, and physics regimes necessary for the commercial production of fusion-based electricity.“[21]

Dabei wird ITER am Ende eines langen Design- und Bauprozesses im Vergleich zu den ursprünglichen Planungen weniger als halb so leistungsfähig, mindestens viermal so teuer und über ein Jahrzehnt später betriebsbereit sein. Die Kostensteigerungen und Managementschwierigkeiten bei diesem beispiellos komplexen Projekt führten zwischenzeitlich sogar dazu, dass die USA 1998 ihre Beteiligung an ITER beendeten. Erst 2003 traten sie dem ITER-Konsortium erneut bei. Zwar konnte ein neues Management seit 2015 Vertrauen zurückgewinnen, doch noch immer steht das Vorhaben ob

---

20 „What is ITER?“. https://www.iter.org/proj/inafewlines (letzter Zugriff: 16. August 2018).

21 Ebd.

seiner Abhängigkeit von wechselnden politischen Verhältnissen auf tönernen Füßen. Kritik entzündet sich dabei ungeachtet aller Relativierungsversuche seiner Befürworter vor allem an den hohen finanziellen Kosten des Projekts, die andernorts effektiver eingesetz werden könnten. Wenn es das vorrangige Ziel von ITER und DEMO sei, einmal große Mengen emissionsfreier Energie erzeugen zu können um den Klimawandel zu mildern, sagen die Kritiker, dann sollte das Geld besser in den Ausbau und die Weiterentwicklung bestehender Technologien für erneuerbare Energien investiert werden, die schon heute erprobt und kurzfristig einsatzbereit sind.[22] Zumal deren wachsende Wirtschaftlichkeit in den smarten und für vielfältige dezentrale Versorger umgebauten Stromnetzen der Zukunft die Chancen auf einen rentablen und systemkompatiblen Betrieb eventueller Kernfusionskraftwerke von Jahr zu Jahr geringer werden lassen.

Aller Einwände zum Trotz ist die Kernfusion mit magnetischem Einschluss heute der alleinige Fokus des größten Teils der internationalen Forschung von Seiten öffentlich finanzierter Big Science. Die vor allem in den USA lange Zeit parallel verfolgte Laserfusion hat als weiterer Ansatz in den letzten Jahren deutlich an Bedeutung verloren. So dient in den USA die weltweit größte Einrichtung zur Laserfusion, die 2009 fertig gestellte National Ignition Facility am Lawrence Livermore National Laboratory, heute nur noch militärischen Zwecken. Sie soll durch die Simulation thermonuklearer Explosionen die Funktionssicherheit des amerikanischen Kernwaffenarsenals auch ohne unter- oder oberirdische Tests gewährleisten. Das ursprünglich zusätzlich verfolgte zivile Ziel, mit der namensgebenden Ignition, also der Zündung einer selbsterhaltenden Fusionsreaktion, eine Voraussetzung für die Laserfusion als Kraftwerkstechnologie zu schaffen, wurde 2012 vorerst aufgegeben.[23]

Gleichzeitig begannen in den letzten Jahren abseits des wissenschaftlichen Mainstreams und etablierter Programme eine ganze Reihe von privaten Akteuren mit alternativen Konzepten zur Kernfusion große Mengen von Wagniskapital einzuwerben.[24] Als kleine, innovative und agile Start-up-

---

22 Vgl. James Kanter, „A Clean Energy Machine That Works Like the Sun.“, in: *The New York Times,* 29. April 2009.

23 Vgl. Geoff Brumfiel, „Laser Lab Shifts Focus to Warheads“, in: *Nature* 491, Nr. 7423 (2012).

24 Vgl. Daniel Clery, „Fusion's Restless Pioneers“, in: *Science* 345, Nr. 6195 (2014).

Unternehmen versprechen sie ihren Investoren in poppigen Werbefilmchen durch den Einsatz unkonventioneller Methoden binnen weniger Jahre leisten zu können, woran die jahrzehntelange internationale Forschung im Rahmen staatlich finanzierter Big-Science bisher gescheitert ist. Beispiele sind Applied Fusion Systems in Großbritannien, General Fusion in Kanada oder Helion Energy, EMC2 Fusion und TAE Technologies (ehemals Tri Alpha Energy) in den USA.[25] 2015 widmete das *Time* Magazin dem Phänomen eine Titel-Story[26] und ein Artikel in der *New York Times* zitiert einen beteiligten Manager: „We're moving very quickly [...] Is it two years away? Three years away? Four years away? Maybe. We'll let you know when we get there."[27] Doch es sind nicht nur Start-ups, die in Zeiten niedriger Zinsen und mit öffentlichkeitswirksamer Unterstützung bekannter IT-Milliardäre aus dem Silicon Valley in kürzester Zeit teilweise hunderte Millionen Dollar von risikofreudigen Anlegern erhielten. Eine der prominentesten Vertreterinnen dieses neuen Trends ist die amerikanische Rüstungsfirma Lockheed Martin, die an einem kompakten Fusionsreaktor in der Größe eines handelsüblichen Frachtcontainers arbeitet. Die Selbstdarstellung ihres Projekts steht unter dem retro-futuristischen Motto „Restarting

25 Seit 2009 setzt eine Firma namens Brillouin Energy dort sogar wieder auf die eigentlich 1989 skandalös in Verruf geratene Kalte Fusion. Damals hatten die beiden Elektrochemiker Stanley Pons und Martin Fleischmann weltweites Aufsehen erregt, als sie behaupteten, mit einem vergleichsweise simplen Versuchsaufbau kontrollierte Kernfusion bei Raumtemperatur herbeiführen zu können. Die vermeintliche Sensation ließ sich jedoch nicht reproduzieren. Die Kalte Fusion gilt seither als Beispiel für sogenannte „pathological science", bei der von Wunschdenken geleitete Fehlinterpretationen die wissenschaftliche Selbstkontrolle eine Zeit lang versagen lassen, sowie eine problematische Kopplung von Wissenschaft und (Massen-)Medien.
Vgl. John Robert Huizenga, *Cold Fusion: The Scientific Fiasco of the Century* (Oxford: Oxford University Press, 1994).
Vgl. Helmuth Trischler und Marc-Denis Weitze, „Kontroversen zwischen Wissenschaft und Öffentlichkeit", 67–69.

26 Lev Grossman, „Inside the Quest for Fusion, Clean Energy's Holy Grail", in: *Time* 186, Nr. 18 (2015).

27 Dino Grandoni, „Start-Ups Take On Challenge of Nuclear Fusion", in: *The New York Times,* 25. Oktober 2015.

the Atomic Age"[28]. Wer dies in Erinnerung an den Kalten Krieg – zumal von einer Rüstungsfirma – als Drohung empfindet, mag sich trösten, dass Lockheed Martin dafür neben potentiell quasi unbegrenzt ausdauernden Antrieben für U-Boote, Schiffe, Flugzeuge und die Raumfahrt nicht nur militärische Anwendungen bewirbt.

> „As a global security company, we're not only interested in the revolutionary military capabilities compact fusion reactors offer, but also in the ability to provide the world with an umlimited supply of economical energy. With the ability to deploy compact fusion reactors to whoever needs them, world-wide access to inexpensive electricity could finally be possible in the future."[29]

Das addressierte Problem „nachhaltige[r] Energieversorgung"[30] für eine wachsende Weltbevölkerung ist gegenwärtig dringender denn je. Doch seine Lösung kann nicht länger in die Zukunft verschoben werden, sondern braucht Maßnahmen, die heute schon umsetzbar sind. Dazu müssen Verhaltensänderungen zur Verbrauchsreduzierung mindestens genauso gehören wie neue und bessere Technologien für mehr umweltverträgliche Stromerzeugung. Die Hoffnung und das Warten auf die eventuelle Verfügbarkeit der Kernfusion in zwanzig, fünfzig oder hundert Jahren bergen demgegenüber die Gefahr, politische und individuelle Untätigkeit sowie das Festhalten an destruktiven Pratiken zu begünstigen, indem die Verantwortung zur Lösung des Problems einseitig auf die Wissenschaft abgewälzt wird. Dabei ist die Kernfusion sicherlich weitere Forschung wert – doch vielleicht zunächst eher als rein naturwissenschaftliches und auch ethisches Problem, denn als vermeintliche Lösung für eine sichere und saubere Energieversorgung.

Die Geschichte der amerikanischen Auseinandersetzung mit Kernfusion im Spiegel ihrer populärkulturellen Repräsentation während des Atomic

---

28 Lockheed Martin, „Compact Fusion". https://www.lockheedmartin.com/en-us/products/compact-fusion.html (letzter Zugriff: 22. August 2018).

29 Ebd.

30 Sibylle Günter und Isabella Milch, „Die Kernfusion als eine Energie für die Zukunft", in: Christian Kehrt, Peter Schüßler und Marc-Denis Weitze, Hgg., *Neue Technologien in der Gesellschaft: Akteure, Erwartungen, Kontroversen und Konjunkturen* (Bielefeld: Transcript, 2011), 117.

Age hat gezeigt, dass es dabei seltenst nur um eine spezifische Technologie oder um eine potentielle Energiequelle ging. Neben ihrer verschiedentlichen Instrumentalisierung im Kontext des Kalten Kriegs spielten stattdessen immer auch Fragen der Kontrollierbarkeit von Naturgewalten und menschlicher Schöpfung, des Vertrauens in Wissenschaft, Technologie und gesellschaftliche Eliten sowie nach der Richtung und den Grenzen von Fortschritt und Wachstum eine wichtige Rolle. In der anhaltenden Debatte um ihre gesellschaftliche Akzeptanz, die der technischen Machbarkeit übergeordnet als Voraussetzung für ihre eventuelle Implementierung gilt,[31] sind Betriebssicherheit und Umweltverträglichkeit – hier schneidet die Kernfusion aller Voraussicht nach gut ab – deshalb nicht die einzigen Kriterien. Ähnlich der Verfügung über Wasserstoffbomben, bedeutete auch die Verfügung über kontrollierte Fusionsenergie eine problematische Machtkonzentration in den Händen der staatlichen oder privaten Akteure, die sie zuerst erringen – auch wenn ein Kernfusionsreaktor selbst tatsächlich nicht wie im Batman-Film *The Dark Knight Rises* (2012)[32] zu einer Waffe umfunktioniert werden kann. „To anyone who could harness the energy of a miniature star, fusion promised power. Not only would it give the world endless electrical power, it would give power to its inventors."[33] Die amerikanische Populärkultur und Science-Fiction Literatur[34] ist diesbezüglich voller Beispiele für dystopische Gesellschaften, in denen einzelne Regie-

---

31 Vgl. ebd., 124.

32 Der fiktive Fusionsreaktor, den Bruce Waynes, alias Batmans, Firma Wayne Enterprises darin entwickelte, ist ähnlich dem Konzept von Lockheed Martin kompakt genug um von einem LKW transportiert werden zu können und hat das Potential, eine ganze Großstadt mit „clean energy" zu versorgen. Doch solange nicht ausgeschlossen wäre, dass dieser wie später im Film zu einer Neutronenbombe gemacht werden und in falsche Hände geraten könnte, hält Bruce Wayne die Erfindung zurück und weist andernfalls die Zerstörung des Prototyps an. „Destroy the world's best chance for a sustainable future? – If the world is not ready, yes."

33 Seife, *Sun in a Bottle,* 227.

34 Vgl. William Gibson, *Die Neuromancer-Trilogie* (Frankfurt am Main: Rogner & Bernhard bei Zweitausendeins, 1996).

rungsorganisationen oder „Megacorporations“[35], ihre totalitäre Allmacht oder ihren korrumpierenden Einflussreichtum auf die Beherrschung einer bestimmten Schlüsseltechnologie stützen – vom Lebensmittelmonopolisten im Film *Soylent Green* (1973), der allgegenwärtigen Weyland-Yutani Corporation im *Alien* Franchise (seit 1979) und Tyrell Corporation in *Blade Runner* (1982) bis zur kindgerechten Persiflage des Genre-Klischees in Gestalt der Buy n Large Corporation aus Disneys Animationsfilm *WALL·E* (2008). Für ihre politische Systemverträglichkeit stellt sich in Anlehnung an den lateinischen Sinnspruch „Quis custodiet ipsos custodes?“ gegebenenfalls also auch die Frage, wer diejenigen kontrolliert, die eines Tages die Kernfusion kontrollieren. Die zumindest bei ITER für alle Mitgliedsstaaten garantierte beitragsunabhängig geteilte Verfügung über sämtliche projektbezogenen Erkenntnisse und Technologien kann nur ein erster Schritt sein, der eventuellen Monopolisierung der Fusionsenergie oder anderen problematischen Abhängigkeiten vorzubeugen. In den USA arbeitet eine von privaten Kernfusionsunternehmen getragene Lobbyorganisation alias Fusion Industry Association bereits daran, die staatlichen Förderungen und regulatorischen Rahmenbedingungen für die eventuelle Kommerzialisierung der Kernfusion in ihrem Sinne zu beeinflussen, indem sie Politikern und der Öffentlichkeit erklären lässt, „[h]ow America can win the race to commercializing fusion energy, reap a fortune, and save the world“[36].

Im Kontext der sozialwissenschaftlichen Begleitforschung zu ITER hat eine Inhaltsanalyse aktueller Texte im Internet jüngst festgestellt, dass die Kernfusion ob ihrer fabelhaften Eigenschaften und Zuschreibungen häufig mit dem Heiligen Gral verglichen wird.[37] Ihre Erforschung entspäche dann der Suche nach diesem heilbringenden Gegenstand, der als Element der Arthussage seit dem 12. Jahrhundert in verschiedenen Variationen literari-

35 TV Tropes, „Mega Corp.“. https://tvtropes.org/pmwiki/pmwiki.php/Main/MeGaCoRp (letzter Zugriff: 3. September 2018).

36 Randall Volberg, „Fusion: The Inevitable Industry – How America can win the race to commercializing fusion energy, reap a fortune, and save the world.“. http://americanfusionproject.org/fusion-inevitable/ (letzter Zugriff: 11. September 2018).

37 Vgl. Christian Oltra et al., „The Holy Grail of Energy? A Content and Thematic Analysis of the Presentation of Nuclear Fusion on the Internet“, in: *Journal of Science Communication* 13, Nr. 4 (2014).

sche Heldenreisen motiviert und in seiner Rätselhaftigeit bis heute die Phantasie beschäftigt. Anders als es die Autoren der Studie deuten, hat die Analogie mit der Gralserzählung für die Kernfusion jedoch nicht nur positive Implikationen, wie eine nährere Betrachtung ihrer heute wohl breitenwirksamsten Adaption im Abenteuerfilm *Indiana Jones and the Last Crusade* (1989) verrät. Ende der 1930er Jahre versuchen die Archäologen Indiana Jones und sein Vater darin, einer Expedition deutscher Nazis beim Finden des Heiligen Grals zuvorzukommen, da diese mit dessen Wunderkraft die ganze Welt unterwerfen würden. Letztlich scheitern die Nazis daran, den Gral zu erlangen, doch zeigt sich beim folgenden Einsturz des Felsentempels, in dem dieser bewahrt wird, dass dessen Verlockungen selbst den redlichen Helden Indiana Jones korrumpieren und buchstäblich ins Verderben stürzen könnten. Erst am Abgrund einer Felsspalte hängend, überzeugt ihn sein Vater, den Gral zurückzulassen, um sich selbst zu retten. Am Ende erscheint es besser, der Gral bleibt menschlichem Zugriff entzogen, denn so wie ihn zu suchen Menschen über sich hinauswachsen lässt, würde ihn zu finden die meisten überfordern. Wenn es sich mit der Kernfusion tatsächlich ähnlich verhält, wären zumindest die Jahrzehnte der Forschung auch ohne den letzten Erfolg nicht vergebens.

Quellenverzeichnis

Life. „30 Million Minds a Month Focus on The March of Time", 12. August 1946.

The Washington Post. „300 Cameras Prove Success In A-Bomb Dress Rehearsal", 18. März 1946.

Life. „5-4-3-2-1 And the Hydrogen Age Is Upon Us", 12. April 1954.

Life. „A Fair Exchange Abroad", 22. August 1955.

Life. „A Searching Inquiry Into Nuclear Perils", 10. Juni 1957.

„A Touch of Sun", in: *Time* 55, Nr. 7 (1950), 50.

Life. „A Weird Insult from Norway", 25. Oktober 1963.

„Abridged Script of Dr. Strangelove or: How I Learned to Stop Worrying and Love the Bomb", in: John Renaker, Hg., *Dr. Strangelove and the Hideous Epoch: Deterrence in the Nuclear Age* (Claremont, CA: Regina Books, 2000), 385–412.

„Advertisement", in, *Official Guide: New York World's Fair 1964/1965* (New York, NY: Time Inc., 1964), 59.

Allison, Helen C. „News Roundup: Project Sherwood", in: *Bulletin of the Atomic Scientist* 11, Nr. 10 (1955), 379.

Alsop, Stewart. „Eisenhower Pushes Operation Candor", in: *The Washington Post,* 21. September 1953.

„Alternatives to Oil", in: *Time* 102, Nr. 24 (1973), 65.

Life. „An A-Blast Harnessed for Peaceful Test", 5. Januar 1962.

Life. „An Agenda for the Hydrogen Age", 12. April 1954.

Asimov, Isaac. *The Story of Nuclear Energy: Nuclear Fission. Nuclear Fusion. Beyond Fusion* (U.S. Atomic Energy Commission, 1972).

—. *Worlds Within Worlds: The Story of Nuclear Energy.* 3 Bände. Worlds Within Worlds 3 (Oak Ridge, TN: U.S. Atomic Energy Commission, 1972); Nuclear Fission - Nuclear Fusion - Beyond Fusion.

Associated Press. „Blast Took Scientists By Surprise“, in: *The Washington Post and Times Herald,* 25. März 1954.

Atlantic-Pacific Interoceanic Canal Study Commission, „Interoceanic Canal Studies 1970“ (U.S. Government Printing Office, 1971).

Life. „Atom Experts’ Shopping Spree“, 22. August 1955.

The New York Times. „Atom Power Race Is Moving Slowly: In 17 Years Nuclear Age Has Produced Energy Enough for Only One City“, 3. September 1958.

„Atomenergie aus künstlichen Sternen“, in: *Hobby* 5, Nr. 8 (1957), 68.

Life. „Bang-up Way to Dig a New Canal“, 6. März 1964.

Bedford, Ronald. „What It Means to You“, in: *Daily Mirror,* 25. Januar 1958.

Bhabha, Homi J. „The Peaceful Use of Atomic Energy: Welcoming Address to the Delegates at the Internationanal Conference on the Peaceful Uses of Atomic Power“, in: *Bulletin of the Atomic Scientist* 11, Nr. 8 (Oktober 1955), 280–284.

Bishop, Amasa S. *Project Sherwood: The U. S. Program in Controlled Fusion* (Reading, MA: Addison-Wesley, 1958).

Boffey, Philip M. „Summit Statement Brings New Life to Fusion Effort“, in: *The New York Times,* 26. November 1985.

The New York Times. „British Deny U.S. Gags Atomic Gain: Reject Report of Silencing Claim of First Success in Harnessing Fusion Await U.S. Ratification“, 13. Dezember 1957.

Daily Boston Globe. „British Hydrogen Conquest Surpasses Science Fiction“, 12. Januar 1958.

The New York Times. „Britons Report Gain on Fusion Reaction“, 18. November 1957.

„Brochure: Facts About General Electric's Nuclear Fusion Demonstration“. http://www.nywf64.com/genele18.shtml (letzter Zugriff: 12. Oktober 2018).

„Brochure: Your Tour of Progressland“. http://www.nywf64.com/genele09.shtml (letzter Zugriff: 12. Oktober 2018).

Brown, Harold und Gerald W. Johnson. „Non - Military Uses of Nuclear Explosives“, in: *Scientific American* 199, Nr. 6 (1958), 29-25.

Brumfiel, Geoff. „Laser Lab Shifts Focus to Warheads“, in: *Nature* 491, Nr. 7423 (2012), 170–171.

„Bumper Stickers Designed to Let You Have Your Say“, in: *Fusion* 4, Nr. 10 (1981), 63.

Carter, Gilbert. „Britain's H-Men Make a SUN“, in: *Daily Herald,* 25. Januar 1958.

Carter, Jimmy. „Three Steps Towards Nuclear Responsibility“, in: *Bulletin of the Atomic Scientist* 32, Nr. 8 (1976), 8–14.

Chaze, Elliott. „March of Mad Fads“, in: *Life,* 26. Dezember 1960.

The New York Times. „Cheap Atom Power Not Just Around Corner: Geneva Scientists See Obstacles Delaying Fulfillment of Promise“, 7. September 1958.

Life. „Color Photographs Add Vivid Reality to Nation's Concept of H-Bomb“, 19. April 1954.

Containment (Stockton, CA: Shamus Gamus, 1979).

„Controlled Fusion“, in: *Time* 66, Nr. 4 (1955), 64.

Coughlan, Robert. „Dr. Edward Teller's Magnificent Obsession: Story behind the H-bomb is one of a dedicated, patriotic man overcoming high-level opposition“, in: *Life,* 6. September 1954.

The New York Times. „‚Crash Program‘ on Atom Pressed: Senator Gore Says Federal Policies Fail to Produce Results in Power Race“, 27. April 1956.

Craven, C. Jackson. *Our Atomic World* (Oak Ridge, TN: U.S. Atomic Energy Commission, 1963).

Curry, Duncan und Bertram R. Newman. *The Challenge of Fusion* (Princeton, NJ: Van Nostrand, 1960).

Davis, Harry M. „We Enter a New Era – the Atomic Age“, in: *The New York Times,* 12. August 1945.

Dean, Gordon. „Announcement by the Chairman“ Press Release No. 456 (U.S. Atomic Energy Commission, 16.11.1952). https://history.state.gov/historicaldocuments/frus1952-54v02p2/d61 (letzter Zugriff: 3. Oktober 2018).

—. „Atomic Miracles We Will See“, in: *Look,* 25. August 1953.

Del Sesto, Steven L. „Wasn't the Future of Nuclear Engineering Wonderful?“, in: Joseph J. Corn, Hg., *Imagining tomorrow: History, Technology, and the American Future* (Cambridge, MA: MIT Press, 1986), 58–76.

Dillin, John. „Lyndon LaRouche Has Got America's Attention Now!“, in: *The Christian Science Monitor,* 27. März 1986.

Division of Controlled Thermonuclear Reserach. *The Ultimate Energy* (Washington, D.C.: Energy Research and Development Administration, 1977).

Division of Magnetic Fusion Energy, „Fusion Power By Magnetic Confinement: Program Plan Volume 1 Summary“ (U.S. Energy Research and Development Administration, Juli 1976).

Dudley, Uncle. „Sun Power in Harness“, in: *Daily Boston Globe,* 25. Januar 1958.

„Editorial: The Real Choice“, in: *Fusion* 3, Nr. 1 (Oktober1979), 2–3.

Eisenhower, Dwight D. „Text of the Adress Delivered by the President of the United States before the General Assemply of the United Nations in New York City Tuesday Afternoon, December 8, 1953“ (08.12.1953). https://www.eisenhower.archives.gov/research/online_documents/atoms_for_peace/Binder13.pdf (letzter Zugriff: 3. Oktober 2018).

—. „Farewell Radio and Television Address to the American People“ (17.01.1961). https://www.eisenhower.archives.gov/research/online_documents/farewell_address/Reading_Copy.pdf (letzter Zugriff: 3. Oktober 2018).

„Engineering with Nuclear Explosives: Proceedings of the Third Plowshare Symposium, April 21-23, 1964“ (U.S. Atomic Energy Commission).

The New York Times. „Experiments for Hydrogen Bomb Held Successfully at Eniwetok: Leaks About Blast Under Inquiry“, 17. November 1952.

The New York Times. „Films of H-Bomb Now Being Shown: April 7 Embargo Date Lifted by Government - Pearson Denies Breaking Release“, 2. April 1954.

Finney, John W. „Gains in Harnessing Power of H-Bomb Reported Jointly by U. S. and Britain: Nations Called Equal - Many Questions Still to Be Resolved“, in: *The New York Times,* 25. Januar 1958.

—. „Atomic Freedom Hailed At Geneva: East and West Make Start in Exchanging Data on Harnessing H-Bomb“, in: *The New York Times,* 3. September 1958.

—. „Atom Talks End on Hopeful Note: Scientists in Geneva See Cooperation on Nuclear Power for Peaceful Use“, in: *The New York Times,* 14. September 1958.

„First Step to Fusion Energy: With ZETA and Perhapsatron, British and U.S. Make H-Power Gains“, in: *Life* 44, Nr. 5 (1958), 34–35.

Flaum, Marshall. „Foreword“, in: Jack G. Shaheen, Hg., *Nuclear War Films* (Carbondale: Southern Illinois University Press, 1978).

„Foreword“, in: U.S. Atomic Energy Commission, Hg., *Engineering with Nuclear Explosives: Proceedings of the Third Plowshare Symposium, April 21-23, 1964,* III.

Foster, John S. et al., „Final Report of the Ad Hoc Experts Group on Fusion“ (U.S. Department of Energy, 07.06.1978).

Fowler, Wiliam A. „Review: Project Sherwood – The U. S. Program in Controlled Fusion. Engineering and Science by Amasa S. Bishop“, in: *Engineering and Science* 23, Nr. 6 (1960), 4–8.

Friendly, Alfred. „New A-Bomb Has 6 Times Power of 1st“, in: *The Washington Post,* 18. November 1959.

„Fusion Extra“, in: *Fusion* 4, Nr. 3 (Januar 1981).

„Fusion Postcard Campaign: Put Fusion On Line by 1995!“, in: *Fusion* 3, Nr. 3 (Dezember 1979), 17.

„Fusion Postcard Campaign Begins to Make Impact“, in: *Fusion* 3, Nr. 4 (Januar 1980), 14–15.

„Fusion Press Coverage: Good News Is No News?“, in: *Fusion* 4, Nr. 3 (Januar 1981), 27.

„General Advisory Committee Reports on Building the H-Bomb, 1949“, in: James W. Feldman, Hg., *Nuclear Reactions: Documenting American Encounters with Nuclear Energy* (Seattle: University of Washington Press, 2017), 49–53.

General Electric. „The Souvenir Booklet: Progressland“. http://www.nywf64.com/genele08.shtml (letzter Zugriff: 7. Mai 2018).

Gibson, William. *Die Neuromancer-Trilogie* (Frankfurt am Main: Rogner & Bernhard bei Zweitausendeins, 1996).

Gofman, John W., „Hazards to Man From Radioactivity“, in: U.S. Atomic Energy Commission, Hg., *Engineering with Nuclear Explosives: Proceedings of the Third Plowshare Symposium, April 21-23, 1964,* 161–168.

Gould, Jack. „Television in Review; Government Film of H-Bomb Blast Suffers From Theatrical Tricks“, in: *The New York Times,* 2. April 1954.

Grandoni, Dino. „Start-Ups Take On Challenge of Nuclear Fusion“, in: *The New York Times,* 25. Oktober 2015.

The Washington Post. „Greatest Show On Earth“, 2. Juli 1946.

Grossman, Lev. „Inside the Quest for Fusion, Clean Energy's Holy Grail“, in: *Time* 186, Nr. 18 (2015), 24–33.

Grove, Lloyd. „Games People Play“, in: *The Washington Post,* 14. August 1981.

Hangen, Welles. „Soviet Bids U.S. Cooperate In Nuclear Work For Peace“, in: *The New York Times,* 21. Februar 1956.

„Harnessing Nuclear Fusion“, in: *Nature* 181 (1958), 213.

The New York Times. „H-Bomb Reactor Depicted as Huge: Scientist Figures a Tank 30 Times Size of Liner Queen Mary Would Be Needed“, 12. August 1956.

Los Angeles Times. „H-Bomb Test Explosion in Pacific Hinted“, 7. November 1952.

„H-Crater“, in: *Time* 63, Nr. 9 (1954), 53.

Hecht, Marjorie Mazel. „Energy Scorecard for the 1980 Presidential Candidates“, in: *Fusion* 3, Nr. 4 (Januar 1980), 29–44.

Hill, Gladwin. „A.E.C. Considers Deep A-Blasting for Oil and Ore“, in: *The New York Times,* 14. März 1958.

Hillaby, John. „H-Power System to Take 20 Years: First of 6 Stages Outlined by British – Heat Gauged by Celestial Methods“, in: *The New York Times,* 25. Januar 1958.

Hirsch, Richard, „OCB Checklist for Possible Exploitation of President Eisenhower's Atomic Energy Speech“ (Operation Coordinating Board, 15.12.1953).

Hirsh, Joseph. „Science for the Millions: Atomic Energy in the Coming Era, by David Dietz“, in: *Free World* 11, Nr. 1 (1946), 80–81.

Holdren, J. P. „Fusion Energy in Context: Its Fitness for the Long Term“, in: *Science* 200, Nr. 4338 (1978), 168–180.

Horkheimer, Max, Theodor W. Adorno und Friedrich Pollock. *Dialektik der Aufklärung: Philosophische Frangmente* (Amsterdam: Querido, 1947).

The New York Times. „Hydrogen Device Test At Eniwetok Confirmed", 3. Februar 1954.

„Hydrogen Hysteria", in: *Time* 55, Nr. 10 (1950), 90.

The New York Times. „Japanese Bid U.S. Curb Atom Tests; Urge No Pacific Blasts From November Through March, Best Fishing Season", 1. April 1954.

Joint Task Force 132. *Operation Ivy* (Hollywood, CA: United States Air Force Lookout Mountain Laboratory, 1952).

—, „Operation Ivy Final Report" (09.01.1953). http://www.dtic.mil/dtic/tr/fulltext/u2/a995443.pdf (letzter Zugriff: 3. Oktober 2018).

Jungk, Robert. *Der Atom-Staat: Vom Fortschritt in die Unmenschlichkeit* (München: Kindler, 1977).

Kahn, Herman. *On Thermonuclear War* (New Brunswick, NJ: Transaction Publishers, 2007).

Kanter, James. „A Clean Energy Machine That Works Like the Sun.", in: *The New York Times,* 29. April 2009.

Kaufmann, Brian, *The End of the Rainbow – Nuclear Fusion.* Nova S6E7 (01.03.1979).

Kenward, Michael. „Paced Out", in: *New Scientist* 67, Nr. 963 (1975), 437.

Krebs, Albin. „Notes on People: Charges Against Peter Fonda Dropped", in: *The New York Times,* 28. Oktober 1981.

Lapp, Ralph. „Limitless Power out of the Seas: Atomic Fusion, Not Fission, Will Drive Future Machines", in: *Life,* 8. Oktober 1956.

—. *The New Priesthood: The Scientific Elite and the Uses of Power* (New York, NY: Harper & Row, 1965).

Laurence, William L. „Dec. 2, 1942 – The Birth of the Atomic Age", in: *The New York Times,* 1. Dezember 1946.

—. „Skeptical Reception of Argentine Atom Claims Backed by Facts", in: *The Salt Lake Tribune,* 28. März 1951.

Lee, Stan und Jeremy Bernstein. „The Mighty Thor Versus the Mysterious Radio-Active-Man", in: *Journey into Mystery* 1, Nr. 93 (Juni 1963).

Levitt, Morris. „Science and the First Amendment: Who Is Trying to Silence the FEF", in: *Fusion* 4, Nr. 4 (Februar 1981), 51–53.

Lockheed Martin. „Compact Fusion". https://www.lockheedmartin.com/en-us/products/compact-fusion.html (letzter Zugriff: 22. August 2018).

Love, Kennett. „Britain Confirms Major Atom Gain: Butler Indicates Experts Have Effected Controlled Fusion in Laboratory", in: *The New York Times,* 27. November 1957.

—. „Briton 90% Sure Fusion Occured: Atom Research Chief Voices Optimism – Test Outlined at News Conference", in: *The New York Times,* 25. Januar 1958.

—. „Butler Affirms Atom Fusion Lead: Says British Surpass Both U. S. and Soviet Scientists in Nuclear Experiments", in: *The New York Times,* 31. Januar 1958.

—. „Britain Indicates Reactor Advance: Plans Hydrogen Fusion Unit to Yield More Heat Than Is Needed to Run It", in: *The New York Times,* 7. Mai 1958.

—. „H-Bomb Untamed, Britain Admits: In Relinquishing Claim, Her Scientists Say They Are Hopeful of Success", in: *The New York Times,* 17. Mai 1958.

Macdonald, Dwight. „The Bomb", in: *Politics* 2 (1945), 257–258.

Maddox, John, Hg., „A Plain Man's Guide to Zeta: A Pamphlet Written by our Scientific Correspondent" Sonderheft *The Manchester Guardian* (1958).

„Magnetic Bottle", in: *Time* 67, Nr. 25 (1956), 73.

„Magnetic Fusion Energy Engineering Act of 1980: Report to Accompany S. 2926: Hearings before the Subcommitte on Energy Research and Development of the Committe on Energy and Natural Ressources, United States Senate, Ninety-Sixth Congess, Second Session on S. 2926". http://hdl.handle.net/2027/mdp.39015081187679 (letzter Zugriff: 12. Oktober 2018).

Malenkov, Georgi. „G. M. Malenkov's Speech to the Supreme Soviet of the U.S.S.R.", London (Soviet News, 08.08.1953).

Marshal, Jacob, Edward Teller und Lawrence R. Klein. „Dispersal of Cities and Industries", in: *Bulletin of the Atomic Scientist* 1, Nr. 9 (1946), 13-15, 20.

Martin, Dwight. „First Casualties of the H-Bomb", in: *Life,* 29. März 1954.

Meadows, Donella H., Dennis Meadows und Jørgen Randers. *The Limits to Growth: A Report for the Club of Rome's Project on the Predicament of Mankind* (New York: Universe Books, 1972).

Menzies, Ian. „Fusion: Power Unlimited", in: *Daily Boston Globe,* 29. Januar 1958.

„Monster Conference“, in: *Time* 72, Nr. 11 (1958).

National Security Council, „Project "Candor": To Inform the Public About the Realities of the "Age of Peril"“ (22.07.1953). https://www.eisenhower.archives.gov/research/online_documents/atoms_for_peace/Binder17.pdf (letzter Zugriff: 12. Oktober 2018).

„Nat'l Press Ignore Fusion Bill“, in: *Fusion* 4, Nr. 2 (Dezember 1980), 73–74.

„News and Notes: American Developments in Atomic Energy“, in: *Bulletin of the Atomic Scientist* 8, Nr. 6 (1952), 207–208.

Nixon, Richard. „Address to the Nation About Policies To Deal With the Energy Shortages“ (07.11.1973). http://www.presidency.ucsb.edu/ws/?pid=4034. (letzter Zugriff: 3. Oktober 2018).

„Now, the Death Ray?“, in: *Time* 100, Nr. 10 (1972), 48.

Nuckolls, John, Lowell Wood, Albert Thiessen und George Zimmermann. „Laser Compression of Matter to Super-High Densities: Thermonuclear (CTR) Applications“, in: *Nature* 239 (1972), 139–142.

Official Guide: New York World's Fair 1964/1965 (New York, NY: Time Inc., 1964).

Paley, William S., George R. Brown, Arthur H. Bunker, Eric Hodgins und Edward S. Mason, „Resources for Freedom: A Report to the President“ (United States President's Materials Policy Commission, 1952).

Pearson, Drew. „First H-Bomb Blast Previewed“, in: *The Washington Post and Times Herald,* 1. April 1954.

Daily Boston Globe. „Peron Orders ‚Fake‘ Top Atomic Scientist's Arrest“, 24. Mai 1951.

Rabi, Isodor Isaac, „The Role of Atomic Energy in the Promotion of International Collaboration“ (1958).

Ray, Dixy Lee, „The Nation's Energy Future: A Report to Richard M. Nixon, President of the United States“ (U.S. Atomic Energy Commission, 01.12.1973).

Reagan, Ronald. „Message to the Congress Reporting on United States International Activities in Science and Technology“, Washington, D.C. (22.03.1982). https://www.reaganlibrary.gov/research/speeches/32282a (letzter Zugriff: 3. Oktober 2018).

—. „Joint Soviet-United States Statement on the Summit Meeting in Geneva“, Genf (21.11.1985). https://www.reaganlibrary.gov/research/speeches/112185a (letzter Zugriff: 3. Oktober 2018).

Rose, Basil. „Zeta's Neutrons“, in: *The New Scientist* 4, Nr. 83 (1958), 214–215.

Rose, Basil, A. E. Taylor und E. Wood. „Measurement of the Neutron Spectrum from Zeta“, in: *Nature* 181 (1958), 1630–1632.

The New York Times. „Russian Research In Fusion Control Impresses Britons: Soviet Advances in Fusion Control“, 26. April 1956.

Seaborg, Glenn T., „Peaceful Uses of Nuclear Energy: A Collection of Speeches“ (U.S. Atomic Energy Commission, 1970).

—. „Environmental Effects of Producing Electrical Power“, in: James W. Feldman, Hg., *Nuclear Reactions: Documenting American Encounters with Nuclear Energy* (Seattle: University of Washington Press, 2017), 165–170.

Life. „She used to think science was for men only“, 24. März 1958.

Silver, E. G. „Energy: Effective Force“, in, *The 1982 World's Fair Official Guidebook* (Knoxville: Exposition Publishers, 1982), 18–19.

Smyser, Dick. „Just-Returned ORNL Director Evaluate Geneva Conference“, in: *The Oak Ridger,* 24. September 1958.

Snap, Roy B., Note by the Secretary - Letter to J. Edgar Hoover, Operation Ivy, AEC 483/33, 14. November 1952, NV0409009, Nuclear Testing Archive, Las Vegas, NV.

St. Petersburg Times. „Soviet Press Tells People That U.S. Bombs Could Destroy Civilization“, 3. April 1954.

„Soviet-Controlled Fusion“, in: *Time* 67, Nr. 19 (1956), 72.

Spencer, Steven M. „Fallout: The Silent Killer“, in: *Saturday Evening Post,* 29. August 1959.

Stewart, Peter. „A Sun of Our Own! And It's Made in Britain“, in: *Daily Sketch,* 25. Januar 1958.

Stoler, Peter. „The Irrational Fight Against Nuclear Power“, in: *Time* 112, Nr. 13 (1978), 71.

Stoler, Peter, Jay Branegan und Nash, J. Madeleine. „Pulling the Nuclear Plug“, in: *Time* 123, Nr. 7 (1984), 38.

Strauss, Lewis L. „Remarks Prepared by Lewis L. Strauss, Chairman, United States Atomic Energy Commission, For Delivery At the Founders' Day Dinner, National Association of Science Writers, On September 16, 1954, New York, New York", Vortrag, New York, NY, 16. September 1954.

Sullivan, Walter. „Fusion: The Answer to Fission?", in: *The New York Times,* 15. Mai 1979.

The New York Times. „Summit Finale: The Reaction on Capitol Hill: Transcript of Reagan Report to Congress on Geneva Meeting With Soviet", 22. November 1985.

Tamplin, Arthur R. und John W. Gofman. *Kernspaltung – Ende der Zukunft?* (Hameln: Sponholtz, 1982).

Teller, Edward, „Peaceful Uses of Fusion" (University of California Radiation Laboratory, 1958).

—, „Plowshare" (University of California Radiation Laboratory, 1963).

—, „Can We Harness Nuclear Fusion in the '70s?", in: *Popular Science* 200, Nr. 5 (1972): 88-90, 174-176. http://www.popsci.com/archive-viewer?id=VvyLShXydNgC&pg.

Teller, Edward und Allen Brown. „A Plan for Survival: The Fallout Scare", in: *Saturday Evening Post,* 10. Februar 1962; Part 2 of 3.

The 1982 World's Fair Official Guidebook (Knoxville: Exposition Publishers, 1982).

„The Atomic Future", in: *Time* 66, Nr. 8 (1955), 67.

„The Energy Crisis: Time for Action", in: *Time* 101, Nr. 19 (1973), 47.

Life. „The Explosion of Science", 26. Dezember 1960.

Life. „The Good Case for a New Canal", 6. März 1964.

„The New Bomb", in: *Time* 62, Nr. 7 (1953), 13.

„The Peaceful Atom: Friend or Foe?", in: *Time* 95, Nr. 3 (1970), 44.

Thonemann, P. C., E. P. Butt, R. Carruthers, A. N. Dellis, D. W. Fry, A. Gibson und G. N. Harding et al. „Controlled Release of Thermonuclear Energy: Production of High Temperatures and Nuclear Reactions in a Gas Discharge", in: *Nature* 181 (1958), 217–220.

„Transcript of the Skydome Spectacular Show". http://www.nywf64.com/genele13.shtml (letzter Zugriff: 7. Mai 2018).

Truman, Harry S. „Statement by the President Announcing the Atomic Bombing of Hiroshima" (06.08.1945). http://www.trumanlibrary.org/whistlestop/study_collections/bomb/large/documents/pdfs/59.pdf#zoom=100 (letzter Zugriff: 12. Oktober 2018).

—. „Statement by the President on the Hydrogen Bomb" (31.01.1950). http://www.trumanlibrary.org/publicpapers/index.php?pid=642&st=&st1= (letzter Zugriff: 12. Oktober 2018).

Trumbull, Robert. „Japan Achieves Nuclear Fusion: Her Scientists Say Neutron Rate Exceeds British", in: *The New York Times,* 9. Februar 1958.

The New York Times. „U.S. Atom Exhibits Vying in Geneva", 28. August 1958.

U.S. Atomic Energy Commission, „Report by the Directors of Classification and Information Service regarding the Film on Operation Ivy" (U.S. Atomic Energy Commission, 08.12.1953).

—. *Atoms For Peace: Geneva, 1958* (Washington, D.C.: U.S. Atomic Energy Commission, 1958). http://openvault.wgbh.org/catalog/V_57DCC5DC22FA4F49A6B9DDBE1993612F (letzter Zugriff: 12. Oktober 2018).

—. *Plowshare* (San Francisco, CA: U.S. Atomic Energy Commission San Francisco Operations Office, 1965).

—, „Combined Film Catalog" (U.S. Atomic Energy Commission, 1972).

U.S. Congress | Office of Technology Assessment. *Starpower: The U.S. and the International Quest for Fusion Energy* (Washington, D.C.: Government Printing Office, 1987).

Daily Boston Globe. „U.S. Gloomy, British Hopeful On Utilizing H-Bomb Power", 15. Dezember 1957.

Daily Boston Globe. „U.S. Lifts Secrecy on H-Power", 31. August 1958.

The New York Times. „U.S. Show on Peaceful Atoms", 3. August 1958.

Life. „U.S. Steals Atomic Show", 22. September 1958.

Volberg, Randall. „Fusion: The Inevitable Industry – How America can win the race to commercializing fusion energy, reap a fortune, and save the world.". http://americanfusionproject.org/fusion-inevitable/ (letzter Zugriff: 11. September 2018).

Wadler, Joyce. „Nancy Kissinger Acquitted of Assault In ‚Throttling' of Woman at Airport", in: *The Washington Post,* 11. Juni 1982.

Waff, Craig B. „Foster Group Urges More Engineering, More Physics of Fusion“, in: *Physics Today* 31, Nr. 9 (1978), 85–86.

Warren, Virginia. „Perón Announces New Way To Make Atom Yield Power“, in: *The New York Times,* 25. März 1951.

—. „Perón Is Scornful of Atomic Sceptics“, in: *The New York Times,* 26. März 1951.

Weaver, Kenneth F. „The Search for Tomorrow's Power: A world ever hungrier for energy, yet wary of pollution's peril, reaches for new, clean ways to fuel the future“, in: *National Geographic* 142, Nr. 5 (November 1972), 650–681.

Weinberg, Alvin M. „Impact of Large-Scale Science on the United States“, in: *Science* 134, Nr. 3473 (1961), 161–164.

„What is ITER?“. https://www.iter.org/proj/inafewlines (letzter Zugriff: 16. August 2018).

White, Leslie. „Energy and the Evolution of Culture“, in: *American Anthropologist* 45, Nr. 3 (1943), 335–356.

Wylie, Philip. *Triumph* (Garden City, NY: Doubleday, 1963).

„Zeta Explained for the Plain Man“, in: *The New Scientist* 3, Nr. 65 (1958), 13.

Literaturverzeichnis

acatech – Deutsche Akademie der Technikwissenschaften, Hg. *Technikzukünfte: Vorausdenken - Erstellen - Bewerten* (Berlin: Springer, 2012).

Arnoux, Robert. „Proyecto Huemul: The Prank That Started it All". https://www.iter.org/newsline/196/930 (letzter Zugriff: 12. Oktober 2018).

—. „When fusion was almost there". https://www.iter.org/newsline/-/1897 (letzter Zugriff: 12. Oktober 2018).

Art Directors Club. „Erik Nitsche". http://adcglobal.org/hall-of-fame/erik-nitsche/ (letzter Zugriff: 12. Oktober 2018).

Boenke, Susan. *Entstehung und Entwicklung des Max-Planck-Instituts für Plasmaphysik 1955 - 1971* (Frankfurt am Main u.a.: Campus, 1991).

Bösch, Frank. *Zeitenwende 1979: Als die Welt von heute begann* (München: Beck, 2019).

Boyer, Paul. *By the Bomb's Early Light: American Thought and Culture at the Dawn of the Atomic Age* (New York: Pantheon Books, 1985).

—. „Sixty Years and Counting: Nuclear Themes in American Culture, 1945 to the Present", in: Rosemary B. Mariner und G. Kurt Piehler, Hgg., *The Atomic Bomb and American Society: New Perspectives* (Knoxville: University of Tennessee Press, 2009), 3–18.

Brettschneider, Frank. *Öffentliche Meinung und Politik: Eine empirische Studie zur Responsivität des deutschen Bundestages zwischen 1949 und 1990* (Wiesbaden: VS Verlag für Sozialwissenschaften, 1995).

Brians, Paul. „Nuclear War in Science Fiction, 1945-59", in: *Science Fiction Studies* 11, Nr. 3 (1984), 253–263.

Broderick, Mick. „Surviving Armageddon: Beyond the Imagination of Disaster“, in: *Science Fiction Studies* 20, Nr. 1993 (3), 362–382.

Bromberg, Joan Lisa. *Fusion: Science, Politics, and the Invention of a New Energy Source* (Cambridge, MA: MIT Press, 1982).

Bucchi, Massimiano. *Science and the Media: Alternative Routes in Scientific Communication* (London: Routledge, 1998).

Clarfield, Gerard H. und William M. Wiecek. *Nuclear America: Military and Civilian Nuclear Power in the United States 1940 - 1980* (New York, NY: Harper & Row, 1984).

Clarke, Igantius F. *The pattern of expectation: 1644-2001* (London: Cape, 1979).

Clery, Daniel. *A Piece of the Sun: The Quest for Fusion Energy* (New York: Overlook Press, 2013).

—, „Fusion's Restless Pioneers“, in: *Science* 345, Nr. 6195 (2014): 370–375.

Corn, Joseph J., Hg. *Imagining tomorrow: History, Technology, and the American Future* (Cambridge, MA: MIT Press, 1986).

Corn, Joseph J., Brian Horrigan und Katherine Chambers. *Yesterday's Tomorrows: Past Visions of the American Future* (New York, Washington: Summit Books; Smithsonian Institution Traveling Exhibition Service, 1984).

Cornelißen, Christoph, Hg. *Geschichtswissenschaften: Eine Einführung* (Frankfurt am Main: Fischer Taschenbuch Verlag, 2000).

Cotter, Bill und Bill Young. *The 1964-1965 New York World's Fair* (Charleston, SC: Arcadia, 2004).

Cunningham, Douglas A. und John C. Nelson, Hgg. *A Companion to the War Film* (Malden, MA: John Wiley & Sons Inc, 2016).

Dean, Stephen O. „Historical Perspective on the United States Fusion Program“, in: *Fusion Science and Technology* 47, Nr. 3 (2005), 291–299.

—. *Search for the Ultimate Energy Source: A History of the U.S. Fusion Program.* Green Energy and Technology (New York: Springer, 2013).

Dewey, John. *The Public and its Problems* (New York: Holt Publishers, 1927).

Dierkes, Meinolf und Claudia von Grote, Hgg. *Between Understanding and Trust: The Public, Science and Technology* (Amsterdam: Harwood Academic Publishers, 2000).

Donovan, Robert J. *Tumultuous Years: The Presidency of Harry S. Truman, 1949 - 1953* (Columbia: University of Missouri Press, 1996).

Einsiedel, Edna. „Understanding Publics in the Public Understanding of Science“, in: Meinolf Dierkes und Claudia von Grote, Hgg., *Between Understanding and Trust: The Public, Science and Technology* (Amsterdam: Harwood Academic Publishers, 2000), 205–216.

Eisenstadt, Shmuel N. „Muliple Modernities“, in: *Daedalus* 129, Nr. 1 (2000), 1–29.

Feldman, James W., Hg. *Nuclear Reactions: Documenting American Encounters with Nuclear Energy* (Seattle: University of Washington Press, 2017).

Freeman, David S., „Foreword“, in, *The World Nuclear Industry Status Report 2017,* 10–11.

Fusion Power Associates. „U.S. Fusion Program Budget History“. http://aries.ucsd.edu/FPA/OFESbudget.shtml (letzter Zugriff: 8. Juni 2018).

The Economist. „Fusion Power: Next ITERation“, 3. September 2011.

Gamson, William A. und Andre Modigliani. „Media Discourse and Public Opinion on Nuclear Power: A Constructionist Approach“, in: *American Journal of Sociology* 95, Nr. 1 (1989), 1–37.

Gassert, Philipp. „Popularität der Apokalypse: Zur Nuklearangst seit 1945“, in: *APuZ* 61, 46-47 (2011), 48–54.

Geist, Christopher D. und John G. Nachbar, Hgg. *The Popular Culture Reader* (Bowling Green, OH: Bowling Green University Popular Press, 1983).

Gerhards, Jürgen und Friedhelm Neidhardt. „Strukturen und Funktionen moderner Öffentlichkeit: Fragestellungen und Ansätze“, in: Stefan Müller-Doohm und Klaus Neumann-Braun, Hgg., *Öffentlichkeit, Kultur, Massenkommunikation: Beiträge zur Medien- und Kommunikationssoziologie,* Studien zur Soziologie und Politikwissenschaft (Oldenburg: BIS, 1991), 31–88.

Goldman, Steven L. „Images of Technology in Popular Films: Discussion and Filmography“, in: *Science, Technology, & Human Values* 14, Nr. 3 (1989), 275–301.

Goodman, Michael S. „Who Is Trying to Keep What Secret from Whom and Why? MI5-FBI Relations and the Klaus Fuchs Case“, in: *Journal of Cold War Studies* 7, Nr. 3 (2005), 124–146.

Grunwald, Armin. *Technikzukünfte als Medium von Zukunftsdebatten und Technikgestaltung* (Karlsruhe: KIT Scientific Publishing, 2012).

Grunwald, Armin, Reinhard Grünwald, Dagmar Oertel und Herbert Paschen, „Kernfusion: Sachstandsbericht". Arbeitsbericht 75 (TAB - Büro für Technikfolgen-Abschätzung beim Deutschen Bundestag, 2002).

Günter, Sibylle und Isabella Milch. „Die Kernfusion als eine Energie für die Zukunft", in: Christian Kehrt, Peter Schüßler und Marc-Denis Weitze, Hgg., *Neue Technologien in der Gesellschaft: Akteure, Erwartungen, Kontroversen und Konjunkturen* (Bielefeld: transcript, 2011), 117–125.

Hall, Denis R. und Susan Grove Hall, Hgg. *American Icons: An Encyclopedia of the People, Places and Things That Have Shaped Our Culture.* 3 Bände (Westport, CT: Greenwood, 2006).

Hamilton, Kevin und Ned O'Gorman. „Filming a Nuclear State: The USAF's Lookout Mountain Laboratory", in: Douglas A. Cunningham und John C. Nelson, Hgg., *A Companion to the War Film* (Malden, MA: John Wiley & Sons Inc, 2016), 129–149.

Haynes, Roslynn D. *From Faust to Strangelove: Representations of the Scientist in Western Literature* (Baltimore, MD: Johns Hopkins University Press, 1994).

Henriksen, Margot A. *Dr. Strangelove's America: Society and Culture in the Atomic Age* (Berkeley: University of California Press, 1997).

—. „Bomb", in: Denis R. Hall und Susan Grove Hall, Hgg., *American Icons: An Encyclopedia of the People, Places and Things That Have Shaped Our Culture* 1 (Westport, CT: Greenwood, 2006), 82–89.

Herman, Robin. „Fusion – or Confusion?", in: *The New York Times,* 17. April 1989.

—. *Fusion: The Search for Endless Energy* (Cambridge University Press, 1990).

Hermann, Armin und Rolf Schumacher, Hgg. *Das Ende des Atomzeitalters? Eine sachlich-kritische Dokumentation* (München: Moos & Partner, 1987).

Hewlett, Richard G. und Francis Duncan. *Atomic Shield, 1947-1952: Volume II of a History of the United States Atomic Energy Commission* (U.S. Atomic Energy Commission, 1972).

Hewlett, Richard G. und Jack M. Holl. *Atoms for Peace and War, 1953-1961: Eisenhower and the Atomic Energy Commission* (Berkeley: University of California Press, 1989).

Högselius, Per. „Das Neue aufrechterhalten: Die „neue Kerntechnik" in historischer Perspektive", in: Christian Kehrt, Peter Schüßler und Marc-Denis Weitze, Hgg., *Neue Technologien in der Gesellschaft: Akteure, Erwartungen, Kontroversen und Konjunkturen* (Bielefeld: transcript, 2011), 101–115.

Hörning, Georg, Gerhard Keck und Florian Lattewitz, „Fusionsenergie - eine akzeptable Energiequelle der Zukunft? Eine sozialwissenschaftliche Untersuchung anhand von Fokusgruppen". Arbeitsbericht / Akademie für Technikfolgenabschätzung in Baden-Württemberg 145 (1999).

Huizenga, John Robert. *Cold Fusion: The Scientific Fiasco of the Century* (Oxford: Oxford University Press, 1994).

Jasanoff, Sheila und Sang-Hyun Kim, Hgg. *Dreamscapes of Modernity: Sociotechnical Imaginaries and the Fabrication of Power* (Chicago, IL: University of Chicago Press, 2015).

Jowett, Garth S. „Hollywood, Propaganda and the Bomb: Nuclear Images in Post World War II Films", in: *Film and History* 18, Nr. 2 (1988), 26–38.

Jung, Matthias. *Öffentlichkeit und Sprachwandel: Zur Geschichte des Diskurses über die Atomenergie* (Wiesbaden: Springer, 1994).

Kathke, Torsten. „Zukunftserwartungen im Rückblick: Vortrag auf dem Institutstag des Max-Planck-Instituts für Gesellschaftsforschung", Vortrag, Köln, 17. November 2016.
http://www.mpifg.de/aktuelles/Veranstaltungen/Videos/kathke.asp (letzter Zugriff: 26. Juli 2018).

Kehrt, Christian, Peter Schüßler und Marc-Denis Weitze, Hgg. *Neue Technologien in der Gesellschaft: Akteure, Erwartungen, Kontroversen und Konjunkturen* (Bielefeld: transcript, 2011).

Kellner, Thomas. „Lights, Electricity, Action: When Ronald Reagan Hosted ‚General Electric Theater'".
https://www.ge.com/reports/ronald-reagan-ge/ (letzter Zugriff: 2. Mai 2018).

Kuhn, Thomas S. *The Structure of Scientific Revolutions* (Chicago, IL: University of Chicago Press, 1962).

Lacey, Michael James, Hg. *Government and Environmental Politics: Essays on Historical Developments Since World War II* (Washington, D.C.: Woodrow Wilson Center Press, 1992).

Laird, Frank N. „Constructing the Future: Advocating Energy Technologies in the Cold War“, in: *Technology and Culture* 44, Nr. 1 (2003), 27–49.

Langer, Mark. „Why the Atom is Our Friend: Disney, General Dynamics and the USS Nautilus“, in: *Art History* 18, Nr. 1 (1995), 63–96.

Lanouette, William. „Atomic Energy, 1945-1985“, in: *The Wilson Quarterly* 9, Nr. 5 (1985), 90–131.

Liebert, Wolf-Andreas und Marc-Denis Weitze, Hgg. *Kontroversen als Schlüssel zur Wissenschaft? Wissenskulturen in sprahlicher Interaktion* (Bielefeld: transcript, 2006).

Lifset, Robert, Hg. *American Energy Policy in the 1970s* (Norman, OK: University of Oklahoma Press, 2014).

—. „Introduction“, in: Robert Lifset, Hg., *American Energy Policy in the 1970s* (Norman, OK: University of Oklahoma Press, 2014), 3–16.

Luhmann, Niklas. *Die Realität der Massenmedien* (Opladen: Westdeutscher Verlag, 1996).

Mariner, Rosemary B. und G. Kurt Piehler, Hgg. *The Atomic Bomb and American Society: New Perspectives* (Knoxville: University of Tennessee Press, 2009).

McCray, W. Patrick. „Globalization with Hardware: ITER's Fusion of Technology, Policy, and Politics“, in: *History and Technology* 26, Nr. 4 (2010), 283–312.

—. *The Visioneers: How a Group of Elite Scientists Pursued Space Colonies, Nanotechnologies, and a Limitless Future* (Princeton, NJ: Princeton University Press, 2013). http://www.jstor.org/stable/10.2307/j.cttlr2gmd.

Melosi, Martin V. *Atomic Age America* (Boston: Pearson, 2013).

Mielke, Bob. „Rhetoric and Ideology in the Nuclear Test Documentary“, in: *Film Quarterly* 58, Nr. 3 (2005), 28–37.

Mukerji, Chandra und Michael Schudson. „Popular Culture“, in: *Annual Review of Sociology* 12 (1986), 47–66.

Müller-Doohm, Stefan und Klaus Neumann-Braun, Hgg. *Öffentlichkeit, Kultur, Massenkommunikation: Beiträge zur Medien- und Kommunikationssoziologie* (Oldenburg: BIS, 1991).

Nehring, Holger. „Cold War, Apocalypse and Peaceful Atoms: Interpretations of Nuclear Energy in the British and West German Anti-Nuclear Weapons Movements, 1955-1964“, in: *Historical Social Research* 29, Nr. 3 (2004), 150–170.

Nelkin, Dorothy. *Selling Science: How the Press Covers Science and Technology* (New York: Freeman, 1995).

Nikolow, Sybilla und Arne Schirrmacher. „Das Verhältnis von Wissenschaft und Öffentlichkeit als Beziehungsgeschichte: Historiographische und systematische Perspektiven“, in: Sybilla Nikolow und Arne Schirrmacher, Hgg., *Wissenschaft und Öffentlichkeit als Ressourcen füreinander: Studien zur Wissenschaftsgeschichte im 20. Jahrhundert* (Frankfurt am Main: Campus, 2007), 11–36.

Sybilla Nikolow; Arne Schirrmacher, Hrsg. *Wissenschaft und Öffentlichkeit als Ressourcen füreinander: Studien zur Wissenschaftsgeschichte im 20. Jahrhundert.* Frankfurt am Main: Campus, 2007.

Nuckolls, John, „Early Steps Toward Inertial Fusion Energy (IFE) (1952 to 1962)“ (Lawrence Livermore National Laboratory, 12.06.1998).

Nye, David E. *Consuming Power: A Social History of American Energies* (Cambridge, MA: MIT Press, 1998).

Oakes, Guy. *The Imaginary War: Civil Defense and American Cold War Culture* (New York: Oxford University Press, 1994).

Oltra, Christian, Ana Delicado, Ana Prades, Sergio Pereira und Luísa Schmidt. „The Holy Grail of Energy? A Content and Thematic Analysis of the Presentation of Nuclear Fusion on the Internet“, in: *Journal of Science Communication* 13, Nr. 4 (2014), 1–18.

Ostendorf, Bernd. „Why Is American Popular Culture so Popular?“, in: *Amerikastudien* 46, Nr. 3 (2001), 339–366.

Paddon, Eric. „Beyond the Fair: the Carousel of Progress' Beautiful Tomorrow“.
http://www.nywf64.com/genele21.shtml (letzter Zugriff: 22. März 2018).

Palfreman, Jon. „A Tale of two Fears: Exploring Media Depictions of Nuclear Power and Global Warming“, in: *Review of Policy Research* 23, Nr. 1 (2006), 23–43.

Perko, Tanja, Catrinel Turcanu, Christian Oltra, Luísa Schmidt und Ana Delicado, „Media Framing of Fusion: Scoping Study for the Sociological Research Programme for EUROfusion“ (Belgian Nuclear Research Centre, 2014).

Peyton, Caroline. „The Anthropocene Slam: A Cabinet of Curiosities: Containment Board Game“. http://nelson.wisc.edu/che/anthroslam/objects/peyton.php (letzter Zugriff: 2. April 2019).

Prades, Ana, Tom Horlick-Jones, Christian Oltra und Joaquín Navajas, „Lay Understanding and Reasoning About Fusion Energy: Results of an Empirical Study“. Colección Documentos CIEMAT (CIEMAT, 2009).

Princeton Plasma Physics Laboratory. „History“. http://www.pppl.gov/about/history (letzter Zugriff: 12. Oktober 2018).

Radkau, Joachim. „Die Kernkraft-Kontroverse im Spiegel der Literatur: Phasen und Dimensionen einer neuen Aufklärung“, in: Armin Hermann und Rolf Schumacher, Hgg., *Das Ende des Atomzeitalters? Eine sachlich-kritische Dokumentation* (München: Moos & Partner, 1987), 307–334.

—. *Die Ära der Ökologie: Eine Weltgeschichte* (München: Beck, 2011).

—. *Geschichte der Zukunft: Prognosen, Visionen, Irrungen in Deutschland von 1945 bis heute* (München: Hanser, 2017).

Renaker, John, Hg. *Dr. Strangelove and the Hideous Epoch: Deterrence in the Nuclear Age* (Claremont, CA: Regina Books, 2000).

Requate, Jörg. „Öffentlichkeit und Medien als Gegenstände historischer Analyse“, in: *Geschichte und Gesellschaft : Zeitschrift für historische Sozialwissenschaft* 25, Nr. 1 (1999), 5–32.

Rothman, Stanley und S. Robert Lichter. „Elite Ideology and Risk Perception in Nuclear Energy Policy“, in: *The American Political Science Review* 81, Nr. 2 (1987), 383–404.

Rusinek, Bernd-A. „Technikgeschichte im Atomzeitalter“, in: Christoph Cornelißen, Hg., *Geschichtswissenschaften: Eine Einführung* (Frankfurt am Main: Fischer Taschenbuch Verlag, 2000), 247–258.

Sakharov, A. D. „Radioactive Carbon from Nuclear Explosions and Nonthreshold Biological Effects“, in: *The Soviet Journal of Atomic Energy* 4, Nr. 6 (1958), 757–762.

Salewski, Michael, Hg. *Das Zeitalter der Bombe: Die Geschichte der atomaren Bedrohung von Hiroshima bis heute* (München: Beck, 1995).

——. „Einleitung: Zur Dialektik der Bombe“, in: Michael Salewski, Hg., *Das Zeitalter der Bombe: Die Geschichte der atomaren Bedrohung von Hiroshima bis heute* (München: Beck, 1995), 7–26.

Schäfer, Mike Steffen. *Wissenschaft in den Medien: Die Medialisierung naturwissenschaftlicher Themen* (Wiesbaden: VS Verlag für Sozialwissenschaften, 2007).

Schirrmacher, Arne. „Nach der Popularisierung: Zur Relation von Wissenschaft und Öffentlichkeit im 20. Jahrhundert“, in: *Geschichte und Gesellschaft : Zeitschrift für historische Sozialwissenschaft* 34 (2008), 73–95.

Schmidt, Luísa, Ana Delicado, Sergio Pereira, Christian Oltra und Ana Prades, „Confrontation of Fusion and Other Future Energy Technologies' Representations in the Public Discourse – Media Analysis (Portugal and Spain)“ (ICS Instituto de Ciências Sociais da Universidade de Lisboa, 2013).

Schneider, Mycle und Antony Froggatt, „The World Nuclear Industry Status Report 2017“ (September 2017).

Schwarke, Christian. *Technik und Religion: Religiöse Deutungen und theologische Rezeption der Zweiten Industrialisierung in den USA und in Deutschland* (Stuttgart: Kohlhammer, 2014).

Seefried, Elke. *Zukünfte: Aufstieg und Krise der Zukunftsforschung 1945 - 1980* (Berlin: De Gruyter, 2015).

Seife, Charles. *Sun in a Bottle: The Strange History of Fusion and the Science of Wishful Thinking* (New York: Viking, 2008).

Shaheen, Jack G., Hg. *Nuclear War Films* (Carbondale: Southern Illinois University Press, 1978).

Smith, Michael. „Advertising the Atom“, in: Michael James Lacey, Hg., *Government and Environmental Politics: Essays on Historical Developments Since World War II* (Washington, D.C.: Woodrow Wilson Center Press, 1992), 233–262.

Stanton, Jeffrey. „Showcasing Technology at the 1964-1965 New York World's Fair“. https://www.westland.net/ny64fair/map-docs/technology.htm (letzter Zugriff: 4. Mai 2018).

Stine, Deborah D., „The Manhattan Project, the Apollo Program, and Federal Energy Technology R&D Programs: A Comparative Analysis“ (Congressional Research Service, Juni 2009).

Stölken-Fitschen, Ilona. *Atombombe und Geistesgeschichte: Eine Studie der fünfziger Jahre aus deutscher Sicht* (Baden-Baden: Nomos Verlagsgesellschaft, 1995).

Sutter, Paul S. „Foreword: Postwar America's Nuclear Paradox", in: James W. Feldman, Hg., *Nuclear Reactions: Documenting American Encounters with Nuclear Energy* (Seattle: University of Washington Press, 2017), XIII–XVI.

Szeman, Imre und Dominic Boyer, Hgg. *Energy Humanities: An Anthology* (Baltimore, MD: Johns Hopkins University Press, 2017).

Temple, Samuel. „Introduction", in: *Rachel Carson Center Perspectives* 3, Nr. 1 (2012), 5–7.

„The Atom and Eve: Sex and the atom: How the nuclear industry sold itself".
http://www.gmpfilms.com/atom&eve.html (letzter Zugriff: 15. Mai 2018).

Traube, Elisabeth. „‚The Popular' in American Culture", in: *Annual Review of Anthropology* 25 (1996), 127–151.

Trischler, Helmuth und Marc-Denis Weitze. „Kontroversen zwischen Wissenschaft und Öffentlichkeit: Zum Stand der Diskussion", in: Wolf-Andreas Liebert und Marc-Denis Weitze, Hgg., *Kontroversen als Schlüssel zur Wissenschaft? Wissenskulturen in sprahlicher Interaktion* (Bielefeld: transcript, 2006), 57–80.

Tuveson, Ernest Lee. *Redeemer Nation: The Idea of America's Millennial Role* (Chicago, IL: University of Chicago Press, 1980).

TV Tropes. „Mega Corp.".
https://tvtropes.org/pmwiki/pmwiki.php/Main/MeGaCoRp (letzter Zugriff: 3. September 2018).

U.S. Department of Energy | Office of Science. „Fusion Energy Sciences (FES) Homepage".
http://science.energy.gov/fes/ (letzter Zugriff: 3. Oktober 2018).

U.S. Department of Energy | Office of Scientific and Technical Information. „Plowshare Program".
https://www.osti.gov/opennet/reports/plowshar.pdf (letzter Zugriff: 12. Oktober 2018).

Uekoetter, Frank. „Fukushima and the Lessons of History: Remarks on the Past and Future of Nuclear Power", in: *Rachel Carson Center Perspectives* 3, Nr. 1 (2012), 9–31.

van Lente, Dick, Hg. *The Nuclear Age in Popular Media: A Transnational History, 1945-1965* (Basingstoke: Palgrave Macmillan, 2016).

Vogt, Markus. „The Lessons of Chernobyl and Fukushima: An Ethical Evaluation", in: *Rachel Carson Center Perspectives* 3, Nr. 1 (2012), 33–50.

Walker, J. Samuel. „The Nuclear Power Debate of the 1970s", in: Robert Lifset, Hg., *American Energy Policy in the 1970s* (Norman, OK: University of Oklahoma Press, 2014), 221–254.

Weart, Spencer R. *Nuclear Fear: A History of Images* (Cambridge, MA: Harvard University Press, 1988).

Weingart, Peter. *Die Stunde der Wahrheit? Zum Verhältnis der Wissenschaft zu Politik, Wirtschaft und Medien in der Wissensgesellschaft* (Weilerswist: Velbrück Wissenschaft, 2001).

—. *Die Wissenschaft der Öffentlichkeit: Essays zum Verhältnis von Wissenschaft, Medien und Öffentlichkeit* (Weilerswist: Velbrück Wissenschaft, 2005).

Weitze, Marc-Denis und Wolfgang M. Heckl. *Wissenschaftskommunikation: Schlüsselideen, Akteure, Fallbeispiele* (Berlin: Springer, 2016).

Wellerstein, Alex. „Declassifying the Ivy Mike film (1953)". http://blog.nuclearsecrecy.com/2012/02/08/weekly-document-13-declassifying-the-ivy-mike-film-1953/ (letzter Zugriff: 12. Oktober 2018).

Wills, John. „Celluloid Chain Reactions: The China Syndrome and Three Mile Island", in: *European Journal of American Culture* 25, Nr. 2 (2006), 109–122.

Winkler, Allan M. „The ‚Atom' and American Life", in: *The History Teacher* 26, Nr. 3 (1993), 317–337.

Womack, Jeff. „Pipe Dreams for Powering Paradise: Solar Power Satellites and the Energy Crisis", in: Robert Lifset, Hg., *American Energy Policy in the 1970s* (Norman, OK: University of Oklahoma Press, 2014), 203–220.

Yang, Chi-Jen. „Powered by Technology or Powering Technology? Belief-Based Decision-Making in Nuclear Power and Synthetic Fuel" Dissertation, Princeton University, 2008.

York, Herbert F. *The Advisors: Oppenheimer, Teller, and the Superbomb* (Stanford, CA: Stanford University Press, 1989).

Zeman, Scott C. „‚To See … Things Dangerous to Come to‘: Life Magazine and the Atomic Age in the United States, 1945-1965“, in: Dick van Lente, Hg., *The Nuclear Age in Popular Media: A Transnational History, 1945-1965* (Basingstoke: Palgrave Macmillan, 2016), 53–78.

Ciesla, Burghard und Helmuth Trischler. „Legitimation through Use: Rocket and Aeronautic Research in the Third Reich and the USA“, in: Mark Walker, Hg., *Science and Ideology: A Comparative History* (London: Routledge, 2003), 156–185.

Galison, Peter und Bruce Hevly, Hgg. *Big Science: The Growth of Large-Scale Research* (Stanford, CA: Stanford University Press, 1992).

Jasanoff, Sheila, Hg. *States of Knowledge: The Co-Production of Science and Social Orde* (London: Routledge, 2004).

Jasanoff, Sheila und Sang-Hyun Kim. „Containing the Atom: Sociotechnical Imaginaries and Nuclear Power in the United States and South Korea“, in: *Minerva* 47, Nr. 2 (2009), 119–146.

—, „Sociotechnical Imaginaries and National Energy Policies“, in: *Science as Culture* 22, Nr. 2 (2013): 189–196.

Price, Derek J. de Solla. *Little Science, Big science* (New York, NY: Columbia University Press, 1963).

Program on Science and Technology Studies (STS) at the Harvard Kennedy School. „The Sociotechnical Imaginaries Project“. http://sts.hks.harvard.edu/research/platforms/imaginaries/ (letzter Zugriff: 26. Juli 2019).

Trischler, Helmuth. „Wachstum – Systemnähe – Ausdifferenzierung: Großforschung im Nationalsozialismus“, in: Rüdiger Vom Bruch und Brigitte Kaderas, Hgg., *Wissenschaften und Wissenschaftspolitik: Bestandsaufnahmen zu Formationen, Brüchen und Kontinuitäten im Deutschland des 20. Jahrhunderts* (Stuttgart: Franz Steiner Verlag, 2002), 241–252.

Vom Bruch, Rüdiger und Brigitte Kaderas, Hgg. *Wissenschaften und Wissenschaftspolitik: Bestandsaufnahmen zu Formationen, Brüchen und Kontinuitäten im Deutschland des 20. Jahrhunderts* (Stuttgart: Franz Steiner Verlag, 2002).

Walker, Mark, Hg. *Science and Ideology: A Comparative History* (London: Routledge, 2003).

Westfall, Catherine. „Rethinking Big Science“, in: *Isis* 94, Nr. 1 (2003), 30–56.

Danksagung

Ich danke meinen Betreuern Christof Mauch und Helmuth Trischler für die engagierte Begleitung dieser Dissertation. Ihre konstruktive Kritik sowie der anregende Austausch mit meinen Kommilitonen und allen, denen ich am Rachel Carson Center begegnen durfte, haben wesentlich zu ihrem Entstehen beigetragen. Ebenso danke ich der Friedrich-Ebert-Stiftung für die großzügige finanzielle und ideelle Förderung meines Promotionsvorhabens. Zuletzt, aber keinesfalls abschließend, gilt meine besondere Dankbarkeit auch meiner Familie und allen Freunden, ohne deren geduldigen Rückhalt und vielfältige Unterstützung mein Studium und diese Arbeit so nicht möglich gewesen wären.